建筑室内装饰系列丛书

建筑室内环境设计 第2版

Interior Environment Design

辛艺峰 著

机械工业出版社
CHINA MACHINE PRESS

本书内容包括建筑室内环境设计的基本理论、发展演变、艺术原理、技术问题及入门方法等，对建筑室内环境设计的理论、原则、学科发展及未来走向均做了比较全面的阐述与介绍。本书具有理论研究和实际操作的特点，叙述深入浅出，综合论述建筑室内环境设计，可供高等院校相关专业的师生，从事建筑室内环境艺术设计、工程施工及管理的相关专业人士，以及对建筑室内环境设计具有兴趣的广大读者参考。

图书在版编目（CIP）数据

建筑室内环境设计/辛艺峰著. —2版. —北京：机械工业出版社，2017.12

（建筑室内装饰系列丛书）

ISBN 978-7-111-58645-6

Ⅰ.①建⋯ Ⅱ.①辛⋯ Ⅲ.①室内装饰设计–环境设计 Ⅳ.①TU238

中国版本图书馆CIP数据核字（2017）第300405号

机械工业出版社（北京市百万庄大街22号 邮政编码100037）

策划编辑：赵 荣 责任编辑：赵 荣 邓 川
责任校对：炊小云 封面设计：鞠 杨
责任印制：李 昂

河北鹏盛贤印刷有限公司印刷

2018年5月第2版第1次印刷

184mm×260mm·21.5印张·457千字

标准书号：ISBN 978-7-111-58645-6

定价：89.00元

凡购本书，如有缺页、倒页、脱页，由本社发行部调换

电话服务 网络服务

服务咨询热线：010-88361066 机 工 官 网：www.cmpbook.com

读者购书热线：010-68326294 机 工 官 博：weibo.com/cmp1952

010-88379203 金 书 网：www.golden-book.com

封面无防伪标均为盗版 教育服务网：www.cmpedu.com

前　言

纵览现代建筑室内环境设计的发展，可知室内环境设计是一个包括现代生活环境质量、空间艺术效果、科学技术水平与环境文化建设需要的综合性的人居环境设计学科，其任务是根据建筑设计的理念进行室内空间的组合、分割及再创造，并运用造型、色彩、照明、家具、陈设、绿化、识别设计与设备、技术、材料、安全防护措施等手段，结合人体工学、行为科学、环境科学等学科于一体，从现代生态学的角度出发对建筑室内环境作综合性的功能布置及整体艺术处理的空间环境设计。若从建筑室内设计的社会基础来看，一个国家的经济发展能力、科学技术水准、文化艺术传统及其民间风俗习惯等多种因素均对其有一定影响，而经济的发展程度则起着根本的作用。

作为一项综合性的人居环境设计学科，现代建筑室内环境设计是一种以技术为功能基础，运用艺术为形式表现来为人们的生活与工作创造良好的室内环境而采用的理性创造活动。审视人的一生，可以说大部分时间都是在建筑室内空间环境中度过的。当我们观察和研究人们的行为活动时，能够发现一个有趣的现象，那就是大部分人的活动轨迹，可以说都是从一幢建筑及其相关内部空间环境，走向另一幢建筑及其相关内部空间环境，进而又走向新的一幢建筑及其相关内部空间环境……周而复始。随着现代生活节奏的加快，这种"走向"将进一步发展到"奔向"，直至现代信息社会带给人们"足不出户"的生活与工作保证，人们在建筑室外空间环境活动的时间将越来越少。正是如此，可以说人们基本上，或者主要是生活在建筑及其相关室内空间环境中。诸如生活有居住空间环境，购物有商业空间环境，工作有办公与生产空间环境，休息有娱乐与疗养空间环境，行走有交通工具室内空间环境……这一系列的建筑及其相关室内空间环境也就构成了当代人类所追求的美好生活空间和家园。当然这个生活空间和家园还包括其外部空间环境的塑造与经营，只有二者统一，才能创造出人类所期望的良好生活与生存空间环境。

作为一个从事环境艺术设计教学与科研工作 30 余年的学者，作者经历了改革开放以来中国现代环境艺术与室内设计的发展进程。其中《建筑室内环境设计》系"建筑室内装饰"系列丛书的一部著作，该系列丛书是 2003 年 11 月作者在南京参加该年度中国建筑学会室内设计分会南京学术年会期间，应机械工业出版社建筑分社赵荣编辑之约合作策划的。《建筑室内环境设计》第 1 版于 2006 年撰写完成，2007 年 6 月出版，丛书共五本于 2008 年底出齐。"建筑室内装饰"系列丛书的出版在编撰中还得到我国资深室内设计专家、中国建筑学会室内设计分会前副会长及学术委员会主任饶良修先生的指导，完稿之前饶良修先生在百忙之中应邀欣然为本套丛书作序，也使本套丛书作者深受鼓舞。其间，《建筑室内环境设计》第 1 版出版后于 2011 年 11 月参加了中国建筑学会室内设计分会组织的中国室内设计优秀学术著作评选，并获中国室内设计优秀学术著作奖。

时光如梭，"建筑室内装饰"系列丛书从 2007 年 6 月出版已过去十年有余。这十年，中国建筑室内装饰行业发展迅速，从而促进了进出口业、旅游业、交通运输业等行业的发展，并随着房地产业、建筑业的发展，建筑装饰行业已成为国民经济的重要支柱。这十年，中国建筑室内环境设计理论与设计创作极其繁荣，在把握世界建筑室内环境设计发展取向的同时，自主创新的新理念、新方法、新作品等更是层出不穷，建筑室内环境设计已经成为具有时代特色的"弄潮儿"。与此同时，建筑室内环境设计教育及学科建设也在这十年迎来快速发展的良好时机，取得了巨大的发展成果。所有这些，使"建筑室内装饰"系列丛书亟待修订完善，以适应中国建筑室内装饰行业与设计市场，以及其设计教育及学科建设等的发展需要。

就《建筑室内环境设计》第 2 版的修订而言，作者在第 1 版编著特点的基础上做了结构性的调整，内容修改补充篇幅较大，其中：

一是在建筑室内环境设计理论探索方面，从《建筑室内环境设计》第 1 版出版十年来，作者先后参与主编住建部"十五"至"十三五"部级规划教材及高校建筑学专业指导委员会规划推荐教材《室内设计原理》，独立完成教育部"普通高等教育'十一五'国家级规划教材"《室内环境设计：理论与入门方法》及《室内环境设计：原理与案例剖析》等著作，于 2011 年至 2013 年由机械工业出版社出版。作者有 10 余篇具有环境设计前瞻性的学术论文连续入选中国建筑学会室内设计分会每年一度举办的学术年会交流并获优秀论文奖。上述建筑室内环境设计理论探索方面取得的成果被引入本书设计理论部分的修订，其目的是使对建筑室内环境设计理论的叙述更具前沿性与准确性。

二是在建筑室内环境设计学科建设方面，作者从 1985 年 6 月调入华中科技大学筹办环境艺术设计专业，至今从事环境艺术设计专业教学工作 30 余年。1995 年 3 月负责环境艺术设计专业申报，从 1997 年 9 月华中科技大学开始正式招收环境艺术设计专业专科学生（后升级为本科），负责环境艺术设计专业教学与管理工作 20 年，其间经历了 2002 年在建筑学硕士学位授予点内招收室内外环境设计方向硕士研究生，2003 年申报设计艺术学（2011 年获设计学一级学科）硕士授予点获批招收室内环境设计及其理论方向硕士生，到 2014 年负责建筑学一级学科博士授予点下自主设置目录外"室内设计及其理论"二级学科博士授予点申报工作并获批，并列入 2016 年学校博士研究生计划开始招生，前后在 20 年时间内完成利用华中科技大学作为 985 高校的教学平台，构建起室内设计教育与学科建设从本科硕士博士完整的人才培养系统。在此期间还承办了"室内设计学科在中国"学术论坛，来自国内建筑与室内设计学科的近十位著名学者和资深专家以"室内设计学科在中国"为主题，对建筑室内环境设计学科与未来发展之道进行专题研讨。十年来在学科建设取得的重要成果被引入本书设计导论及入门方法等章节的修订，使建筑室内环境设计学科发展取向的论述更为明晰。

　　三是在建筑室内环境设计教学研究方面，在完成湖北省级重点教学科研项目《（环境）艺术设计专业的人才培养与系列课程改革研究》并获省级教学研究成果三等奖与校级教学研究成果一等奖的基础上，十年来又完成湖北省级教学科研项目《建筑室内环境艺术设计系列课程建设与实践研究》并获华中科技大学校级教学研究成果一等奖。十年中发表建筑室内环境设计教学研究论文 10 余篇，其对建筑室内环境设计教学系统的建构与实践探索方面取得的阶段性成果，依据华中科技大学以环境设计专业"平台式"人才创新培养模式框架所建"室内设计课群"的教学改革模块内容引入书中，即增加居住建筑室内环境的设计要点、公共建筑室内环境的设计要点及建筑室内环境设计的案例剖析三个章节，使《建筑室内环境设计》第 2 版在编撰结构上出现变化，内容修订量达到65% 以上，以崭新的面貌呈现并服务于读者。

　　本书于 2016 年 6 月获华中科技大学 2016 年度立项教材建设基金资助（立项号：2016026），从而为顺利出版提供了有力支持。本书在编撰期间，机械工业出版社的策划编辑赵荣女士、邓川编辑等都为之付出了辛勤劳动。此外，本书线描插图的绘制由我所指导的研究生完成，其中第 1 章、第 4 章 4.1 节的线描插图由 2004 级研究生朱丹丹绘制，第 4 章 4.2 节、4.3 节及第 5 章的线描插图与设计作业图样由 2004 级研究生傅方煜绘制，第 6 章、第 7 章中的图表及部分线描插图由 2008 级研究生游珊珊绘制，第 8 章 8.1 节、8.2 节、8.4 节的线描插图由 2008 级研究生赵旭绘制，第 8 章 8.3 节、8.5 节的线描插图由 2009 级研究生杨润绘制，在此一并致谢。一部著作的修订完善实属不易，书中不当之处诚望读者及同仁们给予批评和斧正。

辛艺峰

2017 年 10 月于华中科技大学

目　录

导　论　建筑室内环境的设计考量

在人类文明史的长河中，人类的设计行为早已有之。从人类文明发展的历史里我们可知，人类设计行为可以认为是伴随着人类的出现而产生的。在遥远的史前时期，人类最古老的祖先为了生活学会了将石头简略地打制成粗糙的石器，从那以后，人类就有了制作某种使用器具的设计思维活动；而当原始人用动物脂油、植物汁液、泥土来涂饰身体以恐吓动物，进而发现身体涂抹后变得美丽起来，人类的装饰活动就此开始；而那个时期的人类在所居住的洞穴或"构木为巢"的屋舍里，随意散放着各种形状的实用器物，并从这些器物的形状、色彩所展示的美，以及逐渐按使用方便与否来有意识地进行摆放，并融入自己的精神境界起，人类的建筑室内装饰设计也随之产生了。因此我们认为：人类设计行为的历史与人类文明发展的历史同样久远，并在人类文化的形成与发展中扮演着重要的角色（图0-1）。只是在那个时代，人类最初的设计意识是包括在制造工具、保护自己和改善生存环境等技术劳动之中的。由此可见，人类创造美的本质与人的本质密切相关；同时，人类有意识与目的的生产劳动则是其区别于其他动物的重要标志。而美是人类社会实践的产物，是随着人类社会生产的发展而产生，并随着社会实践的推移而发展。最初的审美形态正是在技术劳动中产生的，这正如伟大的革命导师马克思早在一个多世纪以前就指出："劳动创造了美"。这是马克思从历史唯物主义高度对美的本质和根源的科学揭示。马克思还说："人也按照美的规律来建造"。这种美的规律正是

图0-1　人类设计行为的历史与人类文明发展的历史同样久远，并在人类文化的形成与发展中扮演着重要的角色

1）人类最古老的祖先打制成粗糙的石器工具

2）原始人用动物脂油、植物汁液及泥土来涂饰身体，以恐吓动物

3）原始人类在住所里从随意散放着的实用器物，到逐渐按使用方便与否而开始有意识地摆放器物的遗迹

由感性现象表现出的合规律性与合目的性的统一。人类所以能掌握美的规律，正是由于在整个历史过程的实践活动中主客体相互作用的结果。人的审美创造活动首先是融合在物质生产过程中的，这就是自然人化的过程。人作为自然界的一部分，在实现外在自然的人化过程中，自身也实现了内在自然的人化。人创造出客观世界的美，同时也形成了自身的审美感官、心理结构以及审美能力。

　　这种在技术劳动之中产生的美，逐渐转化为人类社会的有目的与计划的设计活动，并渗透到人类生活的方方面面，直至社会和经济活动的各个领域。这些设计活动随着历史人类的发展走着一条曲折、螺旋上升的道路，其设计艺术的内涵和外延在不断地拓展过程中，实现着对人类文明进程的重大影响，也实现着学科体系的自我完善。发展到今天，当代设计已经成为一种文化，其设计活动所建立的物质生活方式既联系着过去，又影响着人类走向未来的发展。若从更深一层的角度来看，在现代社会从区域文化向全球文化的转型过程中，当代设计及其设计文化必将在现代与未来的发展中起着更加广泛与重要的作用（图 0-2）。

图 0-2　人类的设计活动发展到今天，已渗透到人们的衣、食、住、行、用、玩等各个层面，并将在现代与未来的发展中起着更加广泛与重要的作用

0.1 解读室内

纵览人类文明发展的历史，可知在遥远的史前时期，人类赖以遮风避雨的空间大都是天然洞穴或"构木为巢"的屋舍，这些天然形成或搭建的简陋住所毕竟太不舒适。因此，人类为了更好地生存，建房屋、修围墙、筑城池，其目的都是为了使人类获得更为舒适、安全的生存空间，以适应自然和发展的需要。而利用不同的围合方式形成各自所需的内部空间，不仅有别于昔日的自然空间，更利于人的居住，还能抵御风霜雪雨、毒蛇猛兽，无论是半穴居式的房舍、窝棚，还是毡包、四合院，它们都给人类提供了永恒的保护与适宜居住的生活场所。

显然，空间是建筑的主角，空间的变革和技术的进步促使了建筑的发展，建筑的外部造型只是内部空间的一层膜而已。内部空间是人类的栖身之地，人的一生可说大部分时间是在不同建筑所提供的内部空间里度过的。这里所说的内部空间，即是建筑及其相关场所的室内空间环境。人类历史上在其室内空间环境的创造过程中，由于要积累创造空间的巨量物质材料，世世代代于悠悠岁月中不忘铢积寸累，过着节衣缩食的日子；室内空间搭构过程中，需要付出挥汗如雨、呕心沥血的辛劳。其结果作为人类创造世界的伟大成就之一，由原始社会里简陋笨拙的搭棚掘洞用以遮风避兽，到中世纪留下鬼斧神工的殿堂庙宇，再到今日高厦入云、冷暖恒定、足可高枕无忧的安乐窝。这些惊天地、泣鬼神的伟大造就，不仅给人类历史留下了永恒的、光辉灿烂的文明实证，同时人类也在这一创造实践的过程中，既充分发挥和完善了自己的智慧，积累了丰富的工程建造经验，又拓展了人类室内空间环境的使用意义，使得现代的人类室内空间环境，成为孕育人类新的更伟大文明的温床、人生搏斗的避风港和加油站（图0-3）。

图0-3 不管是原始社会里简陋笨拙的搭棚掘洞，中世纪的殿堂庙宇，还是今日高厦入云、冷暖恒定的建筑巨构，均拓展了人类室内空间环境的使用意义，使得现代的人类室内空间环境，成为孕育人类新的更伟大文明的温床、人生搏斗的避风港和加油站

而所谓室内，其意是指建筑及其相关场所的内部空间环境。在古代，室内一词中的"室"就有屋子、房间、家、家族等含义。如在《周易·系辞》传中就有："上古穴居而野处，后世圣人易之以宫室，上栋下宇，以待风雨。""内"在古代就有里面、亲近的含意。在明代袁宏道的《满井游记》中就有："一室之内。"在白居易的《长恨歌》中就有："西宫南内多秋草。"。另关于"空间"的解释，在现代汉语里为"空间，物质存在的一种客观形式，由长度、宽度、高度表现出来。"

图 0-4　室内是指建筑及其相关场所的内部空间环境，而室内界面是构成室内空间外围的物质因素

为此，"室内空间"就是指室内的物质——人、人的运动、家具器具、环境物态等存在的客观形式，由室内界面（墙、柱、顶棚、地板）的长度、宽度、高度将室内空间在广袤无垠的地表大气空间中划分、限定出来。当然，此时室内界面是构成室内空间外围的物质因素（图 0-4）。

建筑及其相关场所的室内空间环境与人类的生活更为紧密，它是与人最接近的空间环境，人在其中活动，且身临其境，其室内空间环境存在的一切与人息息相关。并且人们对室内空间环境一切物体触摸频繁，又察之入微，对材料在视觉上和质感上比室外空间环境有更强的敏感性。由室内空间环境采光、照明、色彩、装修、家具、陈设等多种因素综合造成的室内空间形象在人的心理上产生比室外空间更强的承受力和感受力，从而影响到人的生理、心理，直至精神感受。可见，建筑及其相关内部空间环境设计的优劣直接影响到人们在空间的各种活动中使用是否方便，精神是否愉悦。同时，室内空间环境也从某种意义上反映了人们的物质文明和精神文明程度，其设计必须针对人们不同的功能要求，设计和创造出不同种类的室内空间环境来满足人们生活、工作、学习、休息等方面的需要。

从人类对建筑及其相关室内空间环境的需求来看，作为室内空间环境的设计，主要表现在生理、心理、环境、社会等方面满足人们各个方面的需求。其中：

生理需求——是人类对建筑及其相关室内空间物质层面的要求，也是最基本的功能需要，即其室内空间环境设计首先应为人类提供一个可遮风避雨、方便日常生活、各类活动开展，工作、学习和休息的场所。昔日人们对其室内空间环境的需求只是"量"上的满足而已，今天人们对其室内空间环境的需求，则更加注重"质"的满足，人们对建筑及其相关室内空间环境的舒适程度有了更高层面的追求。

心理需求——是人类对建筑及其相关室内空间精神层面的要求，其室内空间环境设计必须符合人的认识特点及其规律，影响人们的情感，乃至人们的意志和行动。人们对于室内空间环境的感知和心理需求不仅是视觉的满足，还追求舒适、趣味、悦目、新奇、与人共享、社会地位的象征等内心层面的需要。诸如室内空间环境设计的情感因素很多，我们在设计过程中需满足其空间的人体尺度和人文尺度两个方面的需要，以取得心理空间上的和谐。此外，联想也是一种重要的心理现象，其含义是曾被一定对象引起过情感反映的人，在类似或相关条件的刺激下，回忆起过去的经验和情感。联想的形式主要有接近联想、类似联想和对比联想。在室内空间环境设计中，可用象征性的图案诱发联想（如用松柏寓意苍劲，用翠竹寓意高洁，用海燕寓意矫健，用火炬寓意光明等），容易收到含蓄曲折的表现效果。

环境需求——是人类对建筑及其相关室内空间环境层面的要求，其室内空间环境设计必须研究人的个性与环境的关系。而所谓环境，通俗的理解即为"周围的境况"，是指围绕在人们周围的外界事物。人们可以通过自己的行为使外界事物产生变化，而这些变化了的外界事物（即所形成的人工环境）又会反过来对作为行为主体的人产生影响及其变化，以期实现环境的最优化。研究的问题包括：人如何认知环境，如何评价环境，已有环境如何影响人的感觉、情感和行为，从人的心理和行为角度看，什么样的环境才算理想的环境等。其中，与室内设计比较密切的问题有：个人空间、领域性与人际距离；私密性与尽端趋向；依托的安全感；从众与趋光心理；好奇心与室内空间环境设计；空间形状给人的心理感受。随着人类对环境需求及相关问题研究的完善，必然会有更多人的个性与环境设计课题能从理论研究中找到依据，从而使环境设计建立在一个更加科学的基础上。

社会需求——是人类对建筑及其相关室内空间社会层面的要求，当今物质环境对人类行为的影响是巨大的，并且不断地影响着整个社会环境。室内空间环境设计作为人类生活不可缺少的物质基础，也是社会环境的重要组成部分。如何使设计的社会需求有利于生活物质环境建设，这个问题已经不是简单的设计能解决的，必须把心理学、社会学、生物学、人类学、地质学和生态学等学科同建筑学、城市学、环境学、设计学和艺术学，以及具体的室内空间环境设计等理论与应用学科结合起来进行探索。这种研究方法既具有人文特点又具有社会整体性质，从而有利于学科的综合和问题研讨的全面，以促进现代室内环境设计作为一个新兴的设计学科，其研究的综合性与独立性特征能够得到完整的体现，直至进一步的延展与升华。

0.2 建筑室内环境设计观念的演进

当人类摆脱穴居，开始构巢而居以来，室内设计实际上就已经开始伴随着人们的生活。陕西西安半坡村遗址，是目前能够见到最早的原始社会的房屋建筑形式，据发掘表明，半坡村原始社会的房屋主要有两种：一种为平面呈方形，另一种为平面呈圆形。方形房屋的内部有一个圆形的浅坑，是用来煮食物与取暖的火塘，砌于立柱间，把房屋分成前后两部分，前面是火塘，后面是家庭成员休息的地方，门的两侧也有隔墙，其主要作用是引导与控制气流，使房屋少受冷空气的影响。由此可以看出，在建造这样简单的房屋时，我们的祖先仍然没有忽略"室内设计"的问题，而力求使其内部空间具有较大的合理性（图0-5）。

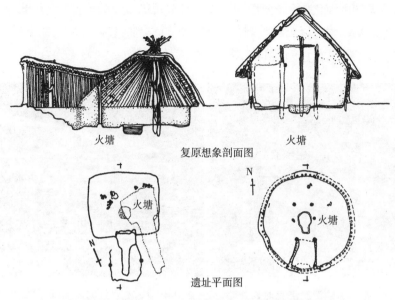

图 0-5　陕西西安半坡村遗址平面复原想象剖面图

在后来建筑及室内设计发展的进程中，欧洲古希腊、古罗马的石砌建筑、东方古印度的石窟建筑和中国的木构架建筑，都由于装饰与结构部件的紧密结合，使得装饰与建筑主体融为一体（图0-6）。到17世纪初的欧洲巴洛克时代和18世纪中叶的洛可可时代，室内装饰开始与建筑主体分离，如法国在营造宫殿建筑与贵族宅邸时，就出现了"装饰工匠"这一新的职业名称。而巴洛克式与洛可可式的手工制作则竭尽装饰之能事，使装饰在建筑主体的表面走到一个极端，故被称之为"室内装饰"的典型做法（图0-7）。

图 0-6　欧洲古希腊、古罗马的石砌建筑、东方古印度的石窟建筑和中国的木构架建筑，由于装饰与结构部件的紧密结合，使得装饰与建筑主体融为一体

近代工业化大生产的发展以及钢筋混凝土结构体系建筑的出现，致使室内装饰与建筑主体进一步脱离，并形成一个相对独立进行生产制作的部门。直至19世纪，在欧洲以维也纳为中心的分离派运动，才解决了单纯装饰部件与建筑主体分离的矛盾。随后，包豪斯学派开始强调形式追求功能，认为空间应以建筑为主角，提出四维空间理论，提倡抛弃表面的虚假装饰，指出建筑美在于空间的合理性与结构的逻辑性等，再次强调使用功能以及造型的单纯化，给予使用功能以形态表现最重要的地位（图0-8）。于是，"室内装饰"开始衰落，代之以更有计划性与理论性的"室内设计"，而在全人类日益关注环境问题的今天，将其设计的内涵扩展为"室内环境设计"也许更为合理。

图0-7 从17世纪初的欧洲巴洛克时代开始，室内装饰与建筑主体分离，其手工制作竭尽装饰之能事，使装饰在建筑主体的表面走到一个极端，故被称之为"室内装饰"的典型做法

图0-8 从19世纪的欧洲以维也纳为中心的分离派运动开始，室内设计开始提倡抛弃表面装饰，重新强调使用功能以及造型的单纯化，并代之以更有计划性与理论性的"室内设计"，使其设计内涵扩展为"室内环境设计"

建筑室内环境设计快速发展的原因主要包括以下几个方面，即：

一是建筑功能日益复杂化使室内环境设计产生新的设计需求。人类社会进入工业化大生产后，要求有大量新厂房与之相适应，这些厂房不仅要有足够的面积与高度，还要从温度、湿度、采光、通风、除尘、卫生、保健等各个方面为生产活动提供必需的条件。这时，整个社会的政治、经济、文化活动的发展要求有大量的会堂、宾馆、商店、车站等建筑类型与之适应。同时，人们对居住环境的要求也大大提高。

建筑功能的日益复杂化推动了室内环境设计的发展，这是因为没有一个高质量的内部空间环境，就无法满足生产、生活方面的各种新要求。

二是科学技术的高速发展推动了室内环境设计的发展。由于新材料、新技术与新工艺的不断发展，从而为室内环境设计从物质上与技术上提供了更多的可能性。新的装饰材料、家具的出现，新的施工工艺、照明灯具和新能源的利用等都为室内环境设计的迅速发展创造了条件。

三是人们思想观念的改变促使室内环境设计地位提高。当"审美要求""地方特色""民族传统""乡土气息"等逐步成为人们向往的目标，合理的装饰不再认为是奢僮腐化的时候，室内环境设计受到了人们的普遍欢迎。今天，人们除要求新建筑能有一个引人入胜的室内空间环境设计外，还日益重视对原有建筑室内空间环境的改造与翻新。所有这些，都充分说明人们对美的追求进入了一个全新的领域及更高的层次。

0.3　室内环境设计与建筑设计的关系

室内环境设计与建筑设计的关系非常密切，建筑设计是室内环境设计的基础，室内环境设计是建筑设计的继续、深化和发展。

室内环境设计是在已确定的建筑实体之中进行的。但是，这并不表明，室内环境设计人员只能消极地、被动地跟着已存建筑设计跑，即使在建筑设计完成之后，仍有很多发挥聪明才智的机会。他们可以发挥主动性和创造性，运用灵活多变的设计手段，完成创造良好室内环境的任务；可以通过内部空间的艺术表现力，深刻反映空间的性格与主题，弥补建筑设计中的某些不足，改善内部空间的视觉与其他效果。

室内环境设计与建筑设计的关系，决定了互相密切配合的必要性。室内环境设计人员应懂得建筑设计的原则、方法与步骤，以便更好地理解建筑设计的意图。而建筑设计人员应懂得室内环境设计的特点与要求，在建筑设计的过程中为室内环境设计创造良好的条件。把建筑设计和室内环境设计作为一个整体设计来考虑，紧密合作；使其真正创造一个主题突出，立意构思明确，形象完美，富有个性，气氛宜人，内外统一、有机的整体室内环境（图0-9）。建筑内在功能和形式的统一，建筑造型艺术和外在环境的高度和谐，充分形象地反映其内涵和时代的特征，这些都是室内环境设计师应该刻意追求的业务素质。

室内环境设计与建筑设计的相同点是：都要考虑使用要求与精神功能，都受材料、技

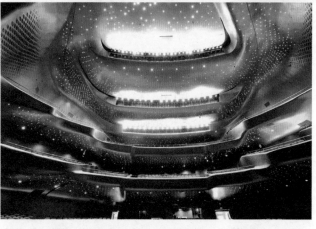

图0-9　建筑设计和室内环境设计应作为一个整体来进行设计，它们之间的关系是有机统一、紧密合作的；只有这样才能真正创造一个主题突出，立意构思明确，形象完美，富有个性，气氛宜人，内外和谐的空间环境

术和经济条件的制约，都须符合构图规律和美学法则，并要考虑空间的尺度、比例、节奏、韵律、统一、对比等问题；不同点是：与建筑设计相比较，室内环境设计在于通过室内空间界面，创造理想的、具体的时空关系。它更加重视室内空间的生理和心理效果，更加强调材料的质感和纹理，色彩的配置，灯光和声乐的应用及细部的处理。因此，通过室内设计所表现出来的景况往往比建筑设计更为精美和细腻。室内环境设计所以具有这些特点，是因为与外部空间相比较，内部空间与人们的生产、生活的关系更为密切、直接。所创造的环境几乎全部能为人们所感知，所以它比建筑设计更精美、细腻。

建筑具有物质与精神的双重属性，是由建筑空间与建筑外观共同体现出来的，虽然它们的彼此联系相当紧密，难以截然分开，但从一定意义上来讲，建筑的使用价值主要由建筑空间来体现，而它的审美价值却更多地取决于建筑的外观。正因为如此，各种建筑的艺术风格，都与建筑外观直接关联。例如，离开了优美典雅的"柱式"，古希腊建筑将荡然无存；失去了雄伟壮丽的"穹顶"，古罗马风格则黯然失色；挺拔雄伟的尖顶、塔楼等被认作哥特式，简洁明亮的"玻璃匣子"则已成为现代派的一大特征。如果说建筑是物质文明和精神文明的结合产物，那么建筑装饰的主导作用就是承担了创造精神文明的使者。室内环境设计体现在建筑上的具体作用有两点：其一，强化建筑空间性质，就是将不同特性的空间，设置不同效果的装饰艺术，使空间更富有特性；其二，强化建筑时空环境的意境和气氛，使人们在精神上得以调解，灵性得以发挥。建筑装饰通过深化建筑造型，使建筑艺术与心理功能直接相关的审美意识协调一致，从而在精神上满足人们的艺术享受。

0.4　中国建筑装饰行业发展及建筑室内环境设计文化特色的构建

0.4.1　中国建筑装饰行业的发展

建筑装饰行业是建筑行业的重要组成部分之一，与房屋和土木工程建筑业、建筑安装业并列为建筑业的三大组成部分。我国建筑装饰行业从20世纪80年代中期开始起步。建筑装饰行业的发展与国民经济的发展水平息息相关，我国快速发展的经济为建筑装饰行业的发展提供了坚实的基础。建筑装饰行业的发展是伴随经济的快速增长和国内住宅房屋的市场化而兴起，一方面经济的发展带来了更多的公共建筑、商业建筑（购物场馆、酒店等）的装饰需求；另一方面，国内20世纪90年代末期的住房制度改革使得房地产业在市场化的大潮中蓬勃发展，从而带动了住宅装修业的快速发展。

随着我国改革开放的不断深入，经济建设快速发展，国家在人居环境建设与改善方面，取得了辉煌的成绩，建设"美丽中国"也成为实现"中国梦"的重要组成部分。据中国建筑装饰协会统计的资料可知：进入新世纪以来，我国建筑室内装饰行业工程年总产值 2000 年为 5500 亿元，2001 年为 6600 亿元，2004 年约为 10030 亿元，突破了 10000 亿元大关，2007 年约为 15000 亿元，2010 年达到 21000 亿元左右，2014 年全国建筑装饰行业完成工程总产值 31600 亿元。2015 年全国建筑装饰行业完成工程总产值 34000 亿元，比 2014 年增加了 2400 亿元，增长幅度为 7.6%，增长速度比 2014 年回落了 2.3 个百分点，仍与宏观经济增长速度 7% 基本持平，2016 年是"十三五"规划的第一年，对于建筑装饰行业来说，行业总体稳中有进。而建筑室内装饰市场不仅拉动了 20 多个相关产业的发展，还带动了物流产业的繁荣与发展。自 20 世纪末开始的中国城镇化建设使我国房地产、建筑业持续高速增长，也带动建筑装饰行业的持续高速增长，并使我国建筑装饰行业以每年 15% 以上速度发展。

而建筑装饰行业的发展，也促进了进出口业、旅游业、交通运输业等行业的发展；并且建筑装饰行业随着房地产业、建筑业的发展已经成为国民经济的重要支柱（图 0-10）。

面对建筑装饰行业的快速发展，1984 年 9 月，经国家民政部批准，成立了中国建筑装饰协会，从而建立了全国性行业社团，在国家住建部的业务指导下，致力于促进中国建筑装饰行业的发展。1989 年 12 月，成立了挂靠在

图 0-10　进入新世纪以来，中国建筑装饰行业步入快车道，并以每年 15% 以上速度发展。不仅拉动了进出口业、旅游业、交通运输业等 20 多个相关产业的发展，还随着房地产业、建筑业的发展使建筑装饰行业已经成为国民经济的重要支柱

中国建筑学会下，国内唯一权威的室内设计学术组织——中国室内建筑师学会，并于 1999 年 11 月更名为中国建筑学会室内设计分会。其宗旨是：团结室内设计师，提高中国室内设计的理论与实践水平，探索具有中国特色的室内设计道路，发挥室内设计师的社会作用，维护室内设计师的权益，发挥与世界各国同行间的合作，为中国的现代化服务。室内设计分会主办了一系列学术刊物，编辑出版年刊及具有权威性设计竞赛的设计作品集；另外还是亚洲室内设计联合会（AIDIA）与国际室内建筑师／设计师团体联盟（IFI）重要成员，从而为中国室内设计师与世界的交流起着重要的推动作用（图 0-11）。

图 0-11　中国建筑学会室内设计分会会徽，其学术年会及国际学术交流会，成为一年一度中国室内设计界最高层次的学术盛会

0.4.2　中国建筑室内设计教育的发展

中国的室内设计教育，是随着室内设计从建筑设计教育中剥离成为一个独立的专业后而出现的，最早则可追溯到 1957 年中央工艺美术学院（现清华大学美术学院）设置的室内装饰系，这是我国在高等院校中最早及唯一开设有室内设计专业的院校。1958 年北京兴建十大建筑，受此影响装饰的概念向建筑拓展，至 1961 年专业名称改为"建筑装饰"；1984 年，顺应世界专业发展的潮流更名为"室内设计"；之后在 1988 年室内设计又拓展为"环境艺术设计"专业。数次易名，反映出该系在专业建设方面孜孜不倦的求索。由此也可界定出"中国当代的室内设计从建筑设计中剥离出来，形成规模，成为一个专门的行业与学科，应是改革开放以后的事。"

进入 20 世纪 80 年代后期，随着改革开放给国家经济建设带来的巨大变化，尤其是建筑业的振兴与高速发展，使我国延续了近 30 年来仅靠一个院校培养室内设计专业人才的局面很快被打破。1986 年经教育部和建设部批准，在同济大学与重庆大学（原重庆建筑工程学院）建筑院系中增设"室内设计"专业，并从 1987 年招收室内设计专业的本科生，从而使我国高校有规模地培养社会所急需室内设计专业人才的步伐得以加快。其后伴随着国家推行与建立社会主义市场经济的步伐，"市场机制"也被引入到教育领域。从 20 世纪 80 年代末至今，全国各地诸多的综合性大学、建筑、艺术、理工与林业专门院校纷纷在相关学科中设立室内设计与相近的设计专业。与此同时不同教育层次兴办室内设计与相关专业的热潮更是此起彼伏，众多的成人职大、电大、中专与职校，以及一些行业与协会所办生源不同、层次各异的室内设计专业与各类装饰设计及施工长短培训班等如雨后春笋般地四处涌现。到目前国内已有数百多所高等院校设立有与室内设计及环境艺术相关的各类专业，而各类高等院校的独立分校，高等职业技术学院已开办的室内设计、建筑装饰及环境艺术等相关专业更是具有相当规模，并呈现出蓬勃发展的态势。只是 1998 年国家教育部进行专业设置调整，在印发的《普通高等学校本科专业目录（1998 年颁布）》中其室内与家具设计、环境艺术设计专业均被归于艺术设计专业中的一个专业方向，若从室内设计教育来看，对其学科建设无疑还是产生了一定的影响。

另在室内设计本科教育已有规模的基础上，其研究生培养也有了长足的发展，中央工艺美术学院（现清华大学美术学院）、同济大学与重庆大学（原重庆建筑工程学院）以及相关院校则分别在当时的文科门类艺术学一级学科及工科门类建筑学一级学科下招收硕士及博士研究生。前后近30年，已培养出不少室内设计研究方向的硕士及博士研究生。此外，这个时期对室内设计高层次设计人才的培养还借助了中外合作办学模式，如同济大学——米兰理工大学设计管理硕博教育项目，上海交通大学设计学院与世界艺术设计多所名校合作创办的艺术设计大师班项目中的博士层次课程等，即对国内室内设计教育发展产生积极的影响。

2011年国务院学位委员会、教育部印发新学科目录后，室内设计被归入建筑学一级学科（代码：0813）目录下设六个研究方向之一〔这六个方向包括：建筑设计及其理论、建筑历史与理论、建筑技术科学、城市设计及其理论、室内设计及其理论、建筑遗产保护及其理论），这也是国内在研究生教育中首次明确室内设计的学科归属。基于室内设计教育的发展态势，国内具有建筑学一级学科博士授予点的培养单位即结合各自学科建设的需要开始进行这个方面的探索。其中本书著者所在的华中科技大学经过多年来的不懈努力，在建筑学一级学科博士授予点的下自主设置目录外"室内设计及其理论"二级学科博士授予点，并于2015年1月首个获教育部的认定批复的建筑学一级学科博士授予点下"室内设计及其理论"二级学科博士授予点，其招生也列入2016年学校博士研究生计划，从而将在国内室内设计高层次设计人才培养方面发挥出具有建设性的作用。

0.4.3　具有中国文化特色的建筑室内环境设计特色的构建

纵观20世纪至今世界设计发展的历程，我们不难发现：当今设计随着电子技术的普及和信息的快速传播，国际化与同一化的倾向越来越严重，从而造成各个国家与民族的传统、地域、个性与文化的差异不断丧失，人类在追求高度物质化与功能价值的同时，常常忽略精神与文化价值，致使许多优秀的传统文化遗产得不到继承。然而我们也应该清醒地看到，在现代设计走向国际化、现代化与同一化的趋势中，也有不少的国家和民族，结合自己悠久的历史文化传统，走出了一条超越传统、充满本国文化特色又有时代精神的现代设计之路来，诸如世界上各经济大国与文化强国，乃至许多发展中国家的建筑室内环境设计，其成功的经验，均值得我们很好地学习和借鉴。

中国是一个具有五千年文字记载历史的文明古国，又是一个有着56个民族共同组成的大家庭，源远流长的中国建筑与室内装饰文化，无不值得我们自豪与骄傲，从而促使我们从理论和实践中去研究、发掘、继承乃至发扬光大。而当前由于商业化的冲击，出现了放弃理想、丢掉传统、丧失文化、随波逐流、模仿抄袭、急功近利、唯利是图、粗制滥造等不负责任的现象，必将被时代及有良知的中国设计师们所唾弃。中国当代的建筑室内外环境设计，是应该具有当代中国的文化特征与时代精神的。这也正如当代著名的中国建筑界前辈、两院院士吴良镛先生所言：中国一切有抱负的建筑师，应当学习

外国的先进东西，但各种学习的
最终目的，在于从本国的需要和
实际出发进行探索，创造自己的
道路。吴良镛先生身体力行，一
生从未间断过实现这一崇高理想
的设计创作实践。由他主持设计
的北京旧城菊儿胡同改造工程，
荣获"世界人居奖"等三个世界
大奖，成为被人们所推崇的成功
范例（图 0-12）。例如著名的
华裔建筑大师贝聿铭先生设计的
北京香山饭店，就注重吸收了中
国传统建筑文化中民居和园林的
设计语言，并融于现代建筑与室
内环境设计，使中国的地方风格
与国际化语汇交融，开创了现代
建筑与民族文化结合的典范。而
近期落成的北京中国银行建筑与
室内环境设计，贝聿铭先生又在
建筑室内四季厅的大空间中融入
了北京四合院的神韵，并与庭园
绿化设计有机结合，使其空间设
计中的文化性受到了很高的评价
（图 0-13）。

图 0-12　荣获"世界人居奖"的北京旧城菊儿胡同改造工程

图 0-13　贝聿铭先生在设计的北京中国银行建筑室内四季厅中，将北京四合院的神韵融入其内并与庭园绿化设计有机结合，使其空间设计中的文化性受到了很高的评价

　　由此可见，对于中国这样一
个有着悠久历史文化传统的发展
中大国来说，一味地抄袭西方某
些商业化的设计模式，显然是不
可取的。近年来一大批有理想的
室内设计师们，立足本民族的文
化根基，继承传统，超越传统，
在建筑室内环境设计方面进行了
一系列探索实践，创造出一系列
具有中国文化特色、又有时代精
神、风格多样的建筑室内环境设计作品来，例如山东阙里宾舍（图 0-14）、北京香山饭
店（图 0-15）、北京全国政协办公楼（图 0-16）、中国国际贸易中心、大观园饭店、

上海浦东国际机场（图 0-17）、国家大剧院、北京鲁迅纪念馆、广州白天鹅宾馆（图 0-18）、
花园酒店与中信广场、深圳国际贸易中心、天安酒店、南京丁山香格里拉酒店（图 0-19）、
浙江绍兴饭店、北京银河 SOHO（图 0-20）、深圳地王大厦与深圳京基 100 大厦（图 0-21）、
武汉中商大厦邮政广场、北京凤凰卫视媒体中心（图 0-22）、香港会议展览中心（图 0-23）、

图 0-14　山东阙里宾舍建筑与室内环境设计

图 0-15　有中国传统文化特色，又有时代气息的
北京香山饭店室内环境设计中，将地方风格与国
际化语汇交融，开创了现代建筑与民族文化结合
的典范

图 0-16　北京全国政协办公楼室内环境设计

图 0-17　上海浦东国际机场候机楼室内环境设计

图 0-18　广州白天鹅宾馆室内"故乡水"中庭设计

图 0-19　南京丁山香格里拉酒店大堂室内环境
设计

西安陕西省博物馆、广州火车南站（图 0-24）、上海贝尔实验室（图 0-25）、华中科技大学图书馆新馆（图 0-26）、浙江大学大学生活动中心（图 0-27）、武汉协和医院外科大楼（图 0-28）等。还有近年来由中国室内设计学会组织国内外专家评选出来的一系列优秀建筑室内环境设计作品，都充分体现了我国当代室内创作设计的水平，达到或接近了国际先进水准的高度。

图 0-20　北京银河 SOHO 室内内庭设计

图 0-21　深圳京基 100 大厦附楼商场室内设计

图 0-22　北京凤凰卫视媒体中心室内空间设计

图 0-23　香港会议展览中心室内空间设计

图 0-24　广州火车南站室内候车大厅空间设计

图 0-25　上海贝尔实验室室内空间设计

图 0-26　华中科技大学图书馆新馆室内阅览厅空间设计　　图 0-27　浙江大学大学生活动中心室内活动空间设计

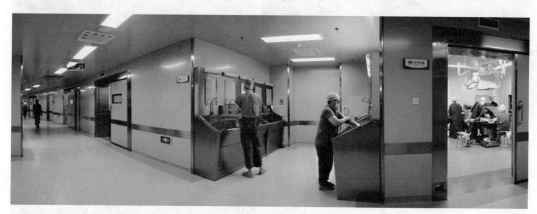

图 0-28　武汉协和医院外科大楼住院部内部空间设计

　　另外从家庭室内装饰方面来看，随着国民人均年收入的提高，居住建筑室内环境设计进入了寻常百姓家中，不少富有中国文化特色与时代风貌的家庭室内装饰设计作品不仅提升了人们居住环境的品位，改善了人们居住生活的质量，同时平民百姓生活在诗意般的居住环境中，也就实实在在地享受到中国现代化进程所带来的实惠和喜悦。近几年由中国室内装饰协会组织国内外专家评选出的优秀作品，如广州的怡安花园 8 号 A 示范单位、大连世纪经典"简约之家"样板房（图 0-29）、东部阳光花园青云阁 12A、长沙颐美园 B3 型室内设计（图 0-30）、深圳的经典家园样板房之"东方情怀"、共和世家示范单位——27F 型（图 0-31）、香樟别墅、上海碧岭华庭佳园住宅室内设计（图 0-32）等，均表现出时代的风貌特色。

　　当然上述这些作品仅是一部分具有代表性的室内设计作品，还有没有提到的许多成功之作，它们均在继承和发扬民族文化精神的基础上，又与展示时代风貌的现代科学技术、材料及装饰技艺有机结合，从而创造出既有文化特色又有时代美感、令人耳目一新的当代建筑室内空间环境。同时这些作品也展示出中国设计师们在现代建筑室内环境设计方面走向成熟的设计文化观念，以及明确的设计责任感，使他们成为时代风尚的弄潮者，且不愧于时代。

图 0-29　大连世纪经典"简约之家"样板房室内
设计

图 0-30　长沙颐美园 B3 型室内设计

图 0-31　深圳共和世家示范单位——27F 型室内
设计

图 0-32　上海碧岭华庭佳园住宅室内设计

　　此外，我们从世界各国当代一切优秀的设计作品中也可以看出，它们对文化的传承并不是一"承"不变的，因为如果这样只会是仿古与复古，只能是走向僵化。我们应该主张结合时代的需要，吸取传统文化的精华，在传统的基础上推陈出新，才能使设计的作品焕发出新的生命力。当然，要达到这样的深度，需要我们的设计师下功夫去研究本国的传统建筑与室内装饰文化，才能从传统文化的精神上去领会，而不是仅仅停留在一些皮毛地模仿。作为中国的设计师，还需了解中国的国情，脚踏实地、实事求是，在设计创新中不但关心公共建筑室内环境的创造，还要把更多的精力投入到与大众息息相关的住宅建筑室内环境的设计研究与工程实践中去，从整体上使中国当代的建筑室内环境设计具有鲜明的文化特色。因此，立足于中国的国情，继承和发扬中国的传统文化精神，广泛吸收世界上一切优秀、有时代特点的文化成果，"纳百川于一流"，才可能使中国的当代建筑室内环境设计走向世界与未来。让我们以满腔的热情去创造中国当代建筑室内环境设计文化，走出一条有中国特色的建筑室内环境设计创新之路。

第1章　建筑室内环境设计的基本理论

人的一生，可以说大部分时间都是在建筑室内空间环境中度过的。当我们观察和研究人们的活动行为时，可以发现一个有趣的现象，那就是大部分人的活动轨迹，可说都是从一幢建筑的室内空间环境，走向另一幢建筑的室内空间环境，再又走向新的一幢建筑的室内空间环境……周而复始。随着人们现代生活节奏的加快，这种"走向"将进一步发展到"奔向"，直至现代信息社会带给人们"足不出户"的生活与工作保证，而人们在建筑室外空间环境活动的时间将越来越少。正是如此，所以我们说人们基本上，或者主要是生活在建筑室内空间环境中。比如生活有居住空间环境；工作有办公与生产空间环境；购物有商业空间环境；休息有娱乐与疗养空间环境……这一系列的建筑室内空间环境也就构成了当代人类所追求的美好生活空间和家园（图1-1）。当然这个生活空间和家园还包括建筑室外空间环境的塑造与经营，只有二者统一，才能创造出人类所期望的良好生活与生存空间环境来。

图1-1　现代建筑室内空间环境构成了当代人类所追求的美好生活空间
1）居住空间环境　2）工作空间环境　3）购物空间环境　4）娱乐空间环境

1.1　建筑室内环境设计的理念与特点

建筑室内环境设计是根据建筑物的使用性质、所处环境和相应标准，运用物质技术手段和建筑艺术原理，创造出的功能合理、舒适美观，符合人的生理、心理要求，使使用者心情愉快，便于生活、工作、学习、休息等各种活动开展，满足人们物质和精神生活需要的建筑及交通工具等内部空间的环境设计。这样的内部空间环境，既具有使用价值，能够满足相应的功能要求，同时还能延续建筑的文脉、风格，满足环境气氛等精神方面的多种需要。然而，建筑室内环境设计的理念是什么呢？

在美国 1972 年出版的《世界百科全书》中对室内装饰的解释是："一种使房间生动和舒适的艺术……当选择和安排妥善的时候，可以产生美观、实用和个别性的效果。"

在英国 1974 年出版的《新大英百科全书》中的解释是："人类创造愉快环境的欲望虽然与文明本身一样古老，但是，作为人为空间的自觉性计划的室内设计相对是一个崭新的领域。室内环境设计这个名词意指一种更为广泛的活动范围，而且表示一种更为严肃的职业地位。"

在美国 1975 年出版的《美国百科全书》中的解释是：室内装饰是"实现在直接环境中创造美观、舒适和实用等基本需要的创造性艺术"。

在美国 1975 年出版的《国际百科全书》中的解释是：室内装饰是"将一个或一组房间的建筑要素与陈设、色彩和摆设等有效地结合，而能正确地反映出个别的格调、需要、兴趣的一种艺术"。

在上海辞书出版社 1979 年出版的《辞海》中，对"室内装饰"的解释为以"建筑内部设计"的通称。指房屋建筑内部的顶面、地面、墙面、装修、家具、铺物、帘帷、设备、陈设等的用料、造型、色彩的选择、处理以及综合布置的设计，也包括船舶、飞机、车辆的内部设计。

在中国大百科全书出版社 1988 年出版的《中国大百科全书——建筑·园林·城市规划卷》中，对"室内设计"的解释为："建筑设计的组成部分，旨在创造合理、舒适、优美的室内环境，以满足使用和审美的要求。室内设计的主要内容包括：建筑平面设计和空间组织、围护结构内表面（墙面、地面、顶棚、门和窗等）的处理，自然光和照明的运用以及室内家具、灯具、陈设的选型和布置。此外，还有植物、摆设和用具等的配置。"

在上海辞书出版社 1999 年出版的《辞海》中，对"室内环境设计"的解释为以"通称'室内设计'。对建筑内部空间进行功能、技术、艺术的综合设计。根据建筑物的使用性质（生产或生活）、所处环境和相应标准，运用技术手段和造型艺术、人体工程学等知识，创造舒适、优美的室内环境，以满足使用和审美要求。设计的主要内容为室内平面设计和空间组合，室内表面艺术处理，以及室内家具、灯具、陈设的造型和布置等。一般有平面图、平顶图、立面展开图，以及家具、灯具和节点详图等。可用线条图或彩色效果图表示。"

在 2015 年 10 月人力资源和社会保障部、国家质量监督检验检疫总局联合发布的《中华人民共和国职业分类大典（2015 版）》对"室内装饰设计师"的解释为："从事建筑物及飞机、车、船等内部空间环境设计的人员。""从事的主要工作包括：①运用物质技术和艺术手段，设计建筑物及飞机、车、船等内部空间形象；②进行室内装修设计和物理环境设计；③进行室内空间分隔组合、室内用品及成套设施配置等室内陈设艺术设计；④指导、检查装修施工。"

归纳国内外不同层面人士对室内环境设计的解析,我们可从以下三个角度来界定,即:

从学术研究的角度来界定,室内环境设计就是指"建筑及其相关内部空间的理性创造方法"。

从设计创作的角度来解释,室内环境设计是"建筑及其相关内部空间设计的继续与深化,是室内空间和环境的再造"。

从平民百姓的角度来理解,室内环境设计就是"装修布置房间"。

或许,我们还可以列举出一系列的室内环境设计理念来。

我们认为室内环境设计是考虑建筑及其相关内部环境因素的一项包括生活环境质量、空间艺术效果、科学技术水平与环境文化建设需要的综合性艺术设计学科,其任务是根据建筑及其相关内部环境设计的理念进行内部空间的组合、分割及再创造,并运用造型、色彩、照明、家具、陈设、绿化、传达设计与设备、技术、材料、安全防护措施等手段,结合人体工程学、行为科学、环境科学等学科于一体,从现代生态学的角度出发对建筑及其相关内部环境做综合性的功能布置及艺术处理,以创造能够满足广大民众物质与精神两个方面要求的具有艺术整合性的完美空间环境来(图1-2)。简而言之,建筑室内环境设计是一种透过空间塑造方式以提高生活境界和文明水准的智慧表现,它的最高理想在于增进人类生活的幸福和提高人类生命的价值。

图1-2 建筑室内环境设计应从现代生态学的角度出发对其内部环境做综合性的功能布置及艺术处理,以创造能够满足广大民众物质与精神两个方面要求的具有艺术整合性的完美空间环境

1.2　建筑室内环境设计的目的与任务

1.2.1　建筑室内环境设计的目的

建筑室内环境设计的主要目的是把建筑的功能美和艺术美结合起来，在构成各种使用空间的同时提高建筑室内环境质量，使其更加适应人们在各个方面的需求。在现代建筑室内环境设计中需要运用现代科学的法则和手段，从适用和经济的原则出发，创造出具有优秀空间品味的、满足使用者在生活、工作、学习、休息等功能方面需要的室内环境，即创造"以人为本"的建筑室内环境设计为其基本目标。

这个目标具体体现在物质建设和精神建设两个基本方面，即一方面要合理提高建筑室内环境的物质水准，满足使用功能，另一方面要提高建筑室内空间的生理和心理环境质量，使人从精神上得以满足，以有限的物质条件创造尽可能多的精神价值。

实现物质水准建设的目标，包含建筑室内环境设计在实用性与经济性两个方面的内容。其中实用性就是要解决建筑室内环境设计在物质条件方面的科学应用，诸如建筑室内的空间计划、家具陈设、贮藏设置以及采光、通风、管道等设备，必须合乎科学、合理的法则，以提供完善的生活效用，满足人们的多种生活需求；经济性则是要提高建筑室内环境设计效率的途径，具体体现在对室内环境设计人力、物力和财力的有效利用上，室内一切用品设备，必须精密预算，才能保持长期价值，发挥财力资源的最大效益。

实现精神品质建设的目标，包含建筑室内环境设计在艺术性和特色性两个方面的内容。其中艺术性是指建筑室内环境设计在形式原理、形式要素，即造型、色彩、光线、材质等，必须在美学原理的规范之下，室内环境设计以达到取悦感官、鼓舞精神的作用。特色性是指建筑室内环境设计在空间的形态、性格塑造中能够反映出不同空间的个性与特色，使室内环境设计能够满足和表现其独特的空间环境内涵，以使人们在有限的空间里获得无限的精神感受（图 1-3）。

总之，追求人性化的建筑室内环境空间是设计的最

图 1-3　苏州日报社办公楼入口大厅建筑室内环境空间，既体现现代办公室内环境空间的时代精神，又展现中国江南特有的文化意蕴，使建筑室内环境设计具有独特的空间环境内涵

高理想和最终目标。其建筑室内环境设计的目的就是为了提高室内环境的精神品位，以增强人类灵性生活的价值。因此，室内环境设计必须做到以物为用，以精神为本，用有限的物质条件创造出无限的精神价值来。

1.2.2 建筑室内环境设计的任务

建筑室内环境设计的基本任务是合理组织空间，运用建筑技术和建筑艺术的规律、构图法则等美学原理，寻求具体空间的内在美规律，创造人为的优质环境，改善人们的生活、工作、学习、休息等。有些人把建筑室内环境设计的任务仅仅理解为美化或装饰，局限于满足视觉的要求，这种看法是十分片面的。因为美化内部环境仅仅是建筑室内环境设计的任务之一，甚至算不上最为重要的任务。

建筑室内环境设计的任务可以分为三部分：一是建筑室内空间处理；二是建筑室内环境陈设；三是建筑室内环境装修。其中建筑室内空间处理包括在建筑设计的基础上进一步调整空间的尺寸和比例，决定空间的空实程度，解决空间之间的衔接、过渡、对比、统一等问题；建筑室内环境陈设主要是设计、选择和配装室内环境中的家具、设备与窗帘、台布、床单等各种织物，盆景、绘画、雕刻等各种工艺品与日用品，绿化、水体与叠石以及照明方式与灯具等；建筑室内环境装修主要指确定其墙面、地面、顶棚的色彩、图案、纹理和做法等。

而在不同类型的建筑之间，还有一些使用功能相同的室内空间，如门厅、过厅、电梯厅、中庭、盥洗间、浴厕，以及一般功能的门卫室、办公室、会议室、接待室等。当然，在具体工程项目的设计任务中，这些建筑室内空间的规模、标准和相应的使用要求还会有不少差异，需要具体分析。但由于其室内空间使用功能的性质和特点不同，上述建筑主要房间的室内环境设计对其设计和工艺等方面的要求也各有侧重，这些是需要在具体的设计中予以区别的。

总之，建筑室内环境设计的任务就是综合运用技术手段和艺术手段，充分考虑自然环境的影响，利用有利条件，排除不利因素，创造符合人们生产和生活要求、符合生理和心理要求的室内环境，以使建筑室内环境达到舒适化、科学化和艺术化的设计高度（图1-4）。

图1-4 建筑室内环境设计就是综合运用技术手段和艺术手段来使其室内环境达到舒适化、科学化和艺术化的设计高度

1.3　建筑室内环境设计的依据与要求

1.3.1　建筑室内环境设计的依据

建筑室内环境设计作为整个建筑内外环境设计中的一个重要环节，必须事先对所在建筑物体的功能特点、设计意图、结构构成等情况充分掌握，进而对其建筑所在地区的外部环境等也有所了解。具体地说，在进行建筑室内环境设计工作以前，这样一些设计依据必须首先把握，它们分别为：

1. 人们在建筑室内环境中停留、活动、交往、通行的空间尺度

首先是人体的尺度，动作域所需的尺寸和空间范围，人们交往时符合心理地标的人际距离，以及人们在室内通行时有形无形的通道宽度以及门扇的高度等。其中人体的尺度是指人们在建筑室内环境中完成各种动作时的活动范围，是我们确定室内诸如门扇的高宽度、踏步的高宽度、窗台阳台的高度、家具的尺寸及其相间距离，以及楼梯平台、室内净高等的最小高度的基本依据。不仅要考虑人们在不同性质的室内环境空间内对人体尺度的心理感受，还要满足人们心理感受需求的最佳空间范围。

2. 家具、灯具、陈设等的尺度，以及使用、安置它们时所需的空间范围

在室内空间里，除了人的活动外，主要占有空间的有家具、灯具与陈设之类的物品；而在一些高雅的室内空间环境中，室内绿化、水体与山石小品等所占据的空间尺度，均成为组织、分割室内空间的依据。对于灯具、空调设备、卫生洁具等，除了有本身的尺寸以及使用、安置时必须的空间范围外，值得注意的是，此类设备、设施，由于在建筑土建设计与施工时，对管网布线等都已有整体布置，故在其室内环境设计时应尽可能在它们的接口处予以连接、协调，并可对其做适当调整以满足室内环境空间使用合理和造型等需要。

3. 室内空间的结构构成、构件条件、设施管线等的尺度和制约条件

主要包括有室内空间的结构体系、柱网的开间间距、楼面的板厚梁高、风管的断面尺寸与水电管线的走向和铺设要求等，都是组织室内空间时必须考虑的内容。其中一些设施虽可与相关工种协商后做出调整，但仍然是设计时必须考虑的依据及制约因素，诸如集中空调的风管通常在楼板底下设置，计算机房的各种电缆线常铺设在架空的地板内等，在室内空间的竖向尺寸上就必须考虑这些因素。

4. 符合设计环境要求、有可供选用的装饰材料和可供的施工工艺

从设计构想变成设计现实，必须有可供选择的地面、墙面与顶面等界面的装饰材料，以及可行的装饰施工工艺来实施。而这些条件必须在设计开始时就考虑到，以保证设计的实施。

5. 符合工程投资限额和建设工期方面的要求

已经确定出来的工程投资限额和建设标准，以及设计任务要求的工程施工期限，具体而又明确的经济和时间观念，则是一切现代设计工程实现的重要前提条件。

1.3.2　建筑室内环境设计的要求

现代建筑室内环境设计，实际上是科技与艺术相互结合的室内环境设计，对其具体的要求主要有以下几点：

其一，应有使用合理的建筑室内空间组织和平面布局形式，有符合使用要求的建筑室内声、光、热效应，以满足室内环境物质功能的需要。

其二，应有造型优美的空间构成和界面处理，宜人的光、色和材料配置，以创造能够符合建筑物性格的环境氛围，满足室内环境精神功能的需要。

其三，要采用合理的装修构造和技术措施，选用合适的装饰材料与设施设备，使其具有良好的经济效益。

其四，要符合安全疏散、防火、卫生等设计规范的要求，遵守与设计任务相适应的有关定额标准。

其五，要考虑随着时间的推移，其设计具有调整室内功能、更新装饰材料和设备的可能性。

其六，要联系到可持续性发展的要求，室内环境设计应考虑室内环境的节能、节材、防止污染，并注意充分利用和节省室内空间。

1.4　建筑室内环境设计的内容与范畴

1.4.1　建筑室内环境设计的内容

建筑室内环境设计的内容，涉及由建筑界面围成的空间形状、空间尺度的室内空间环境，室内声、光、热环境，室内空气环境（空气质量、有害气体和粉尘含量、放射剂量等）等室内客观环境因素。由于人是室内环境设计服务的主体，从人们对室内环境身心感受的角度来分析，主要有室内视觉环境、听觉环境、触感环境、嗅觉环境等，即人们对环境的生理和心理的主观感受，其中又以视觉感受最为直接和强烈。客观环境因素和人们对环境的主观感受，是现代建筑室内环境设计需要探讨和研究的主要问题。这里依据人们对现代建筑室内环境设计在物质和精神上的要求，以及形式多样的现代建筑类型，建筑室内环境设计的内容与范畴可以概括为以下四个部分：

1. 建筑室内空间形象的设计

就是对建筑所提供的内部空间（包括既有建筑的改造）进行处理，在建筑设计的基础上进一步调整空间的尺度和比例，解决好空间与空间之间的衔接、对比、统一等问题；具体工作主要包括对建筑内部空间的组织、分割与再创造，以及平面功能的分析、动线的安排及空间的设计处理等。

2. 建筑室内界面装修的设计

就是按照建筑内部空间处理的要求，把空间围护体的几个界面，即：墙面、地面或楼、顶面、柱子、门窗及分割空间的实体、半实体等进行处理，也就是对建筑内部构造有关部分进行设计处理；具体工作主要包括对建筑内部界面进行装饰设计，需要确定室内色彩基调和配置计划，考虑室内采光与照明要求，选用各个界面所用装饰材料及装修做法等。

3. 建筑室内物理环境的设计

就是对建筑内部体感气候、采暖、通风、温湿调节、人流交通、通讯、消防、视听、隔音、水电设备等进行设计处理，是现代建筑室内环境设计中极为重要的方面。随着科技的不断发展与应用，它已成为衡量建筑内部环境质量的重要内容。

4. 建筑室内陈设艺术的设计

就是对建筑内部的家具、陈设饰品、照明灯具、绿化及视觉传达方面的内容进行设计。

可见，如何协调与安排好上述设计内容在建筑室内空间环境中的关系，并能进行有效的设计处理，则是摆在每个设计师面前必须认真研究与对待的问题，而建筑室内环境设计的内容与任务如图 1-5 所示。

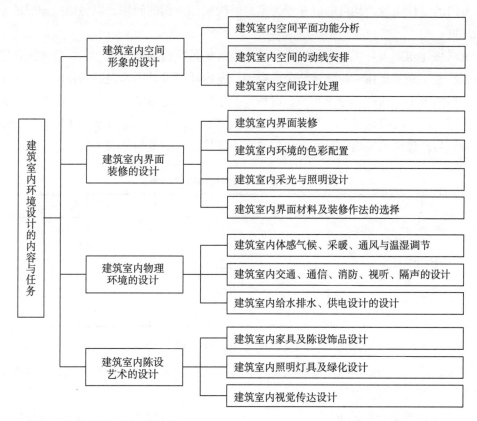

图 1-5　建筑室内环境设计的内容与任务

正是这样，我们把从建筑内部出发，能在整体上对上述各个部分的内容进行统一设计的设计师称之为室内建筑设计师；把从建筑内部物理环境与结构方面进行设计的设计师称之为室内工程设计师；把从建筑内部家具与用品方面进行设计的设计师称之为室内家具设计师或产品设计师；把从建筑内部表面装饰和艺术陈设方面进行设计的设计师称之为室内装饰设计师。这种划分有利于建筑室内环境设计专业化的发展，并便于不同的设计师们在专业上认识自我，尽快提高专业设计方面的素质，为真正成为一个合格的建筑室内环境设计师而努力。

1.4.2 建筑室内环境设计的范畴

建筑室内环境设计所涉及的范围很广，按其使用功能来划分，主要可归纳为四类，即：居住建筑室内环境设计、公共建筑室内环境设计、生产建筑室内环境设计与特殊建筑室内环境设计。其中：

1. 居住建筑室内环境设计

居住建筑的室内环境又称为人居室内环境，它唯一的对象就是以家庭为主的居住空间，无论是独户住宅，还是集体公寓均归在这个范畴之中。由于家庭是社会结构的一个基本单元，而且家庭生活具有特殊的性质和不同的需求，因而使居住室内环境设计成为一个专门的设计领域，其目的就在于为家庭解决居住方面的问题，以便塑造理想的家庭生活环境。

而居住建筑室内环境（人居室内环境）设计的范畴包括集合式住宅、公寓式住宅、院落式住宅、别墅式住宅与集体宿舍等类型，室内环境设计内容包括居住部分（主次卧室、起居室等）、辅助部分（餐室、厨房、卫生间、书房或工作间等）、公共与交通部分（过道、门厅与楼梯等）、其他部分（各式储藏空间等）及室外部分（阳台、晾晒设施、庭院与户外活动场地等）。居住建筑室内环境设计的范畴见表1-1。

表 1-1 居住建筑室内环境设计范畴

建筑类型	建筑形式	室内环境
居住建筑室内环境	集合式住宅 公寓式住宅 院落式住宅 别墅式住宅 集体宿舍	门厅设计 起居室设计 卧室设计 厨房设计 书房设计 浴厕设计

由于居住建筑室内环境设计与客户的关系联系紧密，客户又是空间的直接使用者，所以这类设计往往需要最大限度地满足客户或使用者的需求、愿望和品味，其特点是许多客户还会直接参与到设计之中。

2. 公共建筑室内环境设计

公共建筑为人们日常生活和进行社会活动提供所需的场所，它在城市建设中占据着极为重要的地位。公共建筑包括的类型较多，常见的有：办公建筑、宾馆建筑、商业建筑、会展建筑、交通建筑、文化建筑、科教建筑、医疗建筑，以及体育、电信与纪念建筑等。从公共建筑的设计工作来看，涉及其总体规划布局、功能关系分析、建筑空间组合、结构形式选择等技术问题。是否确立了正确的设计理念和辩证的方法来处理功能、艺术、技术三者之间的关系，则是公共建筑设计面对的一个重要课题，也是做好公共建筑设计的基础。

　　而公共建筑的室内环境是指为人们日常生活和进行社会活动提供所需场所的建筑内部环境。在公共建筑室内环境设计中，各类公共建筑的室内环境形态不同，且性质各异，必须分别给予它们充分的功能和适宜的形式才能满足其各自所需并发挥出各自的特殊作用。公共建筑室内环境的类型很多，主要可分为两类，即：限定性公共建筑室内环境与非限定性公共建筑室内环境。

　　限定性公共建筑室内环境设计的范畴见表 1-2。

表 1-2　限定性公共建筑室内环境设计范畴

建筑类型	建筑形式	室内环境
限定性公共建筑室内环境	教学建筑	接待、休息室设计 会议室设计 办公室设计 食堂、餐厅设计 礼堂设计 教室设计
	办公建筑	接待、休息室设计 会议室设计 办公室设计 食堂、餐厅设计 礼堂设计

非限定性公共建筑室内环境设计的范畴见表 1-3：

表 1-3　非限定性公共建筑室内环境设计范畴

建筑类型	建筑形式	室内环境
非限定性公共建筑室内环境	宾馆建筑 商业建筑 文化建筑 科研建筑 会展建筑 交通建筑 医疗建筑 传媒建筑 通信建筑 金融建筑 体育建筑 娱乐建筑 纪念建筑	门厅设计 营业厅设计 休息室设计 观众厅设计 餐厅设计 办公室设计 会议室设计 过厅设计 中庭设计 多功能厅设计 练习厅设计 健身房设计 其他设计

从公共建筑的室内环境空间构成来看，其设计环节包括立意与摹想、空间的限定及整体环境的协调。设计的要点包括：

把握公共建筑室内环境的总体空间布局，处理好其空间序列、室内装修、陈设的关系，以及与毗邻室内空间的联系。

因势利导地创造公共建筑的室内环境空间的形体特征，恰如其分地发挥各个空间界面的视感特征。

精心处理公共建筑室内环境中各种空间界面的交接关系，以潜在空间意识进行其空间界面的设计。运用室内色彩与灯光处理手法来增强公共建筑内部空间的表现力，以景观设计构成公共建筑内部空间的视觉中心。综合运用室内环境的空间设计表现方法与技术手段，以创造出具有中国文化与时代特色的现代公共建筑室内环境设计作品来。

3. 生产建筑室内环境设计

生产建筑是指供工、农业生产的一切建、构筑物，分为工业生产建筑和农业生产建筑两类，主要包括车间、厂房、仓库、农机站、泵站、畜舍、暖房、水库等。而生产建筑室内环境是指为从事工农业生产的各类生产建筑的室内环境，生产建筑的室内环境设计，在于改善工农业生产的环境，提高人们劳动的工作效率，便于生产的科学管理，为此其设计需要与生产实际紧密结合，从而满足生产者对其内部空间多个方面的环境需求。

生产建筑室内环境设计的范畴见表1-4：

表1-4　生产建筑室内环境设计范畴

建筑类型	建筑形式	室内环境
工业生产建筑室内环境	主要生产厂房 辅助生产厂房 动力设备厂房 储藏物资厂房 包装运输厂房	门厅设计 车间设计 仓库设计 休息室设计 浴厕设计 其他设计
农业生产建筑室内环境	养禽养畜场房 保温保湿种植厂房 饲料加工厂房 农产品加工厂房 农产品仓储库房	门厅设计 场房设计 仓库设计 休息室设计 浴厕设计 其他设计

4. 特殊建筑室内环境设计

从特殊建筑来看，其内部环境是指为某些特殊用途而建造的特殊建筑的室内环境设计，诸如军事工程、科学考察建筑等的内部环境设计均属于此列（图1-6）。特殊建筑及其内部设计，应依据其各自的特殊要求来进行设计，以满足其内部空间环境上的特殊用途和需要。

图 1-6 南极洲中国中山站与长城站，为保证科学考察人员在极地的工作与生活条件，其建筑的室内环境均进行了特殊处理，以满足科考人员对其内部空间环境上的特殊需要

1.5 建筑室内环境设计的原则与要点

1.5.1 建筑室内环境设计的原则

1. 功能性原则

建筑室内环境设计以创造良好的室内环境为宗旨，把满足人们在建筑室内进行生产、学习、工作、休息的要求放在首位，除了少数建筑，诸如庙宇、教堂、碑、塔等是满足人们精神上的寄托外，大多数建筑都是直接为人们的生产和生活服务的。在建筑室内环境设计中充分地注重设计的功能性原则，就是要使内部环境达到舒适化、科学化的程度，这样在设计中除妥善处理室内空间的尺度、比例与组合外，还需考虑人们的活动规律，合理安排室内的空间分区与家具、设备的配置，妥善调配色彩，解决好通风、采光、照明、取暖、空调、通讯、消防、卫生等方面的问题。

在考虑功能性原则时，首先要明确建筑的性质、使用对象和空间的特定用途，搞清楚所设计的空间是属于哪类建筑的哪个部分，是对外还是对内，是属于公共空间还是私密空间，是需要热闹的气氛还是宁静的环境等。因其功能性的不同，设计的做法也不相同，表现的方式更是不同。建筑室内环境设计功能性的主要内容包括：各个房间关系的构置；家具布置；通风设计；采光设计；设备的安排；照明的设置；绿化的布局；交通的流线；环境的尺度等。它们均与建筑室内环境设计工程的科学性密切相关，必须用现代科技的先进成果来最大限度地满足人们的各种物质生活要求，进而提高室内物质环境的舒适度与效能。

2. 精神性原则

建筑的发展受意识形态的影响，建筑物一旦落成，又反过来对人们的精神生活产生影响，为此我们在进行设计时除考虑功能性原则外，其精神性原则也是我们必须遵循的。众所周知，人们总是期望能够按照美的视觉来进行环境空间的塑造，这就需要在满足人们的精神要求方面下功夫，使其能为人们提供一个良好的心理环境。室内环境对于人们精神方面的影响主要表现在四个方面：

（1）给人美的感受

建筑室内环境能否给人美的感受，主要看其设计是否切合建筑室内空间的用途和性质。不合用的设计很难让人感受到美，而在切合空间的用途和性质的前提下，建筑室内环境设计能否给人以美感，关键在于是否符合构图原则。室内环境设计为了达到给人美感的目的，首先要注意空间感，应设法改进和弥补建筑设计提供的空间存在的缺陷，注意陈设品的选择和布置，品种要精选，体量要适度，配置要得体，力求做到有主有次、有聚有散、层次分明。其次要注意室内环境色彩的运用，对于室内色彩关系影响较大的家具、织物、墙壁、顶棚和地面的颜色，要强调统一，并力求产生沉着、稳定与和谐的室内环境色彩效果。任何建筑室内环境设计都要符合构图与形式美学的法则，给人以美的感受（图1-7）。

（2）形成环境气氛

建筑室内环境气氛是其内部环境给人总的印象，也能够体现其室内环境具有的个性。通常所说的轻松活泼、庄严肃穆、安静亲切、欢快热烈、朴实无华、富丽堂皇、古朴典雅、新颖时髦等就是用来表示气氛的。建筑室内环境由于其空间的用途、性质和使用对象的不同，应给人以不同的空间感受。诸如大型宴会厅需要热烈、富丽的气氛，而小型宴会厅则需要亲切、典雅、轻松的气氛；科技会堂应有平易近人、轻松活泼的气氛，以体现其互学互助、畅所欲言、自由讨论的科学性和技术性；政治性的礼堂应是庄严、宏伟、凝重的气氛，以体现其严肃性和重要性。

图1-7　某医院门诊大厅室内环境一改昔日的面貌，创造出令人耳目一新的视觉印象，给人以美的感受

建筑室内环境的设计对气氛的营造涉及的因素很多，需要在设计时针对具体的对象进行认真的思考和分析，以创造与空间的用途和性质相一致的室内环境气氛（图1-8）。

图1-8　室内环境气氛是其内部环境给人总的印象，诸如餐饮空间需给人亲切、典雅、轻松的环境气氛

（3）塑造设计意境

建筑室内环境设计意境是其内部环境集中体现出来的某种意图、思想和主题，它不仅能够被人所感受，还能引人联想、发人深思、给人以启示或教益。而建筑室内环境设计能够突出地表现出某种意境，那么就会产生强烈的艺术感染力，也就能更好地发挥它在精神方面的作用。诸如北京人民大会堂的顶棚，以红色五星灯具为中心，周围布置"满天星"灯光，很容易使人联想到在党中央领导下，全国各族人民大团结的主题思想。设计力图使室内装饰给人以启示和诱导，从而产生"万众一心跟党走"的设计意境，增强了其室内环境的感染力。当然，室内环境空间是否需要表现出某种意境，则要根据建筑的用途和性质来决定（图1-9）。

（4）展示得体装饰

建筑室内环境装饰的种类繁多，依其在建筑中所起的作用，可以归纳为具有实用价值、表达主题思想、起到构图作用及烘托环境气氛等类型。建筑装饰的作用主要是以自己的形象反映建筑室内环境的性格与特点，美化建筑室内环境，满足人们的审美要求；也可以表现某一个具体的主题，给人以感染和教育作用。在建筑室内环境设计中要正确使用装饰：

其一从数量上说，建筑室内环境装饰要力求恰如其分，切忌烦琐；装饰的程度要得体，应由空间的用途、性质和重要程度来决定，而且还要考虑到经济条件，既要画龙点睛，又要防止画蛇添足（图1-10）。

其二从性质上说，建筑室内环境装饰不但能够突出地表现建筑的性格和特点，而且还能反映新材料和新技术的发展水平，使装饰因素与结构因素、构造因素紧密地结合在一起。

图1-9　北京人民大会堂室内空间，其顶棚以红色五星灯具为中心，周围布置"满天星"灯光，很容易使人联想到在党中央领导下，全国各族人民大团结的主题思想

图1-10　建筑室内环境装饰要力求恰如其分，切忌烦琐；装饰要得体。诸如教学科研用途室内空间的装饰，即应由其功能、性质和重要程度来决定，而且还要考虑到经济条件，既要画龙点睛，又要防止画蛇添足

其三从造型上说，建筑室内环境装饰要曲直相宜，既寓意深刻，又能为人理解。

3. 技术性原则

建筑室内环境设计中的技术性原则，是指任何类型的建筑室内空间环境的设计都必须依靠一定的技术与材料来实现。现代建筑室内环境设计应置身于现代科学技术的范畴之中，这里所提的现代科学技术主要包括现代建筑技术和设备技术两方面的内容：

（1）建筑技术

建筑室内环境设计是建筑技术与艺术手段交叉结合的综合体，受结构和建筑装饰材料的制约。而建筑室内环境的总体效果在很大程度上依靠一定的建筑技术和建筑装饰材料来实现，所以在研究建筑室内环境设计的基本原则时必须研究建筑技术与室内环境设计的关系。

随着建筑技术的发展和人们审美观的变化，人们对室内环境的要求也在不断提高。充分发掘建筑技术、结构构件的装饰因素，努力寻求新技术、新材料在建筑室内环境中的广泛运用是至关重要的。诸如在建筑室内环境设计中，因地制宜地暴露结构和管道，不仅是可以的，也是可取的，但不一定作为追求的目标或程式化而到处乱用，更不要把结构技术强调到不恰当的程度，以至全盘否定艺术加工的必要性和重要性。当然也不可忽视或无视结构技术的制约而刻意追求纯形式的随意性极大的"艺术效果"。建筑室内环境设计是技术手段和艺术手段的融合体，任何过分、片面的强调和追求，都将有损于建筑室内环境的完整性和艺术效果（图1-11）。

图1-11 建筑室内环境设计是技术手段和艺术手段的融合体，诸如马来西亚首都吉隆坡双子塔建筑入口大厅的室内环境，在表现现代建筑高新技术手段的同时注重与艺术处理手法的有机融合

（2）设备技术

要使现代建筑室内环境设计具有更高的效能，以及室内环境质量和舒适度有所提高，使建筑室内环境设计能够更好地满足其精神功能需要，就必须最大限度地利用现代科学技术的最新成果。诸如现代的空调设备技术的运用，就能极大地提高建筑室内空间环境的舒适程度；而现代的安全装置，如消防器材、自动灭火装置、烟感警报器等技术的运用，就能增强室内空间的安全感；而现代家用电器以及电讯设施在建筑室内环境中更是起着至关重要的作用，它们不仅满足了使用功能方面的要求，同时也增加了建筑室内环

境的美感（图 1-12）。

现代建筑室内环境设计的装饰材料与技术，可以解决任何施工上的难题，也可创造独具特色的装饰效果，并大大提高施工的效率，而新的室内设备更能给人们带来理想的室内环境及良好的生活条件，可见我们在设计中遵循技术性原则是实现设计意图的根本保证。

总之，功能、精神、技术三者之间的关系是辩证统一、紧密联系、相互影响的，它们在现代建筑室内环境设

图 1-12　现代建筑室内环境必须最大限度地利用现代科学技术的最新成果，诸如香港地铁内部空间的各种设备技术的运用，就能极大地提高其交通建筑室内空间环境的舒适与便利程度，同时也增加了建筑室内环境的美感

计中互相配合，共同创造出良好的建筑室内环境设计作品来。

1.5.2　建筑室内环境设计的要点

由于建筑室内环境设计涉及的内容繁多，因此在设计中除了遵循建筑室内环境设计的原则，还必须在设计中把握从整体—部分—细部—整体的设计要点来进行设计。具体地说，就是建筑室内环境设计必须从整体意向和定位要求出发，时时刻刻都把整体设计的宏观关系放在首位，然后再深入到各个部分的具体设计。在进行部分的设计时，又要念念不忘所设计的部分在整体中的关系与地位，即能自始至终把握住整体设计，在宏观关系制约下进行建筑室内环境设计，同时还要注意处理好部分与部分之间的关系。同理，在进行细部设计时，既不忽视细部与部分乃至与整体的设计关系，又能深入到细部进行设计处理，并最终从细部再回到整体。

1.6　现代建筑室内环境的设计观念

建筑室内环境设计是一种创造活动，其相关理论会影响设计师设计出完全不同的设计创作作品出来，为此树立正确的设计观是成为一个合格设计师的必备条件。纵览当代建筑室内环境设计的理论研究成果可知，建筑室内环境设计的目的是以创造能够为人服务的内部空间环境为出发点，即始终是把人们对室内环境的物质和精神功能需求放在设计的首位来进行空间创造的，因此作为一个合格的建筑室内环境设计师，了解与掌握下列这些建筑室内环境的设计观念是十分必要的。

1.6.1 以人为本的设计观

以人为本的意义是指以人性的需求为衡量一切外部事物的标准。以人为本可以针对世界上所有的事物，当然也就可以针对艺术设计，于是"以人为本的设计观"也就成为目前在建筑室内环境设计中需要首先了解与掌握的基本观点。

我们知道，人类的设计活动从古至今总是体现出人们一定时期的审美意识、伦理道德、历史文化和情感等精神因素，这是物的"人化"，造物的"人化"；而人类在一个时期的意识、情感、文化等精神因素，常常需要借助一定的物质形式来表达。因此，作为人类生活方式载体的设计创造就必然承担了一部分对人类精神的承载和表达功能，这便是人类精神的"物化"，人的"物化"，两者相辅相成。设计人性化是人类设计本应具备的特质，设计师所做的便是使这种"人化"和"物化"过程更通畅，更和谐，以达到人与设计、设计与人的融合状态。此外，设计人性化还是人类社会高科技发展的平衡剂，它反映出其"为人而设计"的本质特征。并由此形成人类追求理想化、艺术化生活方式永不停息的设计境界，并成为设计师们永恒追求的目标（图1-13）。

图1-13　在建筑室内环境设计中，设计人性化是设计其本应具备的特质，设计师所做的便是使这种"人化"和"物化"过程更通畅，更和谐，以达到人与设计的和谐相处
1）公共建筑室内环境的上下步道与自动扶梯的设置　2）地铁候车站台休息座椅的设置

现代建筑室内环境设计需要满足人们的生理、心理等要求，需要综合地处理人与环境、人际交往等多种关系，需要在为人服务的前提下，综合解决其设计的使用功能、经济效益、舒适美观、环境氛围等种种要求。在具体的设计及实施过程中还会涉及材料、设备、定额法规与施工管理协调等诸多问题，需要设计师们做综合性与系统性的思考，然而以人为本的设计观应该始终放首位来思考。具体表现在现代建筑室内环境设计过程中，就是需要设计师能够细致入微、设身处地地为人们创造舒适、方便与美观的室内空间环境。因此，在现代建筑室内环境设计中应注重对其人体工程学、环境心理学、行为科学等方面的研究，并能了解与把握人的生理特点、行为心理和视觉感受等因素对建筑室内环境的具体设计要求，能针对不同的使用对象做出不同的设计考虑，进而做出不同的建筑室内环境设计来。诸如大型公共建筑室内环境的导向与识别系统设计、无障碍设

计、儿童娱乐建筑室内环境设计中针对青少年与儿童的特点设置的娱乐设施，均需在建筑与设施尺度方面进行调整，以适应其需要（图 1-14）。

图 1-14　"以人为本的设计观"导入建筑室内环境设计取得的人性化设计效果
1）大型公共建筑室内环境的导向与识别系统设计　2）无障碍设计　3）儿童娱乐设施

由此可见，建筑室内环境设计只有以人为中心，创造出能够满足人们实际需要的室内空间环境，设计才会永远具有生命的活力。

1.6.2　绿色设计观

提起绿色，可能人们并不感到陌生，可是对绿色设计，人们的理解却各不相同。绿色设计反映了人们对现代科技文化所引起的环境及生态破坏的反思，体现了设计师的道德与对社会的责任心。

所谓绿色设计（Green Design），通常也称为生态设计（Ecological Design）、环境设计（Design for Environment）。绿色设计是面向其设计物体整个生命周期的设计，它是从摇篮到再现的过程，也就是说，要从根本上防止环境污染，节约资源和能源，关键在于设计与制造，不能等设计物体产生了不良的环境后果再采取防治措施（现行的末端处理方法即是如此），这就是绿色设计的基本思想。可见，绿色设计着眼于人与自然的生态平衡关系，在设计过程的每一个决策中都充分考虑到环境效益，尽量减少对环境的破坏，其核心是创造符合生态环境良性循环规律的整个设计系统（图 1-15）。

图 1-15　绿色设计着眼于人与自然的生态平衡关系，在设计过程的每一个决策中都充分考虑到环境效益，尽量减少对环境的破坏，其核心是创造符合生态环境良性循环规律的整个设计系统

　　纵观当代社会，现代设计在为人类创造了现代生活方式和生活环境的同时，也加速了资源、能源的消耗，并对地球的生态平衡造成了巨大的破坏。特别是现代设计的过度商业化，使设计成了鼓励人们无节制消费的重要介质，诸如本末倒置、越演越烈的礼品包装设计，对高能耗工业产品设计的追逐及滥用材料对环境的过度装修等，均招致今天整个国家迈向节约型社会的批评和责难，这也促使有责任心的设计师们不得不重新思考现代设计的目标与职责。

　　从建筑室内环境设计来看，室内绿色设计是其"绿色设计观"导入其中产生的一种现代设计观念。它是指在设计中能给人们提供一个环保、节能、安全、健康、方便、舒适的室内环境生活空间，包括在建筑内部布局、空间尺度、装饰材料、照明条件、色彩配置等方面均可满足当代社会人们在生理、心理、卫生、安全、健康等方面的多种要求，并能充分利用能源、减少污染及对环境可能产生的破坏等问题。在建筑室内环境设计中导入"绿色设计观"，不仅仅是一种技术层面的考虑，更重要的是一种观念上的更新。它要求设计师们放弃往日那种过分强调在室内表现上标新立异的做法，而将设计的重点放在真正意义上的创新层面，以一种更为负责的方法去创造建筑室内环境空间的构成形态、存在方式，用更简洁、长久的造型尽可能地延长其设计的使用寿命，并使之能与自然和谐共存，直至获得健康、良性的发展（图 1-16）。

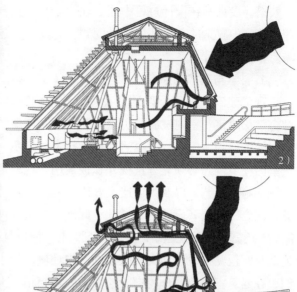

图1-16　美国加利福尼亚州索诺马县水利局春湖公园游客中心，建筑中央设有一个帐篷状的织物结构，并用一圈天然花岗石在适当的部位以绳索拉紧，以为燃烧木头的火炉提供后备热能，而所用的燃料都来自于建筑场地回收的木材。一切都是合乎自然规律的，并将建筑真正地融于基地的自然环境之中
1）游客中心设有帐篷状织物结构的室内环境空间　2）室内环境空间采暖时的热交换剖面示意图
3）室内环境空间制冷时的热交换剖面示意图

　　就建筑室内环境绿色设计而言，在其设计中首先应提倡适度消费思想，倡导节约型的生活方式，应唾弃室内装饰中的豪华、奢侈与铺张，力求把生产和消费维持在资源和环境的承受范围之内，以体现一种崭新的生态观、文化观和价值观；其次应注重生态美学观念的建构，这是一种和谐有机的美学观念。这是由于在现代建筑室内环境创造中，强调的是自然生态美学观念，提倡的是质朴、简洁而不刻意雕琢，并强调人类在遵循生态规律和美的法则前提下，运用科技手段加工改造自然，创造人工生态美，以欣赏人工创造出的室内空间环境和与自然的融合，带给人们的不是一时的视觉震惊而是持久的精神愉悦，这是一种更高层次上对意境美的追求。再者应倡导节约和循环利用，表现在建筑室内环境的营造、使用和更新过程中，对常规能源与不可再生资源的节约和回收利用，对可再生资源也要尽量低消耗使用。并努力实现建筑室内环境设计资源的循环利用，这是现代建筑能得以持续发展的基本手段，也是建筑室内环境绿色设计的基本特征。

1.6.3　整合设计观

　　建筑室内环境设计面临的各种矛盾是错综复杂的，为了保证建筑室内环境的整体设计效果，设计师在设计过程中还必须建立起"整合设计观"，并能以整合设计理念来处理建筑之中复杂的室内环境设计问题。为此，在建筑室内环境设计中要处理好以下几个需要整合的设计关系。

1. 科学与艺术的整合

现代建筑室内环境设计是在创造建筑内部环境中高度科学性与艺术性之间的相互融合。从建筑和室内发展的历史来看，具有创新精神的新的风格的兴起，总是和社会生产力的发展相适应。社会生活和科学技术的进步，人们价值观和审美观的改变，促使建筑室内环境设计必须充分重视并积极运用当代科学技术的成果，包括新型的材料、结构构成和施工工艺，以及为创造良好声、光、热环境的设施设备来为其设计目标的实现服务，应充分重视其设计的科学性；此外，在重视现代建筑室内环境设计物质技术手段的同时，还需高度重视建筑的美学原理，重视创造具有表现力和感染力的室内空间和形象，创造具有视觉愉悦感和文化内涵的室内环境，使生活在现代社会高科技、快节奏中的人们，在建筑室内空间环境中能够获得心理与精神上的平衡。可见，科学与艺术的整合是现代建筑室内环境努力追求的设计目标。诸如上海东方明珠广播电视塔建筑室内环境与2004年落成的北京天文馆 B 馆建筑室内环境设计，均为科学与艺术整合设计的成功之作（图 1-17）。

图 1-17 科学与艺术的整合
1）上海东方明珠广播电视塔建筑室内环境设计 2）北京天文馆 B 馆建筑室内环境设计

2. 时代与文脉的整合

现代建筑室内环境设计总是从一个侧面反映当今社会物质和精神生活的特征，铭刻着时代的印记，并且在建筑室内环境设计中强调自觉地体现时代精神，主动地考虑满足当代社会生活方式和行为模式的需要，积极采用当代物质技术手段来展现具有时代精神的价值观和审美观。与此同时，人类社会的发展，不论是物质技术的，还是精神文化的，都具有历史延续性。追踪时代风尚和延续历史文脉，并使之有机统一，是社会发展的本质所在。因此，在建筑室内环境设计中，即需因地制宜地采取具有民族特点、地方风格、乡土风味，充分考虑优秀的建筑室内历史文化的延续和发展，直至寻求两者的有机融合，无疑是实现建筑室内环境整合设计的发展方向。这种整合，不是简单地从形式与符号来体现，而是从其设计理念、平面布局和空间组织等方面上升到哲学的高度来解析。诸如贝聿铭设计的江苏苏州博物馆建筑及其室内环境与 2003 年落成的海南三亚喜来登度假酒店建筑室内环境设计，均为时代与文脉整合设计的代表之作（图 1-18）。

图 1-18　时代与文脉的整合
1）江苏苏州博物馆建筑室内环境设计　2）海南三亚喜来登度假酒店建筑室内环境设计

3. 室内与室外的整合

现代建筑室内环境设计的立意、构思、风格和环境氛围的创造，需要着眼于对环境整体、文化特征以及建筑功能、特点等诸多方面来做综合上的思考，并将建筑室内与室外看成是环境设计整体中的一环来理解。因此，建筑室内空间的"里"，与建筑室外环境的"外"（包括自然环境、文化特征、所处位置等），在今天就需要设计师们具有将其纳入一个整体来展开设计的能力，以使建筑室内空间与室外环境的设计能融于一个整体。白俄罗斯建筑师巴诺玛列娃也曾提到"室内设计是一项系统工程，它与下列因素有关，即与整体功能特点、自然气候条件、城市建设状况和所在位置，以及地区文化传统和工程建造方式等有关"。显然，环境整体意识薄弱，就容易就事论事，"关起门来做设计"，就会使建筑室内环境设计创作缺乏深度，没有内涵。可见，从人们对建筑室内环境设计物质和精神两方面的综合感受说来，强调建筑室内空间的"里"，与建筑室外环境的"外"的整合设计是意义深远的。诸如加拿大温哥华商业建筑及其室内环境与厦门国际会议展览中心建筑室内环境设计，均为室内与室外整合设计的佳作（图 1-19）。

此外，现代建筑室内环境空间构成要素中简繁关系的整合、空间中造型要素的整合与形、色、光，质四大要素的整合等，均需要设计师们运用整合设计的观念来进行设计处理。

图 1-19　室内与室外的整合

1）加拿大温哥华商业建筑室内环境中外部造景的引入　2）厦门国际会议展览中心建筑内外空间环境的融合

1.6.4　可持续发展观

"可持续发展"一词是在 1980 年的《世界自然资源保护大纲》中首次作为术语提出的，它是指社会系统、生态系统或任何其他不断发展中的系统继续正常运转到无限将来而不会由于耗尽关键资源而被迫衰弱的一种能力。

"可持续发展"观念应该是"可持续性"和"持续发展"的结合，就是既要考虑发展也要考虑环境、资源、社会等各方面保持一定水平。

近年来，可持续发展问题的研究之所以成为热点，其原因就是人类的发展陷入片面性，依靠对自然界的掠夺和破坏环境来发展经济，而自然界对人类进行了报复，各种灾害不断发生，给社会带来了很大破坏。人们不得不注意，要创造舒适的生存条件，满足日益增长的物质与文化需求，就必须通晓环境的演变规律，认识环境的结构与功能，维护环境的生产能力、恢复能力和补偿能力、使经济和社会发展不超过环境的容许极限，以满足人类的生态需要，这就需要合理调节人类与自然的关系，正确协调社会经济发展和环境保护的关系。

就建筑室内环境设计发展来看，"可持续发展观"的导入，其主要目的在于让设计师在进行建筑室内环境设计时，能将可持续发展的观念纳入具体的工程设计中，予以重点考虑，以使其基本原则贯穿建筑室内环境设计的整个过程（图1-20）。

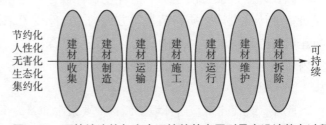

图 1-20　可持续建筑与室内环境的基本原则贯穿设计整个过程

而建筑室内环境设计可持续发展研究主要包括灵活高效、健康舒适、节约能源、保护环境四个方面的内容，其中环境要素成为研究的核心问题，这是因为以保护环境为己任的建筑室内环境设计，必须将环境意识贯穿于设计的整个过程，以获得良好的建筑室内环境设计效果。诸如澳大利亚莫宁顿半岛海边的弗林德斯布劳沃林住宅室内环境设计、日本山中湖村的纸质住宅室内环境设计、德国法兰克福商业银行总部室内环境设计、意大利热那亚的伦佐·皮亚诺工作室与联合国教科文组织实验室室内环境设计等，均为"可持续发展观"导入建筑室内环境设计取得的设计成果（图 1-21）。

图 1-21　"可持续发展观"导入建筑室内环境设计取得的探索性成果
1）澳大利亚莫宁顿半岛海边的弗林德斯布劳沃林住宅室内环境设计
2）日本山中湖村的纸质住宅室内环境设计
3）德国法兰克福商业银行总部室内环境设计
4）意大利热那亚的伦佐·皮亚诺工作室和联合国教科文组织实验室室内环境设计

此外，步入当代，对"可持续发展观"的导入不应仅仅停留在绿色设计的层面，还可进一步引申到建筑室内环境设计文化的持续发展等层面来考虑，即如何使中国优秀的建筑室内装饰设计文化能在走向未来的征程中得到延续，直至发扬光大。当然，这种延续不是复古和照搬，而是真正能将优秀的建筑室内装饰设计文化精神在现代设计中得以持续发展。这才是"可持续发展观"导入建筑室内环境设计的本质所在，也是走向未来的设计师们应该高度重视的理论与实践相结合的研究课题。

总之，我们要综合地、全面地看待"可持续发展观"导入建筑室内环境设计的意义，正确处理设计与人文、技术、经济、社会、环境等各种矛盾关系，并确立可持续发展观在具体设计中的地位和作用，努力探索其发展趋势，以有效地推进可持续发展观在建筑室内环境设计中的应用，直至获得良好的经济效益、社会效益和环境效益。

1.6.5 创造性设计观

所谓创造，是由拉丁语"creare"一词派生而来。"creare"的含义是创造、创建、生产、造成。它与另一个拉丁语"cresere"（成长）的词义相近。创造特别强调独创性，然而，任何创造都不是无中生有，而是在前人创造的基础上有所突破，所以要论创造二字的含义，中国语言中的创造更贴切实际。根据《词源》的解释，"创造"，是由两个字组合的，"创"的主要意思是"破坏"和"开创"，"造"的主要含义是"建构"和"成为"。所以"创"和"造"组合在一起，就是突破旧的事物，创建新的事物。

创造是各式各样的，不同的领域有不同的创造。如科学上有发现，艺术上有创作，管理上有创新，技术上有发明革新。而创造性设计，是指充分发挥设计师的创造才能，利用技术与艺术原理进行创新构思的设计实践活动，其目的是为人类社会提供有创新性的设计成果或技术系统。从这个角度出发，我们可以看出创造性设计的基本特征是新颖性和先进性。而在当代，设计将依托科学与技术来创造人类的未来（图1-22）。

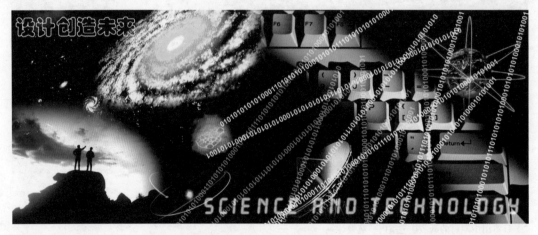

图 1-22　创造性设计，是指充分发挥设计师的创造才能，利用技术与艺术原理进行创新构思的设计实践活动，尤其是在当代，设计将依托科学与技术来创造人类美好的未来

从设计的新颖性来看，是指设计师不囿于前人或别人已有的成就，敢于根据从未尝试过的想法去进行新的探索，设计出别开生面的东西。

从设计的先进性来看，是指设计的东西不但标新立异，而且在技术与艺术水平上至少比现有的东西超前一步，即在功能、性能规格、结构等方面显示出新的特点和实质性的进步。

由此可见，创造性设计是一种现代设计活动，它以开发新设计成果或技术系统和改进现有设计成果或技术系统为目的，使之升级换代为己任。从而对提高一个国家经济技术水平与文明进步程度无疑具有举足轻重的作用，尤其是在今天提出建设创新型国家的伟大进程中更是具有现实的意义。

就创造性设计观来看，它是指设计师一般智力的创造性发挥。这种智力包括创造性认知风格、工作风格、创造技能和方法的学习与掌握。创造性认知风格大致包括感知阶段、提出设想阶段和评价阶段的认知特点。也可以从信息输入、信息组织编码、信息存储、信息调动、信息转化、信息输出几个方面发现每个人的认知风格。设计师需要具有很强的观察力、想象力、勾绘能力、逻辑分析能力以及把握全局的综合能力。创造性设计观包括四个方面的内容，其中能力倾向和人格特质是更潜在、更本质的方面，专业技能和创造技能是更外显的方面。专业技能与能力倾向关系更为密切，创造技能与创造个性的关系更为密切，因此建筑室内环境设计的创造能力也综合地体现为创造技能和专业技能在其设计中的正确运用。

而对设计师进行创造性设计观的培养，需要在以下几个方面下功夫，其一要丰富设计师的感情和提高感知的敏锐性；其二要增强设计师的幽默感；其三要倡导设计师要具有独立个性塑造的能力；其四要求设计师要具有坚韧的意志力。可见对于设计师来说，进行创造性设计不总是鲜花陪伴，创造虽然快乐，但也是异常艰苦的。作为设计师，就是要能够吃苦，敢于冒险，不怕挫折，永不言败。只有这样，创造性设计观在建筑室内环境设计的理论与实践探索中，才能为中国的建筑室内环境设计创造出崭新的空间环境（图1-23）。

图1-23 导入创造性的设计观念，才能为中国的建筑室内环境设计创造出崭新的空间环境
1）四川成都浣花溪公园内的寒舍室内空间环境
2）江苏无锡新区第一港内的戏江南酒店室内空间环境

综上所述，随着时代的发展、科技与文化的进步，以及人们对建筑室内环境设计认识的深入，还将有更多的设计观念被导入建筑室内环境的设计实践中，这就要求设计师们注重学习，能及时地更新观念，以便为广大民众设计出有时代精神文化特色、美观大方、舒适温馨和节能健康的建筑室内空间环境来。

第 2 章　建筑室内环境设计的发展演变

　　建筑室内环境设计的风格，是指不同的思潮与地域特质透过创造的构想和表现，逐渐发展成的具有代表性的室内设计形式。任何一门设计艺术，都有其自身所特有的风格。而建筑室内环境设计的风格即与所处区域的自然及人文条件息息相关，并受到地理环境、人文历史、民族特性、社会制度、生活方式、文化潮流、风俗习惯、宗教信仰等的影响，且还受到所处地区的经济、材料、技术等条件的制约，这些都促使建筑室内环境设计在漫长的历史进程中呈现出丰富多彩的设计样式与风格（图2-1）。

图2-1　从建筑室内环境设计的角度来看，建筑室内环境设计的风格主要可分为中国传统风格、国外传统风格与近现代风格

2.1　中国传统建筑室内环境设计风格

　　中国是历史悠久的文明古国，其传统建筑及建筑室内环境设计发展演变的历史源流久远，居住在这片辽阔疆土上的人民创造了光辉灿烂的文化，对人类的发展做出了重要贡献。中国传统建筑以独特的木构架体系著称于世，同时也创造了与这种木构架结构相适应的建筑外观、建筑室内环境及装饰设计方法（图2-2）。

图2-2 中国传统建筑室内环境设计发展演变的历史源流久远，以独特的木构架体系著称于世，同时也创造了与这种木构架结构相适应的建筑外观、室内环境及装饰设计方法
1）北京故宫养心殿后殿正间室内环境　2）苏州留园建筑室内环境

从中国传统建筑室内环境设计的发展来看，中国传统建筑室内环境设计不仅具有中国传统文化的一切特征，是中国传统建筑中不可分割的有机组成部分；并且在漫长的历史发展进程中，在其室内空间、界面处理、装饰陈设等方面已形成了深厚的文化内涵，在不同的历史时期与地理条件下亦形成了相当丰富的发展特点。今天虽然古代的人为环境已无多少遗物可考，对其展开研究只能从浩如烟海的典籍与考古发现的物件中去追寻线索。诸如黄帝所做"合宫"、夏桀之建"琼宫"、商纣所筑"璇室"等，均说明当时建筑及室内装饰已具有相当基础。后秦始皇统一天下，建"阿房宫"于咸阳乃为中国古代建筑与室内装饰达到的巅峰之作。

中国传统建筑及建筑室内环境设计风格有实物可考的以东汉时期出土的墓壁画像上所记载的图形比较早，而汉代建筑及室内装饰风格则以"未央宫"为代表（图2-3）。秦汉以后经三国、两晋及南北朝的战乱，出现以帝王至百姓皆崇信佛教以求解脱的状况。此时寺塔建筑特盛，其精美程度远胜于宫殿的装饰，诸如北魏时期的伽蓝建筑，其规模宏大，做工奇巧，内部装饰更是"雕梁粉壁""青缥绮疏""华美极致"。进入隋唐时期，中国传统建筑与室内装饰风格的发展进入鼎盛阶段，其中最著名的作品有隋代项升设计的"迷楼"，具体表现出当时建筑结构的成熟形态；唐代于634年建大明宫，其含元殿是其正殿。而位于大明宫西北角的麟德殿是唐代皇帝饮宴群臣、观看杂技舞乐和作佛事的地点，由前、中、后三座殿组成，殿东西两侧又有亭台楼阁衬托。其整体造型高低错落，极富变化（图2-4）。

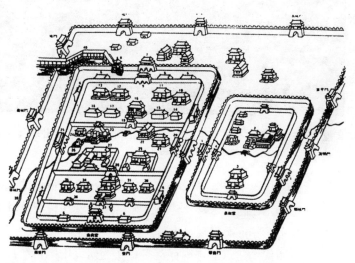

图2-3　汉代长安城未央宫与长乐宫，规模之宏大可见一斑，其内檐装修及室内环境极其奢华

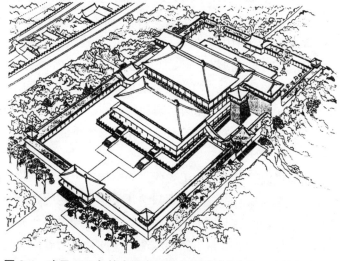

图2-4　建于634年的大明宫，其含元殿是其正殿，建筑整体造型高低错落，室内装饰极富变化

两宋时期，建筑的室内装饰多显得简练生动，以形传神，作风严谨、秀丽，且和谐统一，给人以洗练、温和的感受。这时出现了宫廷与民间装饰两大艺术派系，代表性的作品有北宋兴建的"琼林苑"及"寿山艮岳"等，其盛况可以从李格非的《洛阳名园记》中窥知梗概。城市中一些邸店、酒楼和娱乐性建筑也大量沿街兴建起来，城市中的大寺观还附有园林、集市，成为当时市民活动场所之一（图2-5）。

图2-5 宋代名画家张择端的图卷《清明上河图》中描绘出东京汴梁清明时节繁华的城市生活图景，其建筑及室内环境从图中也略见一角

元代其建筑室内装饰风格在保持了中华民族特色的基础上，也吸收了多个方面元素。如现存建于元代的永乐宫，建筑就显得气势宏伟，蔚然壮观，室内装饰风格则比宋代显得更加结实、厚重而表现自由。

明清两代的建筑遗迹现存甚多，实为研究中国传统风格的珍贵资料。从总体上说，明代风格较为简洁稳重，表现出比较浓厚的古典意味，在室内装饰方面，其造型显得浑厚，色彩则比较浓重，明代家具更是体现出这个时期的时代特征，成为明代室内装饰风格中最具中国特色的陈设物件（图2-6）。而清代是中国封建制度濒于崩溃的时代，也是西方资本主义开始对中国进行渗透的时期，其建筑与室内装饰风格给人的印象是繁琐奢侈，流露出相当明显的浪漫色彩。如重建于1695年（清康熙三十六年）的北京故宫太和殿，是我国现存的传统木结构建筑中规格最高的建筑，室内装饰也十分豪华（图2-7）。而另两处具有代表性的作品圆明园和颐和园，则均受到法国路易十五时代的洛可可风格的影响，随着欧洲浪漫风格的家具与陈设的大量输入，出现了一大批中西合璧的典型建筑与室内装饰设计作品。

自清代以迄民国，由于受西方的影响，中国建筑及室内装饰风格逐渐摆脱传统的束缚，进而迈入新的阶段。然而归纳几千年中国传统建筑及室内装饰的发展，可说中国传统风格蕴含着两种不同的品质，即一方面表现出庄严典雅的气度，代表着敦厚方正的礼教精神；另一方面流露出潇洒飘逸的气韵，象征着深奥超脱的性灵境界。中国传统建筑均以木构造为基础，历经数千年的演变之后形成了完整的体系。传统的中国建筑在装修上依木构架的种类可分为内檐装修与外檐装修两种，而内檐装修则成为建筑室内环境设计的基础。由于是木构架，中国传统建筑室内空间的组合是灵活多变的。空间的分隔多由种种木质构件组成，从而形成了隔扇、罩、架、格、屏风等特有的木构形式，这些木质构件本身就有丰富的图案变化，且装饰效果良好，再加上有藻井、匾额、字画、对联等装饰形式，以及架、几、桌、案上各种具有象征意义的陈设，就构成了一幅美轮美奂的建筑室内环境装饰画面（图 2-8）。可见中国传统建筑的建筑室内环境装饰设计风格，主要是以其通透的木构架组合形式对空间进行自由组合的，并通过对木质构件本身的装饰，以及具有一定象征寓意的陈设，展示其深邃的文化内涵。这种设计风格是精湛的构造技术和丰富的艺术处理手法的高度统一。此外，中国传统建筑内外环境设计风格的另一特点就是色彩强烈，多用原色，色不混调，雕梁画栋十分富丽，对建筑构件还起到保护作用（图 2-9）。另以明式家具为代表的中国传统家具，更是以其质地坚硬、纹理美丽、

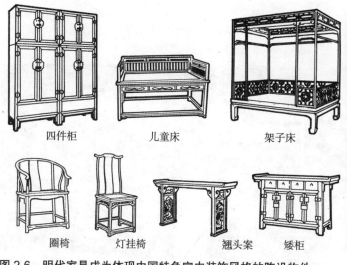

四件柜　　　儿童床　　　架子床

圈椅　　灯挂椅　　翘头案　　矮柜

图 2-6　明代家具成为体现中国特色室内装饰风格的陈设物件

图 2-7　北京故宫太和殿室内装饰

图 2-8　明清室内陈设多在厅堂后壁正中上悬横匾，下挂堂幅，配以对联，两旁置条幅，并与架、几、桌、案上的各种陈设品构成了一幅美轮美奂的室内环境装饰画面

图 2-9　中国传统建筑内外环境设计风格的另一特点就是色彩强烈，多用原色，色不混调，雕梁画栋十分富丽，对建筑构件还起到保护作用

色泽柔润的黄花梨、紫檀等硬木名材料，结合工匠的精湛技艺，创造出不少造型大方、结构科学、精于选材、雕刻线脚处理得当的传统风格家具来，从而使其建筑室内环境风格更具中国气息。只是到了封建社会后期，由于种种历史、政治、社会、经济的原因，这种传统建筑室内环境的设计风格在社会发展剧变后才逐渐衰败下去。

2.2 国外传统建筑室内环境设计风格

地球上不同地区的人群在人类社会漫长的进化历程中，其文明的发展进程是趋于同步的。诸如源于地中海沿岸的古希腊、古罗马石构造建筑体系则代表了西方典型的传统样式。其中希腊石造大型庙宇的围廊式形制，决定了柱子、额枋、檐部的空间艺术地位。这些构件的形式、比例与组合关系，除影响到建筑的发展之外，也影响到其内部空间的设计（图 2-10）。而古罗马时代发展起来的拱券结构和天然混凝土的使用，使石构造建筑的空间跨度有了巨大的变化，从而创造出许多宏大壮丽、尺度比例优美的内部空间（图 2-11）。

图 2-10　古代希腊时期气势宏伟的雅典　　图 2-11　万神庙为古代罗马帝国时期神庙建筑，其内部的
卫城遗址建筑柱式的雕饰，可以窥见其　艺术处理非常成功，且单纯、和谐，开阔而庄严
当时建筑的宏伟及装饰的精致

进入中世纪，首先出现拜占庭室内装饰风格，其特点是建筑为方基圆顶结构，上面装饰几何形碎锦砖，家具形式基本上继承了希腊后期风格，即旋腿家具，且编织品在建筑室内环境得到广泛运用（图 2-12）；其后为仿罗马风格，它以罗马传统形式为主并融合了拜占庭风格，初期多采用平顶和科林斯式柱头，后期则流行十字交叉式拱顶，四角用圆柱或方柱支撑，并以半圆拱作为两柱间的连接；再后来的哥特式风格，其建筑以尖顶、尖塔和飞扶墙为特色，尖拱中采用碎锦玻璃窗格花饰，从而表现出神秘的宗教气氛（图 2-13）。

图 2-12　具有拜占庭建筑装饰风格的伊斯坦布尔圣索菲亚大教堂室内空间环境

图 2-13　德国具有哥特式装饰风格的科隆大教堂建筑室内空间环境

十五世纪初，以意大利为中心展开了古希腊、古罗马文化的复兴运动，从而形成了文艺复兴风格的建筑室内环境。这种风格以古希腊、古罗马风格为基础，融合了东方与哥特式装饰形式，通过对山形墙、檐板、柱廊等建筑细部的重新组织，不仅表现出稳健的气势，又显示出华丽的装饰效果。到十七世纪中叶，意大利又出现了巴洛克风格，其建筑室内环境中的墙面多用大理石、石膏灰泥、雕刻墙板、华丽织物、壁毯、大型壁画来装饰建筑室内环境，以使其显得富丽堂皇，主要用于宫廷建筑室内环境的装饰（图2-14）。到十八世纪三十年代，在法国的巴洛克风格演变成了洛可可风格。这种风格以其不均衡的轻快，纤细的曲线而呈现出灵巧亲切的效果，造型装饰多运用贝壳的曲线、皱折和弧线构图，而建筑室内环境装饰与家具常以对称的优美曲线作为形体结构，雕刻精细，装饰豪华，色调淡雅而柔和，并采用黑色与金色来增加其对比的装饰效果（图2-15）。

图 2-14　意大利威尼斯公爵府议会厅，其巴洛克建筑手法表现在天棚画幻觉透视框中的人物，呈现出胜利的景象，装饰异常豪华

图 2-15　建于 1664~1728 年的慕尼黑宁芬堡，其室内环境表现出典型的洛可可风格

其后，由于不断发展，巴洛克风格与洛可可风格早已脱离建筑室内环境装饰结构性的正确规范，直至陷于怪诞荒谬的虚设绝境，从而促使新古典风格的崛起（图 2-16）。这种风格包括庞贝式与帝政式新古典风格两种，其中前者建筑室内环境装饰的特点是不用曲线的结构及装饰，把重点放在结构本身，造型以直线为主，形体有意缩小，外观单纯而优雅。家具多为长方形，其支架多刻有各种槽纹，形式轻快；后者建筑室内环境装饰的特点是在家具造型中采用小巧而庄重的形式，并追求单纯和简洁的效果。例如在拿破仑时代，古罗马的权标图案就成为很流行的标志，使得希腊与庞贝式的火把、长矛和鹰等图案一度非常盛行。

美国独立之前，建筑和建筑室内环境装饰的样式大多采用欧式，其中主要是英国样式，但在一些住房的入口、壁炉、镜面壁板部分却具有当地的特色。建筑

图 2-16　建于 1648~1650 年的英格兰威尔特郡威尔顿府邸，其室内环境与家具具有将古希腊装饰理念再现的倾向

室内环境设计强调创造自由、明朗的气氛，其家具的线条优美，结构简洁，比例恰当，具有英国洛可可的明显特征，椅子的前脚为猫脚形，并用贝壳进行装饰。

进入 19 世纪，新古典风格虽然仍为建筑室内环境设计的主流，但与此同时还出现了所谓的法国"路易·菲利普"风格、德国的"新洛可可"和"拜德米亚"风格、英国的"维多利亚"风格及 19 世纪后期出现的"新文艺复兴"等风格，它们皆为模仿前期风格所形成，故毫无创意与特点可言。与其作为一种"风格"而言，还不如说是一种"流行"趋势更为准确。

2.3　近现代建筑室内环境设计风格

2.3.1　国外近现代建筑室内环境设计发展

1.国外近代建筑室内环境设计发展

从 18 世纪上半叶到 19 世纪下半叶，正当资本主义上层阶级——新兴的资产阶级倡导和沉醉于新古典主义风格的室内装饰时，始于英国的工业革命，揭开了西方近代建筑与室内设计的序幕。工业革命发端于大不列颠，波及法国、德国、比利时和瑞士等国。

以 1782 年詹姆斯·瓦特发明的蒸汽机为契机，它不仅应用于纺织、冶金、交通运输、机器制造等行业，而且还可以使工业生产集中于城市，促使了资本主义经济的迅速发展，造成了社会结构根本上的变动。新的建筑材料、结构技术、设备和施工方法，为近代建筑与建筑室内环境设计的发展开辟了广阔前景。正是应用了这些新的技术，使许多新建筑在结构、功能、空间的设计上出现了新的变化，这也促使建筑装饰及室内设计的发展。于是，在这约 100 年的时间，设计师们克服多种阻力，忍受万般艰难，不断追求认同的动向，演绎出了许多动人、复杂、多元的近代建筑与室内装饰艺术成就，从而也为多样化的近代设计奠定了基础。

图 2-17　折中主义建筑与室内装饰风格以法国最为典型，而巴黎歌剧院的建筑及其室内环境装饰反映了 19 世纪成熟的设计水平

　　这个时期，虽然出现了旧瓶装新酒的古典复兴式、浪漫主义、折中主义建筑流派（图 2-17），但它们毕竟不能成为新时代建筑的主流，到十九世纪后期，钢铁和水泥的应用为建筑的发展变化提供了条件，伴随 1851 年采用钢架构件与玻璃现场装配的伦敦国际博览会水晶宫及 1877 年建造完成的意大利米兰商场，这两幢建筑之间飞架的拱形铁架玻璃长廊，造就出宏大的建筑内部空间来，从而成为当时欧洲最大的室内市场空间环境。

　　这一时期真正改变了建筑室内环境装饰风格的应首推始于比利时的新艺术运动，其特征为设计力求以适应工业时代的精神，简化室内的环境装饰，并以模仿自然界生长茂盛的植物曲线为装饰的主题，充分发挥出了铁件易于弯曲的特点。在墙面、窗棂、家具与栏杆中大量使用。虽然仅限于装饰手法，也没能解决建筑空间形式与内部使用功能的关系，它却对后来的建筑室内环境装饰设计产生了深远的影响（图 2-18）。

图 2-18　比利时的新艺术运动建筑装饰特征为力求适应工业时代的精神，简化室内环境装饰，并对其后室内装饰设计产生深远的影响

2. 国外现代建筑室内环境设计发展

进入 20 世纪以来,欧美一些发达国家的工业技术发展迅速,新的技术、材料、设备工具不断发明和完善,极大地促进了生产力的发展,同时对社会结构和社会生活也带来了很大的冲击。在建筑及室内设计领域也发生了巨大的变化,重视功能和理性的现代主义成为建筑与室内设计的主流。其发展可分为以下四个时期:

(1)初始时期的现代主义室内设计

1914 年爆发了第一次世界大战,欧洲许多地区遭到了严重破坏。大战之后,欧洲的经济、政治条件和社会思想状况较战前有非常大的变化。在建筑装饰艺术领域,给主张革新的艺术家和设计师们以有力的促进。这个时期出现了许多新的设计流派和风格。其中比较有影响的派别有战后初期的表现派、风格派、构成派等(图 2-19)。此外 20 世纪早期,在文化艺术领域还活跃着其他一些较为激进的流派,包括源于法国的立体派、意大利的未来派等。它们存在的时间都不长,但它们的试验和探索对现代建筑与室内设计的发展都有相应的启发意义。

图 2-19　格里特·托马斯·里特维尔德 1924 年设计的施罗德住宅是风格派建筑与室内设计的代表之作

(2)成熟时期的现代主义室内设计

20 年代后期,一批思想敏锐并具有一定建筑经验的青年建筑师在吸取前人革新实践的基础上,开始面对一战后实际建设中出现的各种现实问题,提出了比较系统而彻底的建筑改革主张和思路,并陆续推出了一批比较成熟的新颖的建筑作品。从而使 20 世纪最重要、影响最普遍也最深远的现代主义建筑与室内设计艺术逐步走向成熟,产生出了极为强烈的崭新的建筑形象和特征鲜明的建筑形式。其中 20 世纪上半叶的包豪斯及四位被尊为建筑大师的格罗皮乌斯、勒·柯布西耶、密斯以及赖特均为现代建筑的发展做出了卓越的贡献,并以其出色的作品推动着世界建筑与室内设计的发展步伐。

这个时期的室内设计注重功能与生产的结合,反对虚假的装饰。其室内设计主要有以下表现特征:

1)室内设计根据功能和使用的需要来确定空间的体量与形状,灵活自由地布置空间。

2）室内空间开敞，内外通透。性质不同的公共性空间之间往往联系紧密，相互渗透，不做固定的、封闭的分隔，空间过渡自然流畅。

3）室内空间界面及家具、陈设等造型简洁，质地纯正，工艺精细。

4）尽可能不用装饰和取消多余的东西，强调形式应更多地服务于功能。

5）建筑及室内装修部件尽可能采用标准化设计与制作，门窗等尺寸根据模数系统设计。

6）建筑内部尽可能地选用现代陈设物品进行陈列设计。

到二战前夕，现代主义建筑与室内设计思想已风靡全球，成为当时占主导地位的设计潮流。这种建筑及室内设计所表现出来的共同特征，被称为"国际式风格"（图2-20）。

图 2-20　现代主义建筑室内环境设计表现出来的共同特征，被称为"国际式风格"

而在北欧斯堪的纳维亚地区的丹麦、芬兰、瑞典、挪威和冰岛各国，虽因政治、文化、语言和传统的不同而有所差异，但其相近的工业化进程以及对待传统与现代的共同态度，使它们又保持了作为地区和文化的统一体，并走出了一条独特的、富有人情味的现代设计探索与发展之路。其代表人物是世界级的著名建筑大师阿尔瓦·阿尔托，代表作品有1938 年设计的玛丽亚别墅、1956 年竣工的芬兰年金协会大楼等，在建筑、室内与家具设计方面均具有现代主义特点，蕴藏着比包豪斯更为深层的人文主义精神（图 2-21）。

（3）晚期的现代主义室内设计

第二次世界大战后，资本主义国家的经济在经历了短暂的复苏后得到迅猛的发展。伴随着经济条件的改变，人们逐步迎来了高消费时代。此时，消费者的喜好对设计风格影响极大，消费观念也大大影响了建筑与室内设计的发展，从而促使当代设计文化走向更加民主与复杂的道路。

首先是 20 世纪 50 年代到 70 年代，"波普"设计思潮对室内设计的影响；其次是20 世纪 60 年代到 70 年代环境行为学的研究促使办公空间有了很大的发展，如在公共交往空间中，中庭空间的出现即成为建筑与室内设计中的一大亮点；再者是把结构和构

图 2-21 阿尔瓦·阿尔托及斯堪的纳维亚地区的室内设计作品

1）现代建筑大师阿尔瓦·阿尔托（1898~1976）

2）丹麦恩格努伊教堂建筑室内环境 3）芬兰赫尔辛基总统官邸建筑室内环境

造转变为一种装饰，出现了雕塑化和光亮化两种装饰趋势。而雕塑化装饰趋势可以用极少主义和表现主义来概括，代表人物有法国建筑师多米尼克·佩罗，其最引人注目的作品当属巴黎法国国家图书馆。瑞士建筑师雅克·赫佐格和皮埃尔·德穆隆，德国慕尼黑的戈兹美术馆是他们最引人注目的作品。还有美国华裔建筑师贝聿铭，华盛顿美国国家美术馆东馆的建筑是这一时期最重要的作品；20 世纪 50 年代表现主义再次回升的设计倾向即以埃罗·沙里宁为代表，其著名的作品就是纽约肯尼迪机场 TWA 候机楼。另光亮化装饰趋势代表为奥地利建筑师汉斯·霍莱，他设计的维也纳莱蒂蜡烛店就具有很强的光亮派的设计特点（图 2-22）。

（4）后现代主义时期的室内设计

20 世纪 60 年代到 70 年代，随着电子工业技术的迅速发展，欧美发达国家先后进入后工业社会——信息社会。这个时期，建筑领域对现代主义建筑的批评越来越尖锐，并且开始涌现出许多新的建筑观念和建筑理论，其中很多观点同先前的现代主义建筑思想有明显的区别，甚至是相互对立、发生冲撞的。这些新的建筑观念和建筑理论被笼统地称为"后现代主义"建筑思潮。

后现代主义建筑及室内设计明显地表现出历史主义、装饰、象征及文脉主义四种设计倾向，从中即可看出，后现代主义建筑还是建立在现代消费文化的基础上，是波普艺术在建筑领域的表现。肯尼斯·弗兰姆普敦在《现代建筑——一部批判的历史》中对后

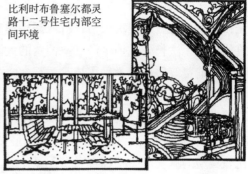

比利时布鲁塞尔都灵路十二号住宅内部空间环境

意大利米兰商场室内环境

美国菲利普·约翰逊的玻璃住宅内部空间环境

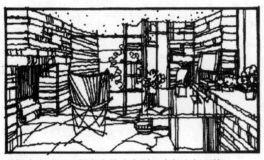

美国宾夕法尼亚州卡夫曼流水别墅内部空间环境

法国浮日朗香教堂内部空间环境

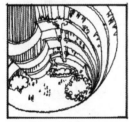

美国纽约古根海姆美术馆内部空间环境

美国华盛顿国家美术馆东馆室内空间环境

法国巴黎蓬皮杜国家艺术文化中心室内空间环境

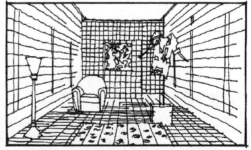

奥地利维也纳旅行社室内空间环境

"反设计"同仁们20世纪70年代在意大利成立的"阿尔奇米亚"设计室设计的商店室内空间环境

图 2-22　晚期的现代主义室内设计风格及其代表作品

现代主义建筑做了如下的评论："如果用一条原则来概括后现代主义建筑的特征，那就是：它有意地破坏建筑风格，拆取搬用建筑样式中的零件片断。好像传统的及其他的建筑价值都无法长久抵挡生产——消费的大潮，这个大潮使每一座公共机构的建筑物都带上某种消费气质，每一种传统品质都在暗中被勾销了。正是由于这样，后现代主义建筑装饰的经典性、严肃性被大大降低了。"

欧美国家在 20 世纪 70 年代大肆宣传后现代主义的建筑作品，但实际直到 20 世纪 80 年代中期，堪称有代表性的后现代主义建筑无论在西欧还是在美国仍然为数寥寥。比较典型的有美国奥柏林音乐学院爱伦美术馆扩建部分、美国波特兰市政大楼、美国电报电话大厦、美国费城老年公寓与文丘里"母亲之家"住宅等。

（5）多元发展时期的室内设计

20 世纪 80 年代以来，随着科技和经济的飞速发展，尤其是人类对生存环境问题的关注，加上人们审美观念和精神需求的变化，使得设计文化呈现出多元发展的趋势。事实上，在 20 世纪前半叶，建筑和室内设计领域就已经呈现出了多元化和多样化的局面，到了 20 世纪后期，建筑和室内设计的风格与流派更是五花八门，呈现千姿百态的面貌。建筑与室内设计中自由、严谨，热情、冷静，严肃、放纵，进步、沉沦……的追求，在多元主义时代的设计中，都能找到它们的对应物。诸如晚期现代主义风格、后现代风格、高技术风格、结构主义风格、解构主义风格、新古典主义风格、新地方主义风格、超现实主义风格、本土主义风格、回归自然风格及新现代主义风格等，可说是令人眼花缭乱、目不暇接。而且很难说在建筑室内环境设计中到底应使用哪种样式，一般都是各种手法并用了（图 2-23）。另在 20 世纪末期的室内设计也出现多种装饰风格与样式并存的局面，除了前面的风格形式，具有代表性的设计流派还有白色派、银色派（光亮派）、超级平面美术在环境空间中的应用、听觉空间、绿色设计等，各种风格与流派可谓层出不穷。

（6）20 世纪末期以来的新现代主义室内设计

新现代主义无论从字面上理解，还是从该设计思潮、设计流派的理论与实践分析，它无疑是相对现代主义而言的。是在现代主义自 20 世纪初期到 70 年代盛极而衰后，对现代主义的一种继承、发展和复兴。它通过对现代主义理论体系与形式语汇中某些部分所做的调整、修正、完善、改造与极端化，来达到与变化了的社会需求、经济环境、文化背景、生活方式、科技水平以及价值观念、审美态度相合拍的目的，并以此来超越后现代主义，成为 20 世纪末期以来建筑及室内设计发展的主流。

新现代主义的主要作品有 20 世纪 80 年代初由德裔美籍建筑师墨菲·扬设计的美国伊利诺伊州联邦大厦、美国第三代建筑师西萨·佩里设计的彩虹中心冬季花园、出生于瑞士的建筑师马里奥·博塔设计的旧金山现代艺术博物馆、颇负盛名的日本建筑师安藤忠雄设计的"光的教堂""水的教堂"等。另还有以意大利建筑师奥朗蒂为室内设计负责人完成的法国巴黎奥赛美术馆室内环境改造，以及华裔建筑师贝聿铭设计的纽约四季酒店，其室内设计是具有新古典主义内涵的新现代主义优秀作品，整个内部空间传达出一种超越时代的优雅感及欢庆的视觉印象。

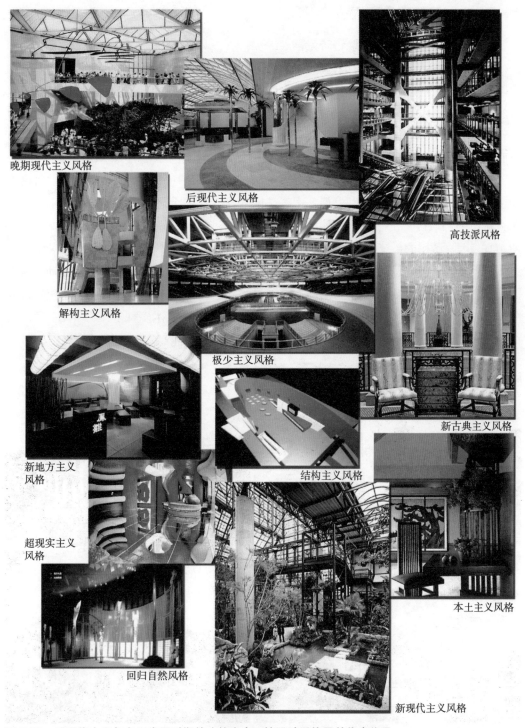

晚期现代主义风格

后现代主义风格

高技派风格

解构主义风格

极少主义风格

新古典主义风格

新地方主义
风格

结构主义风格

超现实主义
风格

本土主义风格

回归自然风格

新现代主义风格

图 2-23　后现代主义与多元发展时期的建筑室内环境设计风格及其代表作品

　　由此可见，随着社会不断地发展和科学技术的进步，面向未来的建筑与室内设计也将出现多种选择，并呈现出变化万千、永无止境的发展趋势，以展现出未来多姿多彩的探索与创新魅力。

2.3.2　中国建筑室内环境设计发展

1. 中国近代建筑室内环境设计发展

中国近代建筑是指 1840 年鸦片战争开始至 20 世纪上半叶大约 100 余年时间内，在中国产生的若干种类新建筑的总称。这个时期的建筑处于承上启下、中西交汇、新旧接替的过渡时期，也是中国建筑发展史上一个急剧变化的阶段。其发展大致可以分为鸦片战争到甲午战争（1840~1895）、甲午战争到五四运动（1895~1919）、五四运动到抗日战争全面爆发（1919~1937）与抗日战争全面爆发到中华人民共和国建立（1937~1949）四个阶段。

这个时期的建筑，一方面继续沿袭着中国传统建筑的功能布局、技术体系和风格面貌，但受新建筑体系的影响也出现若干局部的变化，在广大的农村、集镇、中小城市以至大城市的旧城区，仍然以传统建筑为主。大量的民居和其他民间建筑基本上保持着因地制宜、因材致用的传统品格和乡土特色，虽然局部运用了近代的材料、结构和装饰，但总体上还是属于传统建筑体系的延续；另一方面，西方现代建筑思潮和新艺术运动等对中国建筑产生了巨大的影响，使中国建筑逐步吸取西欧近代建筑的成就，产生了适应近代社会要求的新建筑类型和形制。这就导致了这个时期中国建筑艺术多种多样、多元并存的局面。各种建筑流派、思潮和形制竞相争艳，使中国近代建筑出现多姿多彩的面貌（图 2-24）。

图 2-24　中国近代建筑与室内设计呈现流派多样、风格并存的局面
1）建于 20 世纪初的近代武汉里分住宅建筑
2）建于 1907 年的八卦楼是厦门鼓浪屿具有标志性的建筑之一
3）建于 1910 年的青岛德国基督教堂
4）建于 1925 年的上海复旦大学子彬院教学建筑

　　从 19 世纪末至 20 世纪初，随着外国文化的大规模侵入，帝国主义国家纷纷在中国设银行、办工厂、开矿山、争夺铁路修建权。火车站建筑陆续出现，厂房建筑数量增多，银行建筑引人注目。这个时期在中国国土上除了传统的古代建筑仍在延续、演变之外，外来的欧洲建筑从类型到样式也逐渐增多，在中国近代的建筑历史上形成以模仿或照搬西洋建筑为特征的一股潮流；而 20 世纪 20 年代以后，则又出现了以模仿中国古代建筑或对其进行改造为特征的另一股潮流。这两股潮流在中国近代建筑历史中时隐时现，此起彼伏，形成了错综复杂的交织情况（图 2-25）。而近代建筑上的变化，必然影响到室内装饰风格的改变。其室内装饰设计风格主要包括传统形式、外来形式与折中形式，其中：

图 2-25　以模仿或照搬西洋建筑为特征及以模仿中国古代建筑或对其进行改造为特征的两股潮流在中国近代建筑历史中时隐时现，此起彼伏，形成了错综复杂的交织情况
1）上海市政府大厦建筑外观　2）京奉铁路沈阳总站建筑外观

　　传统形式室内设计特点为：室内空间采用对称的布局形式，宫殿室内的天花与藻井、装修、家具、字画、陈设艺术等均作为一个整体来处理，室内除固定的隔断和隔扇外还使用可移动的屏风、半开敞的罩、博古架等与家具相结合，对于组织空间起到增加层次和深度的作用。民居室内则保持着质朴、自由、因材致用的传统品格和文化特色。如南京中山陵、广州中山堂、上海旧市政府办公楼、国民党中央党史史料陈列馆旧址及中央博物院旧址等，均为这种形式的代表之作（图 2-26）。

图 2-26　南京中山陵建筑外观造型及室内环境

外来形式室内设计特点为：室内空间沿用欧美各国当时流行的哥特式、罗马式、文艺复兴式、俄罗斯式等，不少建筑内部采用欧洲古典主义形式，诸如爱奥尼克式柱廊、藻井式天花等，大厅内的柱子、护壁、地面均用大理石贴面，不仅装有暖气，还安装了当时最先进的冷气设备，使建筑内部空间显得富丽堂皇、装修极为讲究。如外国建筑师为清末新政、立宪和咨议活动所设计的总理衙门（迎宾馆）、大理院、参谋本部、咨议局，以及上海百老汇大厦（今上海大厦）、上海国际饭店等高层建筑、北京西交民巷外国官邸、天津开滦煤矿办公大楼、天津中原公司、大连火车站，以及上海、青岛、武汉等城市不少外来形式的住宅等，其室内设计都呈现出风格多样的设计思潮，并对此后我国室内设计有深远的影响（图 2-27）。

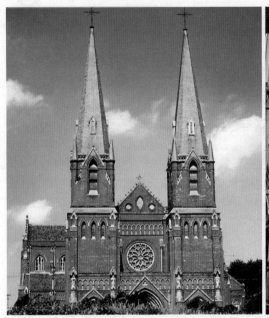

图 2-27　上海市徐家汇天主堂建筑外观及中厅室内环境

折中形式室内设计特点为：一是在不同类型建筑室内空间中，采用不同的历史风格，如银行用古典式，商店、俱乐部用文艺复兴式，住宅用西班牙式等，形成城市建筑群体的折中主义风貌；一是在同一幢建筑及室内空间上混用古希腊建筑、古罗马建筑、文艺复兴建筑、巴洛克建筑、洛可可风格或点缀某些经过简化的中国传统建筑构件和细部装饰来取得与传统的联系等各种式样，以形成单幢建筑室内空间中的折中主义面貌。如 1934 年杨廷宝设计完成的上海大新公司建筑内外造型设计和细部装饰，即运用了简化的中国传统处理手法于室内空间，从而突破了因循守旧的仿古做法。上海汇丰银行大厦、江海关大厦、华安大厦等 20 世纪 20 年代兴建的一批高楼大厦多数属这个类型。同时期中国留学欧美回国的建筑师所设计的建筑，如大陆银行北京分行、天津盐业银行、南京东南大学图书馆等也属于折中主义风格（图 2-28）。

图 2-28　上海华安大厦建筑外观及入口门廊室内环境

2. 中国现代建筑室内环境设计发展

中国现代建筑是指 20 世纪 20 年代初至今的整个发展过程，按其特点将其分为初始、求索、自立与繁荣四个阶段。其中：

（1）初始时期

从 20 世纪 20 年代初期到 1952 年新中国建国初期近 30 年的时间是中国现代建筑与室内设计的初始时期；从这个时期的中国现代建筑来看，它是由西方列强在中国输入其本国的传统建筑及一些对现代建筑具有探索意义的建筑，以及中国第一代建筑师们从国外留学归来创作的大量作品而逐步形成。1900 年以来，西方现代建筑体系输入渐强，为中国现代建筑体系的产生积累了能量。进入 20 世纪 20 年代，各种具有现代建筑内涵的建筑活动在中国一些大城市并逐步展开，至 1937 年抗战全面爆发前，中国现代建筑体系臻于完善。

此时，中国过去所没有的建筑类型，伴随着现代建筑在中国兴起，建筑的各种类型都已齐备，诸如办公、银行、交通、学校、旅馆、住宅及教堂等现代建筑已出现崭新的设计面貌，其中不少重点建筑的设计和施工质量也达到了相当高的水准。处于初始时期的建筑与室内设计，在其设计创作方面具有以下特点：

一是从装饰时尚起步，外国建筑师对早期现代建筑"装饰派艺术"的引入，起先只是一种时尚活动。随着时间的推移，不但在形式上，而且在使用功能、建筑结构和材料设备等方面，都发展成为比较典型的现代建筑。如 1929 年建成由英商公和洋行设计的上海沙逊大厦（今和平饭店）、1933 年由匈牙利建筑师邬达克设计的上海大光明电影院均属于向典型现代建筑过渡的代表作品（图 2-29）。

二是从中国特征起步，相对于中国建筑师群体而言，虽然有"中国固有之形式"的号召，也有古典复兴的建筑问世，但更多的则是他们的一些探新及不失时机地转入以现代建筑为基点的求索。这时年轻的中国建筑师借鉴国外经验，主动开创了中国自己的现代建筑，并创作了一大批初始时期的现代建筑与室内设计作品。如 1931 年杨锡镠设计了上海百乐门舞厅、1934 年沈理源设计了天津新华信托储蓄银行天津分行、1941 年范文照设计的上海美琪大戏院、1946 年杨廷宝设计的南京下关火车站扩建工程、1948 年设计的南京原国民政府外交部大楼等均为其代表性的作品（图 2-30）。

图 2-29　上海大光明电影院建筑外观及室内环境

图 2-30　南京原国民政府外交部大楼建筑外观及室内环境

　　而 1949 年 10 月中华人民共和国的成立，则标志着中国现代建筑的发展进入一个新的历史时期。但在 1952 年前的国民经济恢复时期，其建筑与室内设计还是延续了初始阶段的发展特点。

　　（2）求索时期

　　从 1953 年至 1978 年改革开放前为求索时期。这个时期国家大规模、有计划的经济建设，推动了建筑业的蓬勃发展。中国现代建筑在数量上、规模上、类型上、地区分布上、现代化水平上都突破近代时期的局限，展现出崭新的姿态。这个时期中国的现代建筑与室内设计发展大体上经历了以下几个阶段：

　　1）国家经济恢复阶段。1953 年，国家开始执行国民经济建设的第一个五年规划，由此进入经济恢复阶段。这个阶段在全盘学习苏联的热潮中，建筑界接受了苏联当时的建筑创作理论，把建筑创作等同于一般文艺创作，把西方现代建筑形式视为"没落的世界主义"文化，把强调民族风格当作社会主义和现实主义的创作原则，把民族的形式、社会主义的内容提到建筑创作方向的高度来贯彻，从而掀起了创造民族形式的热潮。其作品有北京友谊宾馆、三里河办公大楼、地安门宿舍、中央民族学院等建筑，其他城市也出现了重庆大会堂、杭州屏风山疗养院、兰州西北民族学院组群等建筑（图2-31）。

图 2-31　国民经济恢复与建设起步时期营造的建筑
　1）北京友谊宾馆　2）重庆大会堂　3）北京首都剧场　4）建工部办公楼

　　第一个五年规划期间，苏联援建 156 个项目，当时有大批苏联专家来到中国，其中北京展览馆以及上海中苏友好大厦的设计，对中国的建筑及室内设计产生了一定的影响（图 2-32）。在室内设计方面，除了平面布局外，在采用贵重材料、装饰图案、柱头天花、石膏花饰、名贵木材装修、豪华定制的吊灯等方面，改变了中国建筑及室内设计朴实无华的风格。这种影响在 1958 年国庆工程的建筑及室内设计中体现出来，对其室内设计的发展产生了积极的推动作用。

　　2）国家经济调整阶段。从 1958 年到 1966 年，中国的建筑与室内设计经历了"大跃进"及 20 世纪 60 年代前期的经济调整，其中在建筑与室内设计方面取得成就的当推国庆工程。

　　1959 年是中华人民共和国建国十周年，为迎接国庆十周年，北京建造了人民大会堂、中国革命博物馆和中国历史博物馆、民族文化宫、北京火车站、全国农业展览馆等十个大型建设项目，故又称 20 世纪 50 年代北京"十大建筑"。1958 年 9 月北京市政府动用了全国重点设计力量，集中全国财力物力，在短期内完成了设计和建造任务。由于这时在建筑创作方面提出了"创造中国社会主义建筑新风格"的口号，主张在学习古今中外建筑上一切好东西的基础上，创造出我们自己的新风格、新形式，而国庆工程正是这种新风格探寻的重大实践。尤其是规模宏大的人民大会堂建筑的室内设计，不论是大礼堂水天一色的天花设计，还是门头、檐口等重要部位的处理，都经过了精心推敲，以求最佳效果。这时室内设计的重点主要放在室内界面的表面装饰上，因此，室内界面装饰图案使用很多，大多采用政治题材（太阳、五星、万丈光芒、麦穗、向日葵等），室内色彩也以象征革命的红暖色调为主。人民大会堂大面积红地毯尤为突出，以象征热烈和革命（图 2-33）。此外，对称式大厅的正面墙上悬挂大幅绘画的做法也流传甚广，成为各地建筑厅堂室内设计的程式化做法。

图 2-32　第一个五年规划期间，苏联援建的大型建筑项目，对中国的建筑及室内设计产生了一定的影响

图 2-33　人民大会堂建筑外观及室内环境

　　而 20 世纪 60 年代前期进入国民经济调整时期，这个时期非生产性建设基本停止，建筑创作活动相对冷落。国庆工程的建筑与室内设计对中西结合、民族形式问题进行了探索，这些探索对于中国室内设计的发展是十分重要的，尤其是它还促使了中国室内设

计专业的起步、形成和发展。另外，北京国庆工程在全国产生了广泛的影响，各地均以十大建筑为楷模，竞相模仿。从这些工程的室内设计中可看到为政治服务的造型形式和内容，并在其后的"文化大革命"期间，在极"左"思潮的影响下更是走向了为政治性建筑服务的极端。

　　3）政治主导建设阶段。从 20 世纪 60 年代中期到 70 年代中期，中国进行了"文化大革命"，建筑及其室内设计即步入政治主导建设阶段。此时政治性建筑一是在建筑的功能上宣传"毛泽东思想"和中国共产党的"路线斗争"；二是在建筑设计方面用形象的明喻和数字的暗喻表现具体政治内容。如长沙火车站就在中间大厅上部钟塔的顶尖设立 9m 高的红色火炬来明喻革命。这类政治性建筑的室内空间，多数地面均铺设红地毯，入口设有毛主席诗词的屏风，墙上也多悬挂巨幅革命圣地的国画与语录，并选用一系列象征革命的陈设造型与装饰图案，如红太阳、向日葵、万年青与松树来进行室内的装饰设计，以烘托室内空间特殊的政治气氛（图 2-34）。

图 2-34　湖南韶山滴水洞一号楼的建筑外观及室内环境，由此可见中国建筑及室内环境在 20 世纪 60 年代中期到 70 年代中期独有的特征

　　由于这个时期处于"文化大革命"之中，中国建筑与室内设计的发展基本处于停滞状态。仅有一些地方建筑及功能性强的建筑尚有起色。如地处南国的广州在进入 20 世纪 70 年代以后，广州的建筑师为出口商品贸易活动的需要设计了一批宾馆、展览馆、剧院等建筑。诸如广州的白云宾馆、矿泉别墅、友谊剧院等均结合当地自然条件，环境优美，平面灵活，选材恰当，在造型上有所突破。在这些建筑与室内空间设计之中，创造性地在现代建筑中有机地融入具有传统特色的岭南园林与庭院，并采用中国传统建筑装饰手法进行室内与家具设计，从而营造出既有现代气息，又有浓郁民族意蕴的建筑与内外环境空间意境（图 2-35）。

　　与此同时，在北京、杭州等地也出现了一些格调清新的建筑，如北京饭店东楼、北京国际俱乐部、北京友谊商店、杭州机场候机楼，以及应需而生的体育建筑、外事建筑、援外建筑等，它们和广州外贸建筑一起，形成了中国现代建筑与室内风格发展中的重要转折。

图 2-35　广州矿泉别墅建筑外观及支柱底层内景空间环境

（3）自立时期

1978 年中国共产党十一届三中全会以后，我国进入了社会主义现代化国家建设的新时期。自改革开放政策实施以来，中国的旅游业得到迅猛发展，逐年增多的海外旅客和国内旅游业直接推动着旅馆建设，20 世纪 80 年代是中国建设现代化旅馆的高潮时期，旅馆建筑的设计水平不断提高，室内设计水平也有了可喜的突破。如 1982 年建成的北京香山饭店、1983 年建成的广州白天鹅宾馆的室内设计，整个宾馆室内空间均充溢着浓郁的中国气氛（图 2-36）。其后上海龙柏饭店、中山温泉宾馆、重庆航站楼、武夷山庄等的室内设计，也都呈现着多样的形态和迥然不同的格调，创造出一批具有浓郁的民族、乡土特色的建筑形象与建筑室内环境。

图 2-36　20 世纪 80 年代是中国建设现代化旅馆的高潮时期，旅馆建筑的设计水平不断提高，室内设计水平也有了可喜的突破
1）北京香山饭店建筑外观　2）北京香山饭店室内中庭环境
3）广州白天鹅宾馆建筑外观　4）广州白天鹅宾馆室内中庭环境

20 世纪 80 年代后期，随着室内设计任务的增多，国内先后成立专业室内设计单位，从而促使室内设计从建筑设计中剥离出来，逐渐发展成为一个专门的行业与学科，使现代室内设计在中国进入自立与走向繁荣的发展时期。随着改革开放的深入及商品经济的发展，不仅为中国现代室内设计的起飞奠定了基础，也在中华大地上升腾起一股前所未有的室内装修热潮。进入 20 世纪 90 年代，伴随着国家由计划经济向市场经济的转型，中国的室内设计迎来了一个前所未有的发展良机。广阔的建筑与室内装饰市场，不仅为各类室内装饰企业的成长与壮大提供了优良的沃土，也为我们的设计师们施展才华提供了广阔的舞台。与此同时，建筑与室内装饰业的发展，也促使建筑装饰材料加工等相关行业共同发展，并推动室内装饰成为生机勃勃的"朝阳产业"，室内装饰市场呈现一派兴旺发达的景象。

这个时期建筑与室内设计的风格，呈现出来的是一种多元化发展态势。在建筑与室内设计方面于 20 世纪 70 年代末从国外导入的现代主义设计思潮尚未完全消化，后现代主义的多元思潮又接踵而至。尤其是从南方刮向内地的"港台风"，在相当长时期对内地建筑与室内设计创作产生很大影响；其后商业化的设计手法又以其不可阻挡的势头涌进了内地，尤其是以"欧陆风格"为名类似于欧洲新古典主义风格的设计大行其道，以致成为 20 世纪 90 年代中后期中国室内设计样式的主流。与此同时，在国际上流行的极少主义或简约主义的建筑与室内设计理论传入国内，才使世纪之交的建筑与室内设计创作逐渐放弃对形式主义的追求，并迎来了新的设计潮流。

（4）繁荣时期

进入 21 世纪，在经济与文化全球化的时代背景下，随着文化传统和现代文明的不断融合，建筑室内环境的设计风格更是呈现出多元化发展的态势。面对商业化大潮与消费文化的冲击，建筑室内环境设计中的东西方文化交流融合的速度得以加快，传统文化与当代特色、民族性与国际化、豪华与简约，多元发展已经成为新世纪建筑与室内环境设计的显著特征。尤其是当今世界人类共同面临的主要是生存与环境、需求与资源、富有与贫困等方面的问题，而建筑与室内设计无可置疑地成为人类生存环境系统中的一个组成部分，即把"绿色设计"作为未来的设计方向来追求，从资源、环境乃至文化方面来思考建筑与室内环境设计的持续发展，以使我们的建筑与室内环境设计能够与人类和谐相处，将新科技、新材料、新工艺与新表达在建筑与室内环境设计中予以运用，从而成为步入新世纪近 20 年来中国建筑及其室内环境设计中为之努力的方向和境界。

3. 中国现代建筑室内环境的设计成果

从进入新世纪以来的公共建筑与室内环境设计来看，不论是办公建筑、宾馆建筑、商业建筑、会展建筑，还是交通建筑、科教建筑、文化建筑、体育建筑等，均在其遵循现代建筑及其室内环境设计功能性、科学性、经济性、真实性、空间化、理性化等设计原则的基础上，深入当代社会与生活，从一个或几个方面突破了以往的设计模式，创作出一大批既有时代精神又有文化特色的现代建筑与室内设计作品来（图 2-37）。例如北京西单的国家教育部综合办公楼、丹麦 Carl F 公司在上海的总部办公空间、深圳市民中

心、南京丁山香格里拉酒店、浙江绍兴饭店、上海新世纪商厦、上海金茂大厦、广州正
佳广场、深圳华润中心·万象城购物中心、深圳地王大厦、北京朝阳门 SOHO、上海世
博会中国国家馆、广州琶洲国际会展中心、北京首都国际机场 3 号航站楼、上海南站、
清华大学新图书馆、上海同济大学逸夫科技馆、深圳联想集团研发中心、北京国家大剧院、
武汉琴台艺术中心、安阳殷墟博物馆、深圳凤凰卫视大厦、北京国家奥林匹克体育中心、
广州第 16 届亚运会体育中心，以及上海美术馆与"新天地"及周边旧里弄的改造再利用、
北京废弃的 798 工厂改造成义化创意艺术园区等建筑室内环境设计方面完成的一系列优
秀作品。

图 2-37　新世纪以来我国在公共建筑室内环境设计方面完成的一系列优秀作品

　　此外，在居住建筑与建筑室内环境设计方面，随着新世纪以来房地产的开发，成片造型各异、环境舒适的居住小区建设起来，室内设计也进入了寻常百姓家，不少富有中国文化特色与时代风貌的家庭室内装饰设计作品不仅提升了人们居住环境的品位，改善了人们居住生活的质量，其优秀的家庭室内装饰设计从近几年由中国室内装饰协会组织国内外专家评选出的优秀作品来看，有 2001 年度评选出的广州怡安花园 8 号 A 示范单位、长沙颐美园 B3 型室内设计工程、深圳共和世家示范单位——27F 型；2004 年度评选出的湖南农村住宅示范单位、红树东方之"梦幻之居"、广州芳草园某住宅、成都金沙苑样板房、安阳钢城花园 4-1 住宅、苏州某住宅；2008 年度评选出的福州海润滨江复式住宅、秀外慧中的居家庭院、洛阳建业美茵湖畔样板房、低成本的农宅改造等居住室内设计作品均表现出独有的风貌与特色，从而使室内设计由此真正走向平民百姓的生活，使人们居住在诗意般的建筑室内环境中，能够实实在在地享受到中国现代化进程所带来的实惠和喜悦（图 2-38）。

图 2-38　近年来我国在居住建筑室内环境设计方面完成的一系列设计作品，其现代化进程更是为广大民众带来生活的变化和实惠的喜悦

在工业、农业生产建筑方面，也有不少建筑室内环境设计方面的成功之作（图2-39），如西昌卫星发射中心卫星装配测试厂房、北京四机位机库、北京汽车修理公司丰田技术服务中心、广州《羊城晚报》印务中心、大连华录电子有限公司、天津三星电子显示器有限公司、北京航卫通用电气医疗系统有限公司与北京黎马敦太平洋包装有限公司等；以及北京红星养鸡场、深圳坪郎养猪场、南京农业大学奶牛场等现代化畜禽场建筑；山东寿光蔬菜生产温室及各地的农牧渔业库房建筑、加工建筑等。不论是工业与农业生产建筑还是室内设计，从建筑到室内设计水准上都有了一个新面貌。

图 2-39 工业与农业生产的发展促使近年我国在其生产建筑与室内环境设计水平上呈现出崭新的面貌

在特殊建筑与内部环境设计方面，有位于喀喇昆仑山脉世界上最高驻兵点的神仙湾哨所、万顷碧波的南中国海南沙群岛永暑礁上的哨所与海洋观测站，南极大陆上的长城站、中山站及在核心区域建设昆仑站等，使其在特殊建筑内部环境设计领域取得了长足的发展（图2-40）。

中国现代建筑及其室内环境设计经过近百年的演绎，在 20 世纪 80 年代中后期至今的 30 余年来迎来其发展的黄金时期，并走向自立与繁荣。其原因所在，一是对外开放国策的实施与市场经济发展的推动，是室内设计快速发展的基础与动力；二是资讯时代的来临与国人审美品位的提高，是促进中国现代室内设计追赶世界发展步伐及迈上更高水平的根本与保障，也正是这样，中国现代建筑及其室内环境设计在中华大地上演绎出震惊世界的辉煌乐章。

图 2-40　在特殊建筑与内部环境设计方面，随着国家持续的投入也使其有了长足的发展

2.4　未来建筑室内环境设计的发展趋势

当今人类社会正在迅速由机械时代向电子时代、由工业时代向信息时代转化。辉煌的工业时代即将成为历史，而 21 世纪人们面临的将是高度信息化的社会。就建筑室内设计及其风格的发展趋势来看，它将同样与现代、后现代建筑与室内设计适应工业社会的发展变化一样，也必将会以自身的演变规律和发展趋势形成新的设计潮流，以顺应新的世界发展的要求。归纳起来看，未来的建筑室内设计将向着这样几个方面发展。

2.4.1　人性化设计

以人为本，为人服务，这是 21 世纪建筑室内设计的核心，也是人性化设计的必然趋势和最终归宿。设计的目的是使人们从物质的挤压和奴役中解放出来，使生存环境和物质空间更加适合人们，使人们在建筑室内空间中的心理更加健康，并使人类的感情更加丰富，人性更加完美，真正达到人与物的和谐及"物我相忘"的境界。

由于现代建筑室内设计考虑问题的出发点和最终目标都是为人服务，以满足人们生活、工作、休息与娱乐等的需要，因此为人们创造理想的室内空间环境，使人们感到生活在其中，能够受到关怀和尊重。同时，建筑室内环境空间一旦形成，还能启发、引导甚至在一定程度上改变人们活动于其间的生活方式和行为习惯。正是如此，建筑的室内设计应该始终把人对建筑室内环境的需求，包括物质使用和精神两方面，放在设计的首位。

此外，现代建筑室内设计需要满足人们的生理、心理等要求，需要综合地处理人与环境、人际交往等多项关系，需要在为人服务的前提下，综合解决使用功能、经济效益、舒适美观、环境氛围等种种要求。设计及实施的过程中还会涉及材料、设备、定额法规以及与施工管理的协调等诸多问题，可以认为现代建筑室内设计是一项综合性极强的系统工程。随着现代城市人口的集中，为了高效、方便，国外在建筑室内空间中十分重视发展现代服务措施。例如在日本就有应用高科技成果来发展城乡自动服务措施，从而使自动售货设备越来越多。而在交通系统中对电脑问询、解答，向导等系统的使用，以及自动售票、检票、开启、关闭进出口、站口、通道等设施，均给人们带来高效率和方便的生活，从而使建筑室内设计更强调"人"这个主体，使消费者感到其设计更为方便及富于人性化特点（图 2-41）。

图 2-41　建筑室内设计发展的人性化趋势
1）地铁车站室内的导向标识和自动售票设施系统为人们带来了高效、便捷的服务
2）医院病房室内配置的各种现代设施系统为患者提供了无微不至的关怀

由此可说，"以人为本"的观念是成就未来建筑室内设计发展的最佳契机，这是因为科学技术越是发展就越要体现人类自身存在的价值，把人的权利和自由从束缚中释放出来，对人性的关怀、对生存环境的关注必将成为未来建筑室内设计为之努力的方向，人性化设计将成为未来建筑室内设计发展的主要趋势。

2.4.2　生态化设计

建筑室内设计必须生态化,这是 21 世纪建筑室内设计面临最迫切的研究课题。如何保护人类赖以生存的环境,维持生态系统的平衡,减少对地球资源与能源的高消耗,这无疑是建筑室内设计将要面对的重要任务。同时,建筑室内设计发展的生态化主要包含着两个方面的内容,首先是设计师必须有环境保护意识,应尽可能地节约自然资源,少造垃圾;其次是在设计中应尽可能地创造绿色建筑室内环境,不仅在建筑室内环境中广泛运用各种绿色建材,还要利用各种设计手段让人们在建筑室内环境中能够最大限度地接近自然,这也是可持续发展与绿色设计对建筑室内环境提出的更高层次的要求。而建筑室内设计发展的生态化趋势主要表现在下列几个方面,即:

其一,在建筑室内设计中倡导适度消费的理念,即倡导现代节约型的生活方式,反对在建筑室内环境中的豪华和奢侈铺张,强调把生产和消费维持在资源和环境的承受能力范围内,以维护其发展的持续性,并展现出一种崭新的生态文化价值取向。

其二,注重在建筑室内设计传统审美内容中增加生态因素的内容,即在设计中强调自然生态美,欣赏质朴、简洁,而不刻意雕琢;同时,又强调人类在遵循生态规律和美的法则下,运用科技手段加工创造出室内绿色景观,形成生态美学的新追求(图 2-42)。

图 2-42　建筑室内设计发展的生态化趋势
1)上海新江湾城生态展示馆室内空间充满纯净、清新与雅致的设计风范
2)英国格林尼治森斯伯瑞绿色超级市场,在生态、节能、减废、健康、舒适与零售模式方面均给我们以启示

其三,在建筑室内设计中要注重自然资源及材料的合理利用,在建筑室内空间组织、装饰装修、陈设艺术中应尽可能多地利用自然元素和天然材质,以创造自然、质朴的生活与工作环境;同时,强调在建筑室内环境的建造、使用和更新过程中还要注重对常规能源与不可再生资源的节约和回收利用,即使对可再生资源也要尽量低消耗使用。应按"绿色设计"的理念来进行未来建筑室内的设计,这是建筑室内设计未来得以持续发展的基本手段,也是未来建筑室内生态设计的基本特征。

2.4.3 科技化设计

科学技术的进步将会主宰未来建筑室内设计的发展，促使人们价值观和审美观的改变。为此，面向未来的建筑室内设计，必须充分重视并积极运用当代科学技术的成果，包括新型的材料、结构构成和施工工艺，以及为创造最佳声、光、色、形的匹配效果，实现高速度、高效率、高功能的值得人们赞叹的理想空间环境来。

而未来建筑室内设计的科技化趋势主要通过以下几个方面得以实现，即：信息化、现代化、国际化、电脑化、施工科技化及新型建筑材料、工艺与技术的广泛应用等。

就我国的国情而言，要有选择地把国外的科技与中国实际情况结合，运用、消化、转化，以推动国内建筑室内环境设计方面科技的进步，同时，利用科技将人文、艺术、自然、形态元素等因素融合在一起，并应用在人们的生活环境中，如智能型办公室、智能型住宅、智能型娱乐环境等将逐渐发展，这就是未来建筑室内环境设计的发展方向（图2-43）。

图 2-43　建筑室内设计发展的科技化的趋势
1）德国柏林国会大厦室内穹顶由 360 片镜片组成的反光体，可将自然光反射到整个室内大厅
2）上海东方艺术中心交响音乐厅室内设计注重艺术与科技的结合，在建筑反声、隔声与吸声方面进行科技创新，使其达到一流的音响效果

2.4.4 本土化设计

强调建筑室内设计的本土化是其未来发展趋势，进入 20 世纪 90 年代以后，全球的文化格局发生了巨大的转变。但从总体上来说，世界的"全球化"与"本土化"的双向发展仍然是当今世界的基本走向。伴随着世界的"全球化"带来的社会的"市场化"及后工业社会的新选择，个性觉醒进一步表现为压倒一切的需要。正是如此，以"现代化"为基础的民族文化以巨大的力量，带着复杂的历史、文化、政治与宗教的背景席卷而来。今天的人们也比过去任何时期更加珍视从传统内部衍生出来的东西，以有意识地表现自

身的独特性。随着"越是民族的，越是世界的""越有个性，就越有普遍性"这种文化反弹现象的出现，人们越是对本土文化具有更为迫切的需求。因此，未来的建筑室内设计应努力挖掘不同地域、不同民族、不同时期的历史文化遗产，用现代设计理念进行新的诠释和传承，使建筑室内设计富有文化的内涵，在风格、样式、品位上提高到一个新的层次，并促进新的设计风格的形成（图2-44）。

图2-44 建筑室内设计发展的本土化的趋势
1）美国威斯康星州西塔里埃森住宅室内设计，充满了美国中西部地区的地域特色
2）北京到家尝北京菜（西坝河店）室内设计，展现出浓郁的地方文化意蕴与艺术效果

而作为一种文化的建筑室内设计，必须会同其他文化一样有着回归、反弹现象的出现，这就是建筑室内设计的本土化，也是世界文化发展的一种必然结果。

2.4.5 多元化设计

未来建筑室内设计将呈现多元发展的趋势，随着多元文化并行发展时代的来临，未来建筑室内设计从观念到手法都出现了多元化、多层次、多角度的交融，并影响到建筑室内设计风格流派多元发展的趋势。其中，建筑室内设计中的古典样式会继续受到相当一部分人的喜爱，因材料工艺不同于古代，这种风格样式会明显地简化和抽象化；后现代主义流派还会不断出现新的支流，超级平面美术会利用它的色彩绘饰手法，大量用于旧场所的改造，并与其他造型艺术品结合而增加它的人情味；绿色派必将发展形成设计流派中的主流，发展过程还会派生出支流，去发展深化建筑室内的绿色设计。而新现代主义重视功能，强调理性的合理成分以及对建筑室内设计的多元化改良、发展和完善，均将推动其多元化设计新局面和新趋势的不断出现。

此外，时尚也将对未来建筑室内设计的多元发展起到重要的推动作用。就建筑室内设计而言，时尚不仅仅意味着满足人们猎奇的需要，更意味着创新。为此，未来的建筑室内设计应把握时尚的价值体系和发展脉搏，以通过想象力和创造力来引导消费者和时尚的消费市场。当然，建筑室内设计绝不仅仅是为了制造一个可供使用的商品而已，而是为了使人们能够不断地感受到时尚的魅力（图2-45）。

图 2-45　建筑室内设计发展的多元化趋势
1）香港海港大厦建筑的室内设计　2）台北公信电子公司总部接待大厅入口的室内设计
3）深圳高交会室内展示空间设计　4）加拿大蒙特利尔会展中心建筑的室内设计

2.4.6　设计领域的拓展

　　从室内设计涉及的范畴来看，室内设计是一项综合性的人为环境设计，它包括建筑、车辆、船舶、飞机等内部的空间设计，是一种以技术为功能基础，运用艺术进行形式表现来为人们的生活与工作创造良好的建筑室内环境而采用的理性创造活动。为此，在未来室内设计的发展中，其室内设计的领域应从建筑室内设计的各个方面继续向交通工具等的内部空间设计方面拓展，以使未来室内设计涉及的范畴更加广泛，人们能够在不同的内部空间体验到设计为其带来的舒适、快乐，以及视觉的感受和设计的魅力（图 2-46）。

　　法国室内设计师考伦说："当今很难说室内设计有一个什么定则，因为在人们需求日益多样化、个性化的今天，再好的东西也会过时。新的风格不断出现并被人们所接受，这就使得今天的室内设计作品多姿多彩，千变万化。" 由此可见，未来的建筑室内设计还是以人为主的设计，而设计的多元化发展就是更民主、更自由、更开放、更重视人性尊严和情感诉求的设计，这就是未来建筑室内设计发展的方向。

图 2-46　随着国家加快对交通运输等基础产业的大力投入，大飞机、游轮、航母、神舟飞船、轿跑车、动车组、磁悬浮列车、电动汽车、电瓶旅行车等许多新的交通工具出现在人们的视野，其内部环境设计将呼唤更多有才华的设计师投入其中的创新探索

第 3 章　建筑室内环境设计的艺术原理

建筑室内环境设计的艺术原理，主要包括建筑室内环境设计的美学法则、室内空间、色彩、照明、陈设、绿化与视觉识别设计等方面的内容。它们是现代建筑室内环境设计最基本的设计构成要素，也是设计师们进行建筑室内环境设计工程实践必须把握的最重要的设计艺术语言，同时它们还是使建筑室内空间环境实现舒适化、科学化及艺术化的主要设计艺术处理方法，因此也是建筑室内环境设计学习过程中最主要的学习内容。

从建筑室内环境设计的美学法则来看，其美学法则即指创造室内美感形式的基本法则。从本质上来说，艺术原理乃是许多美学家长期对于自然的和人为的美感现象加以分析和归纳而获得的共同结论，它足以作为解释和创造美感形式的主要依据。

从表现媒介的角度来看，建筑室内美学形式乃是通过空间、造型、色彩、光线和材质等要素的完美组织所共同创造的一个整体。显然这个富于表现性的整体，除了必须合乎生活机能的要求以外，则主要以追求审美价值为最高目标。然而，由于审美的标准含有浓厚的主观性，所以只能充分把握共同的视觉条件和心理因素，才足以衡量相对客观的审美价值，并能以此创造引人入胜的空间艺术效果（图 3-1）。

图 3-1　建筑室内形式美学法则虽然不是一种放之四海而皆准的规律，但由于它具备了形式美学法则的共同要素，故能以此创造引人入胜的空间艺术效果

按照建筑室内环境设计的具体需要，从形式美学法则的构成来看，其法则主要包括比例与尺度、主从与重点、对称与均衡、统一与变化、和谐与对比，以及比拟与联想、强调与微差、图案与装饰、反复与渐层等内容，它们均能表达出寓意深刻、耐人寻味的

形式美感效果，是建筑室内环境设计的基础语言。从其表面上来看，所有形式原理皆具有各自的特性和不同的作用，但在实际应用上却是相互关联而共同为用的。建筑室内环境形式乃是一个不可分割的整体，形式原理的应用必须注重建筑室内环境设计整体性的完美把握与表现，从而为其设计创造更加完美的形式美感效果来。

3.1　室内环境的空间处理

在建筑室内环境设计中，空间是主体，其建筑造型是依附于空间而存在的，因此空间是最主要的设计内容之一。建筑室内环境以空间容纳人、组织人，以空间感染人、影响人，所有这些都说明空间是建筑室内环境设计的本质所在。这样说当然包含着两个层面的意思，其一是说建筑室内的空间设计要对其内部空间的整体关系进行组织与安排；其二

埏埴以为器，
当其无，有器之用，
凿户牖以为室，
当其无，有室之用。

图 3-2　建筑室内空间的意义

是说建筑室内的空间设计还要对单一的内部个体空间进行具体组织与安排（图 3-2）。正是这样，我们认为建筑室内的空间设计的好坏将对整个建筑室内环境设计产生至关重要及决定性的作用。

3.1.1　建筑室内空间的意义与类型

1. 建筑室内空间的意义

建筑室内空间即指一切建筑物的内部空间，它是由地面、建筑构件、家具、设备和绿化等所限定出来的。而地面与建筑构件等构成了建筑空间的各个界面，其中地面、楼面等称之为底界面，墙与隔断等称之为侧界面，顶棚等称之为顶界面。通常人们把只有底界面与侧界面两个限定要素所限定的空间范围称之为外部空间，如我们在城市中见到的广场、庭院等；把有着底界面、侧界面与顶界面三个限定要素所限定的房屋建筑空间范围称之为内部空间，如我们见到的各种建筑物的内部均属于此。而介于这两者之间的空间限定形式，则称之为中介空间。

建筑室内空间，即或是在一个不大的空间范围之内，也有着实际的空间分区，比如居住建筑室内空间就有居住区、家务区、通道区、储藏区与活动区等空间的划分；图书馆的阅览厅内也有通道区、阅读区、活动区及更为宁静的为少数读者使用的阅读小区的空间划分；这些都是建筑室内环境设计中应该考虑的问题（图 3-3）。

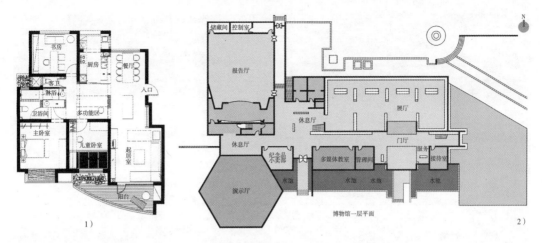

图 3-3　建筑室内空间的分区
1）居住建筑室内空间的分区　2）公共建筑室内空间的分区

而建筑室内空间应层次分明，要合乎逻辑序列。空间的划分犹如音乐的乐章，应高潮与低潮相互交替，抑扬与顿挫韵律相对，并且还需开放闭合有度，大小对比适宜才能顺理成章，以使空间处理符合功能上的需要，从而形成一组既统一又有特点的空间。只有这样，才可能使现代人获得生存与生活所需要的空间环境。

2. 建筑室内空间的类型

建筑室内空间的类型是由建筑物体的各个界面的围合与开口方式、空间的导向及限定手法等确定出来的。而不同的建筑室内空间类型，即有着不同的分类方法，其中：

（1）按内部空间形成分

建筑室内空间主要可分为固定与可变空间两大类，即：

固定空间是指地面或楼面、墙与顶面围合而成的空间，它是在建造主体工程时形式的，故又称之为第一次空间。

可变空间是指在固定空间以内，用隔墙、隔断、家具、设备等对其空间进行再划分，重新形成的新空间。它是在固定空间形成后用其他手段获得的，故又称之为第二次空间。

（2）按建筑室内空间形式分

建筑室内空间主要可分为多种类型（图 3-4），即：

结构空间是指通过对结构外露部分的观赏来领悟其结构构思及营造技艺所形成的美的空间环境。诸如香港的汇丰银行与法国巴黎的蓬皮杜国家艺术文化中心均属于这种空间形式的代表之作。

开敞空间是指建筑内部空间中限定度小、私密性差与外向性的美的空间环境。诸如北京香山饭店中主楼与裙房中的连廊、日本雾岛国际音乐厅的休息空间等，均属于开敞空间在建筑室内环境设计中的应用范例。

封闭空间是指建筑内部空间中限定度大、私密性强与内向性的美的空间环境。诸如人们居住的卧室、酒店中的卡拉 OK 包房及博物馆的展品陈列厅等，就要求有很强的领域感及安全感，它们也是封闭空间在建筑室内环境中的应用实例。

图 3-4　建筑室内空间的类型
1）结构空间　2）开敞空间　3）封闭空间　4）虚拟空间

　　虚拟空间是指在建筑内部空间中没有进行明显的隔离分割，也缺乏较强的限定度，只是依靠联想和"视觉上的完形性"来划定的美的空间环境。如香港富豪机场酒店室内大堂，利用地面材质的不同处理手法，就使虽处于同一平面上的交通与休息两个空间在功能上有了一个虚拟的分割，这也是虚拟空间在建筑室内环境设计中的实际运用。

　　此外，还有动态空间、静态空间、流动空间、共享空间、母子空间、不定空间、交错空间、凹入空间、外凸空间、下沉空间、迷幻空间、地台空间、悬浮空间等建筑室内空间形式，它们均需设计师们在具体工程设计实践中，依据其需要灵活地应用与创造。

3.1.2　建筑室内空间的动线与序列

1.建筑室内空间的动线

　　所谓建筑室内空间的动线就是各个空间之间的联系路线，在建筑室内空间中具有很重要的地位。其意义表现在两个方面，其一是具有实际应用方面的意义；其二是具有视觉心理方面的意义。

　　从建筑室内动线的实用性来看，主要是要求动线要通顺、畅达、直接而不迂回。流动方向要清晰明确，易于识别。动线的安排应尽量做到单纯而不交叉，并能做到互不干扰。当需要穿越空间的时候则应该尽量做到合理、简捷、清楚与明确。由此可见，在建筑室内环境空间中，空间动线处理的好坏，将直接影响到空间的完整性，而且还影响着人们在内部空间活动的效率。

而建筑室内空间与动线的关系，主要有三种表现的形式，即到达、穿越与经过（图 3-5）。

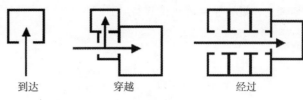

到达或进入某一空间，不再继续前往，例如回到自己的卧室或到餐厅吃饭。

图 3-5　建筑室内空间与动线的关系

穿越某一空间，例如穿越客厅或餐厅。

经过某一空间，例如经过父母及兄妹的房间等。其中：

到达——即有直接、间接及迂回绕行几种形式。

穿越——即有单边、对角及交叉几种形式。

经过——则要单一得多。

在上面三种动线形式中，对于穿越空间应特别注意。所谓穿越空间，就是指当我们从甲空间进入丙空间时，必须穿越乙空间的情况。由于穿越空间的性质不同又可分为积极穿越与消极穿越。假如乙空间是属于进入和参与性的过渡空间形式的话，那么这种穿越就属于积极穿越，它不会破坏整体空间的完整性；假如我们从甲空间经过乙空间进入丙空间是被动的，不穿过它不行，否则就无法进入丙空间时，乙空间就成了阻碍空间，这种情况就属消极穿越，它的动线则破坏了空间的整体效果。

在建筑室内环境中，动线的设计常常就客观地决定了人们对室内空间的观赏次序，而不同的观赏次序对人视觉心理上即会产生出种种不同的反映。特别是对纵深方向发展的系列空间，这种反映就更加明显了。此外，进入空间时还要求有良好的准确性，就是人在进入空间时其整个过程是先看到主要空间的一半左右，然后顺应视觉心理自然地正对活动中心。另外在动线设计上，还要注意观赏的整体效果，并尽力做到有主有从，层次分明而又清楚，切不可方向多变。若动线复杂以致造成人们观看时出现左顾右盼、应接不暇的感觉，那这个空间在动线设计上肯定就是失败的了。

2. 建筑室内空间的序列

空间的序列是指空间环境的先后活动的顺序关系，是建筑室内环境设计功能给予合理组织的空间组合，也是建筑室内各个空间之间有着特定的关系、顺序、流线和方向的联系。人们在生活中的各种活动过程都是有一定规律性的（行为模式）。例如去美术馆参观展览，先要了解展览的广告，进而去购票，然后进入美术馆展厅观看展览作品，参观后在休息厅休息或做其他活动（买纪念品、上卫生间等），最后由出口离开美术馆，参观展览这个活动就基本结束了。而建筑室内环境空间设计一般也就按这样的序列来安排，即：广告宣传→售票间→门厅→展览大厅→休息厅（纪念品商店、卫生间）→出口，这就是空间序列设计的客观依据。

空间的序列犹如音乐的乐章、序曲、高潮、结尾、高潮与低潮交融相衬，抑扬顿挫，分明有致，以使整个空间设计顺理成章，在满足建筑室内环境设计功能的同时，能让人感受到方便、适宜和轻松。诸如火车站的建筑内外环境空间设计就在考虑其功能特点的基础上，进行空间序列的设计（图 3-6）。

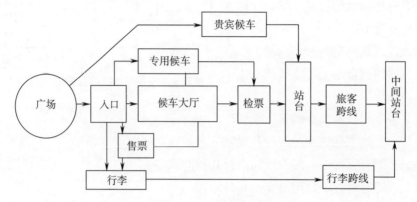

图 3-6　火车站的功能安排及空间序列

（1）建筑室内空间序列的全过程

1）起始阶段——为序列的开端，一般说来，具有足够的吸引力是起始阶段考虑的主要内容。

2）过渡阶段——为序列的承接，高潮阶段的前奏。具有引导、启示、酝酿与期待的作用，在序列中，起到承前启后、继往开来的功能，是序列中关键的一环。

3）高潮阶段——为序列的中心，是序列的精华和目的所在，也是序列艺术的最高体现。其设计的关键在于满足人们的期待心理，从而激发人们的情绪达到顶峰。

4）终结阶段——为序列的回复，是序列由高潮回到平静，以恢复正常状态。而良好的结束又似余音缭绕，有利于对高潮的追思和联想，耐人回味。

（2）建筑室内空间序列的要求

性质不同的建筑室内环境有着不同的空间序列布局要求，而不同的空间序列艺术手法又有着不同的序列设计章法。因此，在现实丰富多样的活动内容中，空间序列设计绝不会是完全像上述序列那样一个模式，突破常例有时反而能获得意想不到的效果。通常说来，影响室内空间序列的要求包括以下几个因素，即：

1）长短序列的选择

长序列——高潮阶段出现愈晚，层次须增多；时空效应对于人的心理影响必然更深刻。因此，长序列的设计能强调高潮的重要性、宏伟性、高贵性。例如北京故宫建筑群、中华世纪坛纪念广场与北京奥林匹克公园中心景区环境空间等。

短序列——强调效率、速度、节约时间、一目了然。如各种交通客站，其室内布置应一目了然，层次愈少愈好，通过的时间愈短愈好，迂回曲折的出入口会造成心理紧张。例如北京西站建筑室内环境空间等。

2）序列布局类型选择

空间序列布局的类型一般可分为对称式和不对称式、规则式和自由式等形式。而空间序列的线路一般可分为直线式、曲线式、循环式、迂回式、盘旋式、立交式等。

　　我国传统宫廷寺庙以规则式和曲线式居多，而园林别墅以自由式和迂回曲折式居多，这对建筑性质的表达很有作用。现代许多规模宏大的集合式空间，丰富的空间层次，以循环往复式和立交式的序列线路居多，这与方便功能联系、创造丰富的室内空间艺术景观效果有很大的关系。

　　3）高潮的选择

　　能反映建筑室内环境性质特征的主体空间，通常是高潮的所在。由于建筑室内环境的规模与性质不同，高潮出现的次数、位置也不一样。多功能、综合性的大型建筑室内环境，往往具有多中心、多高潮的可能，并有主从之分，主要中心和高潮的位置一般偏中后。以吸引、招揽顾客为目的的公共建筑，如旅馆、商场等，高潮宜安排在入口和建筑中心位置，形成短序列，以短时间显示建筑室内环境的规模、标准、舒适程度，易造成新奇感与惊叹感。

　　由此可见，不论采取何种不同的序列章法，总是和建筑的目的性相一致，也只有建立在客观需要基础上的空间序列艺术，才能显示其强大的生命力。

　　4）空间序列的设计手法

　　良好的空间序列设计，宛如一部完整无缺的乐章，有主题、有起伏、有高潮、有结束（图 3-7）。

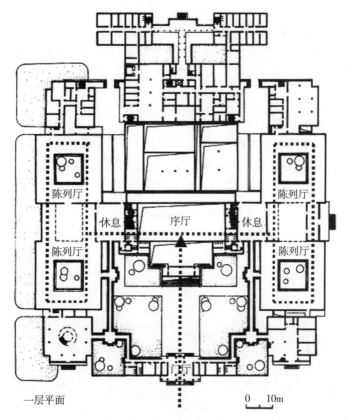

图 3-7　陕西历史博物馆的空间序列设计

①空间的导向性——是指导人们行动方向的建筑处理手法。通常良好的交通路线设计，不需指路标和文字说明牌，而且是用建筑特有的语言传递信息与人对话。可使用许多连续排列的物件，例如：列柱、连续的柜台、灯具、绿化组合等，引起人们的注意而不自觉地跟随着行动。也可利用带方向性的色彩、线条，结合地面顶棚等装饰处理，暗示或强调人们行动的方向。

②空间视觉中心——是指在一定范围内引起人们注意的目的物称之为空间的视觉中心。视觉中心通常以具有强烈装饰趣味的物件做标志。它既有欣赏价值，又能在空间上起到一定的注视和引导作用。一般多设在交通的入口处、转折点和容易迷失方向的关键部位。可配合色彩照明加以强化，更突出重点。

③空间构图的对比与统一——空间序列的全过程，就是一系列相互联系空间的过渡。不同序列阶段，其大小、形状、方向、明暗、色彩等空间处理手法各不相同，以创造不同的空间气氛。但这些序列空间又彼此联系，前后衔接，形成有章法的统一体。根据总的空间序列格局安排，前一空间应为后一空间做准备。高潮阶段出现前的过渡形式应有所区别，但本质上应强调共性和统一。紧接高潮前准备的过渡空间，应用对比手法，例如先抑后扬、欲明先暗、先收后放，以强调、突出高潮的到来。

3.1.3　建筑室内空间的分隔与联系

1.建筑室内空间的分隔

在进行建筑室内环境设计时，首先需做的就是对空间进行组合，这是内部空间设计的基础。由于空间各个组成部分之间的关系主要是通过分隔的方式来体现的，而要用什么方式来分隔，则要根据建筑内部空间的特点及功能的需求，又要考虑其艺术的特点及心理上的要求来展开。

（1）建筑室内空间的分隔方式

分隔方式是建筑室内环境空间设计的主要内容，其形式包括：

1）绝对分隔——是指主要用承重墙、到顶的轻体隔墙等限定度（隔离视线、声音、温湿度等的程度）高的实体界面分隔空间，其空间则有非常明确的分隔界限，且是完全封闭的。其特点为：隔音良好，视线被完全阻隔或具有灵活控制视线遮挡的性能。虽然与周围环境的流动性很差，但却可保证安静、秘密和具有全面抗干扰的能力，例如在教学建筑室内空间，为了方便不同教学管理工作的展开，常在建筑室内空间采用绝对分隔的方式设置不同的教学管理空间。

2）局部分隔——是指主要用片断的面（屏风、翼墙、不到顶的隔墙与较高的家具等）划分空间，其空间界限不是非常明显。它的特点介于绝对分隔与象征分隔之间，手法主要可用一字形垂面、L形垂直面、U形垂直面及平行垂直面来对空间进行划分。比如一些商业建筑室内环境中的餐饮空间，常采用局部分隔的手法在其内分隔出一个相对完整的经营空间来，这个空间常常与整个商业建筑室内环境既有分隔又有联系，成为人们购物之余休息、进餐与交谈的空间环境。

　　3）象征分隔——是指主要用片断、低矮的面、罩、栏杆、花格、构架、玻璃等通透的隔断，以及用家具、绿化、水体、色彩、材质、光线、高差、悬垂物、音响、气味等因素分隔的空间。这种分隔手法隔而不断，空间界面模糊，主要通过人们的联想和视觉完形性而感知。例如在商业建筑营销空间，其卖场内的经营专柜常在地面采用不同的材质来区分其空间营销范围，这种分隔方式几乎可以说毫无阻隔作用，只是从心理上对空间进行了划分，并形成一定的领域感。

　　4）弹性分隔——是指主要用拼装式、直滑式、折叠式、升降式等隔断和帘幕、家具、陈设等分隔空间，使用时可根据需求进行调整，以形成灵活的使用空间形式。其特点为可依需要随时启闭与移动，空间也就能随之出现有分有合、有大有小了。例如宾馆饭店的多功能厅在举办会议时，即可在召开全会时在多功能厅全部摆满参会人员的桌椅。也可在分组会议时，用多功能厅的折叠直滑式屏风将其分为若干个小的报告厅，到开全会时又可收回屏风使空间还原。这种弹性空间的处理手法，使用起来非常灵活，故在许多会议厅、中西餐厅与娱乐空间中广泛应用。

　　（2）建筑室内空间的分隔手法

　　建筑室内环境空间的分隔手法很多，归纳起来看主要有以下几点，即：

　　1）用建筑结构进行空间分隔——如利用内部空间中的园拱结构、阁楼层板、钢框网架、承重柱子与屋中楼梯分隔空间就属于这种手法。

　　2）用各种隔断进行空间分隔——如利用开有孔洞的隔墙、比较矮的隔墙及由顶棚与地面张拉的垂直线组成轻盈通透等手段对内部空间进行分隔即属于此类。

　　3）用色彩与材质进行空间分隔——如利用鲜艳的地毯、装饰图形与相异的材料组合在一起即可产生空间上的分隔感受来。

　　4）用水平面高差进行空间分隔——如在住宅建筑室内就可用较大的高差划分出起居与就餐空间就是这种处理手法。

　　5）用家具与装饰构架进行空间分隔——如用带隔板的写字台、用圆形座凳围合及在空间中设置一个柱廊式的休息区等都是获得空间分隔的处理手法。

　　6）用水体与绿化进行空间分隔——如在公共建筑室内共享空间中，就常用水体分隔钢琴演奏台与餐饮空间，并利用各种室内植物进行空间上的围合即属于这种处理手法。

　　7）用灯光照明进行空间分隔——如在住宅建筑室内环境中采用的不同形状和色彩的光柱、光带、光檐与各种开头的灯饰、灯帘来分隔空间。

　　8）用陈设及装饰造型进行空间分隔——如采用植物陈设花架、悬挂装饰织物、摆放各种装饰雕塑及怪异新奇的造型物体与书画摄影作品来分隔空间。

　　最后还可综合运用上述各种手法来进行空间的分隔，并且在实际工程设计中结合具体的设计对象进行设计处理，定会创造一个个令人倍感亲切、丰富多彩的空间环境来（图3-8）。

　　2. 建筑室内空间的联系

　　建筑室内空间并非孤立地存在，空间与空间之间应有一定的联系，特别是近邻空间。

正因为空间之间的相互衬托、相互利用、相互沟通，才使室内空间显得丰富多彩、变化莫测。常见的室内空间联系的方式有以下几种，即：

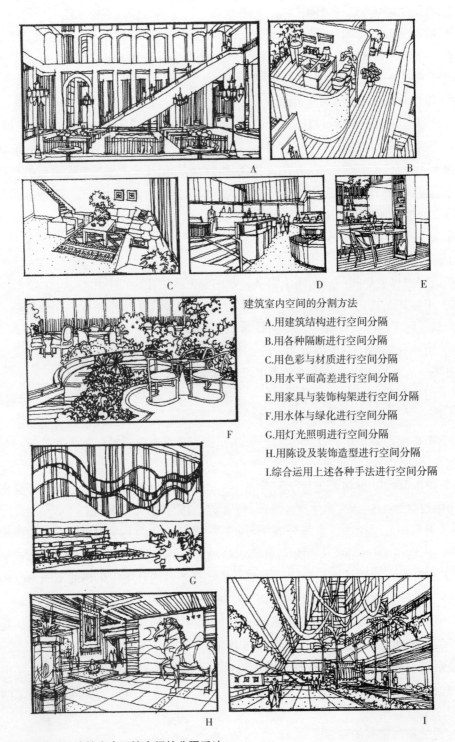

建筑室内空间的分割方法

A.用建筑结构进行空间分隔

B.用各种隔断进行空间分隔

C.用色彩与材质进行空间分隔

D.用水平面高差进行空间分隔

E.用家具与装饰构架进行空间分隔

F.用水体与绿化进行空间分隔

G.用灯光照明进行空间分隔

H.用陈设及装饰造型进行空间分隔

I.综合运用上述各种手法进行空间分隔

图 3-8　建筑室内环境空间的分隔手法

（1）利用空间相邻

相邻空间是空间关系中最常见的组合形式，其空间的划分形式有实隔和虚隔之分。实隔一般多为墙体，或固定或活动；虚隔常有半虚半实、以实为主，实中有虚或以虚为主，虚中有实。可利用列柱、家具和陈设来分隔空间，也可利用天棚、地坪和高低变化来限定空间，甚至还可用色彩、材料质地的不同来区分不同的相邻空间（图3-9）。

图 3-9　某酒店利用入口布置相邻的休闲空间环境

（2）利用空间穿插

穿插空间是指由两个相互穿插叠合的空间所形成的一种空间形式，当两个空间重叠时，将产生一个公共的空间。相互穿插的两个空间的体量可以各不相同，形式各异，穿插方式也可多种多样，关键是经过空间穿插之后不同空间仍保持各自的界限和完整性（图3-10）。

在建筑室内空间设计中，空间的穿插大体上可归纳为下列三种形式：

1）两空间的穿插部分为两空间共同所有，你中有我，我中有你。两者界限模糊，使两个空间关系密切。

2）两空间的穿插部分为其中一空间所有，或为该整体空间中的一个部分。另一空间的剩下部分仍保持原有空间形状。

图 3-10　香港又一城购物中心利用中间环廊进行上下交通空间的穿插安排

3）两空间穿插后，穿插部分自成一体，形成另一连续空间。这一空间也可作为一个空间过渡到另一个空间的过渡空间，这是常用的一种空间处理手法。

（3）利用空间过渡

过渡空间是指在两个空间之间插入一个缓冲空间来连接空间的组织关系，它的主要功能是对被连接的空间起引导、缓冲和过渡作用（图3-11）。空间的过渡处理手法包括：

图 3-11　香港中国银行室内大堂上下两层的过渡空间，使上下两个入口的高差通过过渡空间的转换取得了协调

1）过渡空间的形式可与被联系的空间完全不同，以示它的存在与作用。

2）过渡空间也可与被联系的空间在尺寸、形式上完全一样，以形成一种空间的线型序列。

3）过渡空间还可以采用直线式，以联系两个相隔空间或者一个连贯空间。

4）如果过渡空间较大，它就可以成为这种空间关系的主导，并具有将一些空间组织在其周围的能力。

5）过渡空间的具体形式和方位可根据不同的功能需求及空间组织进行合理的配置。

6）过渡空间的设置不可过于机械生硬，通常可将一些辅助用房或楼梯间、厕所等与过渡空间巧妙地组合在一起进行设计处理。

此外，过渡空间的设置必须视具体情况而定，并不是两个大空间之间都必须插入一个过渡空间，过渡空间设置不当也会造成浪费，而且还会使人感到烦琐和累赘。

3.1.4 建筑室内空间的延伸与利用

1.建筑室内空间的延伸

建筑室内空间的某些部分可以延伸到室外，同时也可将建筑室外空间的某些部分延伸至室内，以形成建筑内外空间的相互交融与渗透，从而使空间得到充分的扩展，同时还可增强室内空间环境的表现效果。

在建筑室内环境设计中，可采用中国园林中借景的手法，即通过恰当布置建筑中的一切"开敞空间"，包括门窗、洞口、空廊等，可有计划、有组织地把建筑外部的远近景色摄取过来，以达到建筑内外空间的相互渗透的处理效果，通常采用连续景廊、旋转景廊等处理手法。

另还可将建筑外部的庭园设计手法引入室内中庭空间，使建筑外部环境与室内空间紧密联系，这也是近年来建筑室内空间中向外部延伸常用的处理方法。

2.建筑室内空间的利用

建筑室内空间的利用，主要是对大量的居住建筑而言的，这是因为公共建筑中的空间利用问题建筑师在设计建筑时均已做了宏观上的考虑与安排，当然也不排出许多还需室内设计师更进一步考虑的问题。建筑室内空间利用的方法主要有以下三种，即：

加层——就是在较高的建筑内部对空间再进行水平分割，使原来是一层的大空间中增加一个夹层。其加层的条件是被夹层分割的上下两个空间要符合室内空间中的合理尺度关系，否则是会对建筑室内空间效果产生巨大影响的。

阁楼——这里说到的阁楼与通常利用屋顶空间形成的真正阁楼是有区别的，但其处理手法与其相似。诸如上海里弄住宅建筑中所搭建的种种阁楼，就为住房面积紧张的住户增加了空间的使用面积。

隔断——是指在建筑室内空间环境设计中所做的竖向垂直分割，其特点在于能把单一功能空间分隔出具有多种使用功能的空间来，这种形式在建筑室内环境设计中是最常用的。然而分隔空间的处理手法是多种多样的，设计师在设计实践中可针对具体的对象进行不同的空间利用处理。

3.2　室内环境的色彩组配

在建筑室内环境设计中，色彩是一个相当强烈而迅速地影响着人们视觉感觉的设计要素，它不仅是创造视觉的主要媒介，而且具有实际的功能作用。即色彩一方面可以表现出美感效果，另一方面还可以加强环境效果，具有美学和实用的功效。

3.2.1　建筑室内环境色彩的意义与作用

1. 建筑室内环境色彩的意义

在建筑室内环境设计中，色彩占有重要的地位。首先建筑内部空间是否富丽堂皇、艳丽多彩或简洁纯朴、淡雅清新，这不仅与其家具、陈设的多少与款式有关，而且还与墙面、地面与顶面的色彩，以及家具、陈设、织物与灯光的色彩相关。其次建筑室内设计涉及空间处理、家具设备、照明灯具等各个层面的设计内容，最终都要以形态和色彩的具体设计而为人们所感知（图 3-12）。然而形态再好，若没有好的色彩来表现也难以给人们有美的感受；反之，空间形式、家具与设备的某些欠缺却可通过色彩的处理来弥补及掩盖。此外，色彩还能影响人们在室内空间环境中的情绪，不同的色彩调子可以产生出不同的色彩效果来。

图 3-12　在建筑室内环境中，色彩设计占有重要的地位。建筑内部空间是否富丽堂皇、艳丽多彩或简洁纯朴、淡雅清新均与色彩密切相关，是室内环境中最为重要的设计要素之一

2. 建筑室内环境色彩的作用

色彩组配对于提高建筑室内设计的视觉感受，创造一个良好的内部空间环境具有多个方面的作用，即：

（1）物理作用

物体总是处于一定的环境之中，物体色彩的冷暖、远近、大小和轻重感，不仅是由于物体本身对光的吸收与反射作用的结果，而且是物体之间相互作用关系所造成的，这种关系必然影响着人们的视觉效果，使物体的大小、形状等在感觉中发生变化，这种变化若用物理单位来表示，即称之为色彩的物理作用。诸如色彩给人们带来的温度感、重量感、体量感与距离感等视觉上的感受，就是物理作用在设计实践中的具体显现。

（2）心理作用

色彩的心理作用主要表现在两个方面，即悦目性与情感性。它们可以给人以美感，能影响人们的情趣，引起联想，乃至具有象征作用。其中前者主要表现在不同年龄、性别、民族、职业的人，对于色彩悦目性的挑选就不相同，一般年轻人喜爱悦目色，中老年人相反；女性喜用悦目色，男性次之；少数民族喜用悦目色，汉族次之等。而后者主要表现在色彩能给人们以联想，并且随着人们的年龄、性别、文化程度、社会经历、美学修养的不同，对色彩所引起的联想也是各不相同的。

（3）生理作用

色彩的生理作用主要在于对视觉本身的影响。我们知道人眼对光线的明暗有一个适应的过程，这个过程即称之为视觉的适应性。而视觉器官对于颜色也有一个适应的问题，这种由于颜色的刺激所引起的视觉变化则称为色适应。色适应的原理经常被用于建筑室内色彩设计中，一般做法是把器物色彩的补色作背景色，以消除视觉干扰，减少视觉疲劳，以使视觉器官从背景色中得到平衡和休息。如在外科手术室中使用淡绿、淡青的色彩，就是为消除医生长时间注视血液的红色而产生的疲劳所采用的改善办法。另外色彩的生理作用还表现为对人的脉搏、心率、血压等均具有明显的影响。故许多科学家经研究都认为，正确地运用色彩将有利于健康，这在内部空间色彩设计中也就显得非常重要了。

（4）标志作用

色彩的标志作用主要体现在这样几个方面，它们分别为：

安全标志即为防止灾害和建立急救体制而使用，虽国际上尚无统一规定，但各国都有一些习惯的做法。

管道识别，即在建筑室内环境设计中，将不同的色彩涂饰到不同的管道上，将有助于管道与设备的使用、维修和管理工作的展开。

空间导向，即在建筑内部大厅、走廊及楼梯间等场所沿人流活动的方向铺设色彩鲜艳的地毯、设计方向性强的彩色地面，即可提高交通线路的明晰性，更加明确地反映出各空间之间的关系来。

空间识别，即在高层建筑中，可用不同的色彩装饰楼梯间及过厅、走廊的地面，使人们易识别楼房的层数；在商业建筑营业空间中则可用不同的色彩来显示各种营业区域等。

（5）调节作用

室内色彩在建筑室内环境设计中的调节作用，主要表现在对空间与光线两个方面的调节上，所用手法可综合前面提到的各种办法。其调节的目的就在于能使人们在内部空间中获得安全、舒适与美的享受；从而有效地利用光照，使人易于看清，并减轻眼睛的疲劳，提高人们的注意力；最后还能提高工作的效率，为内部空间创造出更加整洁的环境场所来。

3.2.2　建筑室内环境色彩设计的原则与方法

1. 建筑室内环境色彩设计的原则

进行建筑室内环境色彩设计的原则主要包括这样几个方面的内容，即：

（1）充分考虑建筑室内环境色彩的功能要求

由于色彩具有明显的生理与心理效果，能直接影响到人们的生活、生产、工作与学习，因此在进行内部空间色彩设计时，应首先考虑功能上的影响，并力争体现与功能相应的性格和特点来（图3-13）。具体地说在设计上应从这样几点入手：首先要认真分析空间的性质和用途，并且还要处理好整个内部环境的色彩关系；其次要认真分析人们感知色彩的过程，以便能给人们带来一个具有审美感受的内部空间环境来；再者还要注意适应生产、生活方式的改变，而且色彩设计还应更加科学化与艺术化，在处理手法上应显得更加轻松与自然。

图 3-13　充分考虑建筑室内环境色彩的功能要求

1）办公建筑室内环境的色彩设计效果　2）商业建筑室内儿童用品营销环境的色彩设计效果

（2）色彩设计要力求符合构图原则

建筑室内环境色彩的配置必须符合形式美学法则，正确处理与协调好对比与和谐、主景与背景及基调与点缀等色彩之间的关系（图3-14），具体设计任务包括：

1）定好基调——色彩基调很像是乐曲中的主旋律，它是由画面中最大、人们注视得最多的色块决定的。一般地说，地面、墙面、顶面、大的窗帘、床罩与台布的色彩都能构成建筑室内色彩的基调。

2）处理好统一与变化的关系——从

图 3-14　建筑室内环境色彩设计要力求符合空间构图的需要

整体上看，墙面、地面、顶面等可以成为家具、陈设与人物的背景，从局部看，台布、沙发又可能成为插花、靠垫的背景。因此，在进行设计时，一定要弄清它们之间的关系，使所有的色彩部件都能构成一个层次清楚、主次分明、彼此衬托的有机体。

3）注意体现稳定感与平衡感——建筑室内色彩在一般情况下应该是沉着的，低明度与低纯度的色彩以及无彩色系列就具有这样的特征。如上轻下重的色彩关系就具有稳定感，也就容易产生平衡的因素，因此在设计中要把握好这样一些设计基本语言的准确运用。

4）注意体现韵律感与节奏感——建筑室内色彩的起伏变化要有规律性，以形成韵律和节奏。为此在设计中要恰当地处理门窗与墙、柱、窗帘及周围部件的色彩关系，有规律地布置餐桌、沙发、灯具、音响设备，有规律地运用装饰书、画等，即能产生韵律感与节奏感。

（3）色彩设计要与建筑材料密切结合

研究色彩效果与材料的关系主要是要解决好两个问题，其一是色彩能用不同质感的材料，将不同的色彩效果展现出来；其二是如何充分运用材料的本色，使建筑室内色彩更加自然、清新和丰富（图3-15）。

（4）色彩设计应努力改善其空间效果

建筑室内空间形式与色彩关系是相辅相成的。一方面由于空间形式是先于色彩设计而确定的，它是配色的基础；另一方面由于色彩具有一定的物理效果，又可以在一定程度上改变其空间形式的尺度与比例关系。色彩在改善空间效果方面的作用很大，这主要是靠色彩的物理与心理效果共同获取的（图3-16）。

图3-15　室内环境色彩设计要与建筑材料密切结合，否则其设计效果将无法实现

图3-16　建筑室内环境色彩设计应努力改善其空间效果，以便为人们营造一个耳目一新的室内空间环境

（5）色彩设计要考虑民族、地区与气候特点

建筑室内环境色彩对于不同的人种、民族来说，由于地理环境的不同，历史沿革不

同、文化传统不同，其审美要求也不尽相同，使用色彩的习惯往往也就存在着很大的差异。如朝鲜族喜欢轻盈、文静、明快的色彩，藏族则喜用浓重的对比色彩来装点服饰与建筑等。而气候条件对色彩设计也有着很大的制约作用。如我国南方多用较淡或偏冷的色调，在北方则多用偏暖的颜色。而在同一地区，不同朝向的室内色彩也应有区别。

2. 建筑室内环境色彩设计的方法

在进行建筑室内色彩设计时，其方法首先在于对室内环境设计对象进行充分的了解，并根据设计对象的特点，运用相关色彩知识进行环境色彩的设计，并注意色彩整体的统一与变化。最后还要进行适当地调整和修改，才能最终确定其室内环境色彩设计的效果。其设计步骤为：从整体到局部，从大面积到小面积，从美观要求较高的部位到美观要求不高的部位。而从色彩关系来看，首先要确定明度，然后再依次确定色相、纯度与对比度。

建筑室内环境色彩设计的步骤与工作内容见表 3-1。

表 3-1　建筑室内环境色彩设计的步骤与工作内容

	设计步骤	主要工作内容
1	前期准备	了解建筑的功能及使用者的要求
		绘制设计草图（透视图）
		准备各种材料样本及色彩图册等
2	初步设计	确定基调色和重点色
		确定部分配色（顺序：墙面→地面→天棚→家具→室内其他陈设）
		绘制色彩草图
3	调整与修改	分析与室内构造样式风格的协调性
		分析配色的协调性
		分析与色彩以外的属性的关系（如有无光泽、透明度、粗糙与细腻、底色花纹等）
		分析是否正确利用色彩效果（如温度感、距离感、重量感、体量感、色彩的性格、联想、感情效果、象征、偏爱等）
4	确定设计效果	绘制色彩效果图
5	配合施工现场	试做样板间，并进行校正和调整

3.2.3　建筑室内环境色彩设计的要求与计划

1. 建筑室内环境色彩设计的要求

建筑室内色彩设计的要求，主要包括室内环境空间的各个界面与家具、陈设等的配色关系，其中：

（1）室内墙面

墙面一般采用明亮的中间色，并根据房间的用途需要及方法确定色相、明度及用色的冷暖。如办公室可采用淡蓝色调，儿童卧室可采用粉红色调；北向的房间可采用偏暖色调，南向的房间可采用偏冷色调。

（2）室内地面

地面色采用墙面色同色系，可采用明度、纯度较低的色，以加强沉稳感，而且地面颜色深时较耐灰尘污渍，易清洗。另外，木本色地板也是常用的做法。

（3）室内顶面

顶面应采用高明度的色彩，给人以轻快、开敞的感觉，并且有利于室内的照明效果。在采用与墙面同一色系时，应高于墙面色的明度。

（4）室内家具

家具色作为室内主体色彩，应照顾到室内总的基调，另外还应根据家具的使用功能、使用者的身份、爱好等确定。

（5）室内陈设

室内陈设作为室内色彩的点缀，尽管面积较小，却起着重点及强调的作用，一般采用各种对比效果，如明度对比效果、色相对比效果、纯度对比效果等，而有时这种点缀色又可同室内色彩相呼应，形成丰富多彩的艺术效果。

建筑室内色彩虽然由许多细部色彩共同组织而成，但在表现上必须是一个相互和谐的完美整体。从色彩结构角度来说，建筑室内色彩主要可分为主体色彩、背景色彩与强调色彩三个主要部分。在实际应用时，还可以根据表现需要，将主体色彩和背景色彩从不同的位置和面积导出，使背景和主体色彩适度切换，并使建筑室内色彩产生更为灵活的视觉效果。

2. 建筑室内环境色彩设计的计划

建筑室内色彩设计的计划，包括同类色相、类似色彩与对比色彩三种，它们分别为：

（1）同类色相计划

所谓同类色相计划，是指根据建筑室内色彩的综合需要，选择一个适宜的同类色相，以统一整个室内的环境色彩效果，同时充分发挥其明度与纯度的变化，以取得统一中的微妙节奏。在需要时可适量加入无彩色的配合，以使整个色调显得明快（加白）、更为柔和（加灰）或较有深度（加黑）（图3-17）。

（2）类似色彩计划

所谓类似色彩计划，是指根据建筑室内色彩的综合需要，选择一组适宜的类似色彩，并灵活应用其纯度与明度的配合，使室内环境产生统一中富于变化的色彩效果。同时，必要时也可适度加入无彩色，使室内环境色彩的结构显得更清新（加白）、柔和（加灰）或厚重（加黑）（图3-18）。

（3）对比色彩计划

对比色彩计划包括单个补色计划与

图3-17　建筑室内空间环境同类色相色彩设计效果

双重补色计划（图 3-19），其中：

图 3-18　建筑室内空间环境类似色彩设计效果　　图 3-19　建筑室内空间环境对比色彩设计效果

　　1）单个补色计划是指根据室内环境综合需要，选择一组适宜的补色，充分利用其强烈的对比作用，并灵活运用其明度、彩度、色彩面积的调节，使之获得对比鲜明、色彩和谐的感觉。必要时，可以加入无彩色，使强烈的补色关系通过它的过渡作用取得分离或统一的效果。

　　2）双重补色计划是指根据室内环境的综合需要，选择两组在色环上直接相邻的补色，充分利用其复杂的对比和统一的作用，灵活运用其明度、彩度、色彩面积的调节，使其取得双重对比的和谐效果。必要时，同样可以加入无彩色，以增进色彩的统一感。这种色彩计划利于创造室内环境华丽的效果，但需要把握色彩结构，使其免于繁杂，以适于大型动态活动空间的设计应用。

3.3　室内环境采光与照明

　　建筑室内环境采光与照明的目的主要是为人们提供良好的光照条件，以获得最佳的视觉效果，并使建筑室内环境具有某种气氛与意境，直至增强建筑室内环境的美感与舒适感。正是如此，我们说采光及照明设计无疑也是现代建筑室内环境设计中极其重要的设计内容之一。

3.3.1　建筑室内环境采光与照明的意义

　　"光"对于人类来说是非常重要的，人们在白天可以充分地享受阳光带来的光明，在夜晚则可借助一定的星光、月光等自然光源为人们的活动服务，然而更多的人在很早就已经开始了对人工光源的利用，诸如我国古代"秉烛夜游"与"拙街光"等传说，就已说明了对蜡烛这种人工光源的利用。而当电力被广泛地利用以来，人类采光与照明的方式在功能上和艺术上都有了飞速的发展。时至今日，随着现代科技的巨大发展，"光"作为一种特殊的建筑室内环境设计构成要素，更是大大地扩展了其实用的范畴，尤其是随着当代建筑文化观念的更新，现代建筑室内环境的采光及照明设计，其意义已不仅仅是满足人们照明的需求，即具有实用性的功能，而且还更多地体现出其特有的文化性作用，即表现出独特的装饰意味、空间格调与文化内涵来（图 3-20）。

图 3-20　现代建筑室内环境的采光与照明，不仅能够满足人们的光照需要，即具有实用性功能，还更多地体现出其室内环境的文化性作用，即表现出独特的装饰意味、空间格调与文化内涵

1. 建筑室内环境采光与照明释义

建筑室内的光照即分为自然采光和人工照明两个部分，其中：

自然采光是指通过窗口获取建筑室外的光线，又称之为日光，而夜晚的月光和星光也属自然光范围。常见的自然采光形式包括有窗式采光、玻璃幕墙采光、玻璃顶棚采光与落地玻璃采光，在现代建筑室内环境中，随着大型钢化玻璃等工艺技术的进步，还有更多的自然采光形式不断地出现。

人工照明则是为创造利用人工光源在建筑内外不同场所创造出的良好可见度和舒适愉快的环境。人工照明不仅要满足其内外场所"亮度"上的要求，还要起到烘托环境、气氛的作用。建筑室内自然采光和人工照明两者的结合是未来照明设计发展的方向，也是绿色照明的特点之一。而绿色照明是指通过科学的照明设计，采用效率高、寿命长、安全和性能稳定的照明电器产品（电光源、灯用电器附件、灯具、配线器材以及调光控制设备和控光器件），充分利用天然光，改善提高人们工作、学习、生活条件和质量，从而创造一个高效、舒适、安全、经济、有益的环境并充分体现现代文明的照明方式，更是实现现代建筑内外空间环境光照文明的意义所在。

2. 建筑室内环境采光与照明的作用

伴随着当代建筑文化观念的更新，现代建筑室内环境的采光与照明设计，已不仅满足人们的照明需求，即具有实用功能；而且还更深地体现出所特有的文化作用，即表现出其独特的装饰意味、空间格调与文化内涵来（图 3-21）。它们分别为：

（1）组织空间

在一个大的空间内，照明方式、灯具种类不同的区域是各有其一定独立性的，若其照明的范围比较明确、界线比较清楚就可形成虚拟的空间分隔形式。

图 3-21　建筑室内环境采光与照明的作用
1）组织空间　2）改善空间　3）渲染气氛　4）体现特色

（2）改善空间

由于照明方式、灯具种类、光线强弱与光的颜色等均会明显地影响建筑室内空间的视觉感受，因此在直接照明时，灯光比较耀眼，容易给人以明亮、紧凑的感觉；在间接照明时，即灯光照射到顶、墙界面之后再反射回来，也容易使空间显得更加开阔。此外暖色的灯光可使建筑室内空间具有温暖感；冷色的灯光可使建筑室内空间具有凉爽感等。

（3）渲染气氛

这是因为灯具与灯光是有形有色的，所以可用它们来渲染内部空间环境的气氛，使之取得非常显著的效果。例如一盏盏水晶吊灯可以使门厅、客厅等显得十分富丽豪华；一排排整齐的日光灯可以使教室、会议室等显得分外简洁与大方；而舞厅中旋转变化的灯光则可使整个室内空间环境变得扑朔迷离等，可见其作用是多么显著。

（4）体现特色

通过照明还能体现出建筑室内环境不同的风格与特点，例如中国的宫灯及其照明方式本身就非常有个性特色，若将其与建筑室内空间环境结合，则更能体现出民族传统特色来。

3.3.2 建筑室内环境照明的方式与类型

1.建筑室内环境照明的方式

建筑室内环境照明的方式主要包括整体照明、局部照明与混合照明等，它们分别为：

（1）整体照明

为照亮整个场地，照度基本上均匀的照明。对于工作位置密度很大而对光照方向又无特殊要求，或受工艺技术条件限制不适合装设局部照明的场所，宜采用整体照明（图3-22）。

（2）局部照明

局限于工作部位的固定或移动的照明。局部照明只能照射有限面积，对于局部地点需要高照度时或对照射方向有要求时，可装设局部照明（图3-23）。

（3）混合照明

由整体照明与局部照明共同组成的照明。是在整体照明的基础上再加强局部照明，有利于节约能源。混合照明在现代室内照明设计上应用非常普遍，如商场、展览馆、医院等建筑一般多采用混合照明（图3-24）。

2.建筑室内环境照明的类型

建筑室内环境照明的类型，按照不同的分类方式来划分，可分为以下这些形式：

（1）按照明的功能性质分

主要可分为一般照明、重点照明与装饰照明三种，它们分别为：

1）一般照明——或称功能照

图3-22 宾馆建筑室内大堂部分要求照明明亮，室内环境常采用整体照明的方式进行照明

图3-23 餐饮建筑室内酒吧部分要求照明朦胧，室内环境常采用局部照明的方式进行照明

图3-24 商业建筑室内营销部分室内环境多采用混合照明的方式进行照明，以满足营销环境整体与商品局部照明的特殊要求

明，即指只起着满足人们基本视觉要求的照明。

2）重点照明——即指为了引起人们对被特定空间的注意而设置的照明。

3）装饰照明——是指为了美化与装饰某一特定空间，运用不同的灯具、投光角度与灯光色彩来设置的照明，其目的是为了创造出一种特定的空间气氛。而以纯装饰为目的的照明一般不兼作一般照明与重点照明的功能作用。

（2）按照明的功能要求分

主要可分为工作、应急、值班、警卫与障碍照明五种，具体为：

1）工作照明——指一般正常工作时使用的照明。它可单独使用，也可与应急照明和值班照明同时使用，但控制线路必须分开。

2）应急照明——指在正常工作照明因故障熄灭后，可供继续工作和安全通行，或在有爆炸、火灾事故等情况下供人员疏散时用的照明。应急照明必须采用瞬时点亮的可靠光源，一般采用白炽灯或齿钨灯作光源的灯具。

3）值班照明——指在非工作时间内供值班人员使用的照明。它可利用正常工作照明单独控制其一部分。

4）警卫照明——指用于警卫任务需要的照明。是否设置警卫照明应根据被照场所的重要性和当地治安部门的要求来决定。警卫照明一般沿警卫线装设。

5）障碍照明——指装设在建筑物上作障碍标志用的照明。如在飞机场周围较高的建筑物上或船舶通行的航道两侧的建筑物上，都应按民航与交通部门的有关规定装设障碍照明灯具。

3.3.3　建筑室内照明灯具的种类与布置

1. 建筑室内照明灯具的种类

照明灯具的类型通常是以灯具的光通量在空间上、下两半球分配的比例，以及照明灯具的结构特点，用途与固定方式来划分的。而从建筑室内环境设计的目的出发，这里我们主要按固定方式来划分（图 3-25）：

（1）吸顶灯

它是指一种直接把灯固定在顶棚上的灯具。其形式很多，有各种带罩与不带罩的白炽灯，也有各种带罩与不带罩的荧光灯等。具体包括有下向投射灯、散射灯与一般照明灯具几种，且多用于办公室、会议室与走廊。

（2）嵌顶灯

它是泛指嵌入顶棚内部的隐装式灯具，灯口往往与顶棚平齐相连，灯具分聚光型与散光型两种，一般都是下向投射的直接光型。

（3）吊灯

它是指利用导线或钢管（线）将灯具从顶棚上吊下来，且带有各种材料，诸如金属、玻璃与塑料制成的装饰性灯罩的照明灯具。一般多用于整体照明，如门厅、餐厅、会议室等处经常使用。由于吊灯其造型、大小、质地与色彩均对建筑室内空间环境气氛产生影响，故作为灯饰，在选用时一定要考虑与整体内部空间环境的协调。

（4）壁灯

它是指装设在墙壁上的灯具，是最常用的一种普及性的装饰照明方式。壁灯可分为直接照射、间接照射、下向照射与均匀照射等多种形式。壁灯的光线比较柔和，且造型精巧而别致，故常用于大门、门厅、卧室、浴室、走廊及公共建筑的壁面上。在多数情况下，它与其他灯具配合使用。

（5）移动式灯具

它是指可以根据建筑室内空间环境需要自由放置的灯具。主要包括放置在书桌、床头柜与茶几等物上用于局部照明的台灯与摆设在沙发及茶几附近也是用于局部照明的落地灯，以及用于床头的夹子灯等。它是一种便于弹性使用的灯具，既具有实用性，又具有装饰性，其灯具造型、色彩与质地选择恰当，定会为建筑室内空间环境增色不少。

（6）轨道灯

它是指由轨道与灯具组合而成的，其灯具可沿轨道进行移动，而灯具也可改变投射角度，且用于局部照明的灯具。其特点是可以通过集中投光以增强某些特别需要强调物体的照明，多用于商店、展览馆、舞台与歌舞厅的照明，以达到使被照对象引人注目的效果。轨道灯的轨道可固定或悬挂在顶棚上，必要时可布置成"十"字形与"口"字形，这样其灯具移动的范围就可以扩大。

（7）射灯

它是指一种光度极强的用于局

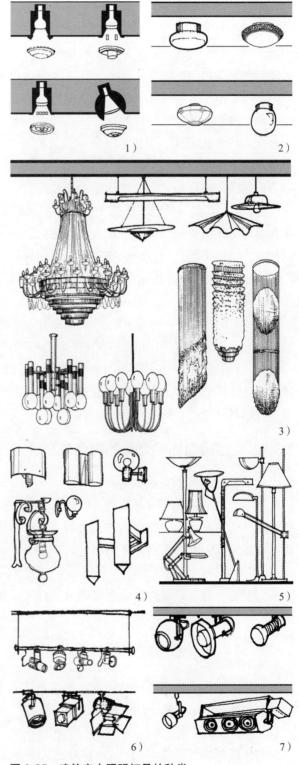

图 3-25　建筑室内照明灯具的种类
1）吸顶灯　2）嵌顶灯　3）吊灯　4）壁灯　5）移动式灯具
6）轨道灯　7）射灯

部照射的灯具，其种类也有很多，主要有吊杆式、嵌入式、吸顶式、轨道式与铁夹式等。而且灯的照射角度可以任意调节，并在建筑室内空间多用于局部需要特别照射的物体上，诸如挂画、工艺品、雕塑、壁画与其他需特别强调的物品，从而可为建筑室内空间环境提供一个重点的欣赏区域。

此外，照明灯具还有工作灯、浴室灯、发光棚，以及广泛用于户外的座灯、路灯、园灯、广告灯、信号灯与探照灯，还有舞厅中的彩色旋转球灯、医院中的无影灯与实验室中的各种专用灯具等。

2. 建筑室内照明灯具的布置

照明灯具的布置是确定灯具在建筑室内空间的具体位置，它对其照明质量有着重要的影响。光的投射方向、工作面的照度、照明的均匀性，直射与反射眩光、视野内其他表面的亮度分布及工作面上的阴影等，都直接与照明灯具的布置有着密切的关系。另外照明灯具的布置合理与否还影响到照明装置的维修与安全。因此合理布置照明灯具才能获得好的照明质量，且便于照明装置的维护与检修。

照明灯具的布置方式有均匀性布置与选择性布置两种。前者主要指灯具之间的距离与行间距离均保持一定；后者主要指按照最有利的光通量方向及清除工作表面上的阴影等条件来确定每一个灯的位置。在具体设计时，常采用正方形、矩形、菱形等形式，也有根据室内环境需要采用异形及自由式的形式来布置的。再就是室内环境的照明设计在创造舒适、美观的室内环境气氛的同时，还要注意其安全性，线路、开关、灯具的设置都要采取可靠的安全设施，不要超载，并在危险处设置标志等。

3.4　室内家具与陈设设计

室内环境中的家具与陈设，以及标识等既是室内空间环境中重要的组成内容，它们对烘托建筑室内环境气氛，形成室内装饰风格等具有积极重要的作用，家具与陈设，以及标识等除了实用功能外，还具有组织空间、丰富空间、营造宜人环境的功效。因此，进行家具与陈设，以及标识等的布置，必须根据环境特点、功能需求、审美要求、工艺特点等因素，精心设计出具有艺术境界、高舒适度与品位的内部空间，创造出有特色、有变化及艺术感染力的建筑室内环境。

3.4.1　建筑室内环境中的家具

家具，是人们维持正常的工作、学习、生活、休息和开展社会活动所不可缺少的器具，它是建筑室内环境中体积最大的陈设物品之一。

1. 家具的概念与作用

（1）家具的概念

家具是指人类日常生活和社会活动中使用的具有坐卧、凭倚、贮藏、间隔等功能的生活器具，大致包括坐具、卧具、承具、庋具、架具、凭具和屏具等类型。主要陈放在室内，在室外也有陈放。家具既为生活所必需，也以其形象、尺度、质地、色彩、装饰以及陈放的位置和呈现的总体风格与建筑密切配合，共同参与艺术氛围的创造。所以，家具也是建筑艺术关注的一个方面。家具还是和人们生活息息相关的室内环境陈设物品之一，它几乎充斥了室内设计的整个领域（图3-26）。在建筑设计中，

图3-26 在人们日常生活和社会活动中，形式多样的家具几乎充斥各类建筑室内空间，成为与生活息息相关的重要室内环境陈设物品

当墙面、地面、顶棚、窗和门布置完毕后，建筑空间中家具的选择和布置，则是室内设计的主要任务。

（2）家具的作用

家具是室内环境中的重要组成部分，人们理想的室内生活环境也是离不开家具的。而在室内环境中，家具除了本身具有的支承与贮物等使用功能方面的作用外，在室内环境精神方面还有着重要的功能作用。

家具最主要的物质功能就在于实用，这是尽人皆知的作用。然而若从室内环境设计整体上来看，家具在物质功能方面的作用还表现在对室内环境空间的分隔、组织与填补等许多方面。

家具的精神功能表现在它首先与人们的关系更密切，在室内空间环境能够陶冶人们的审美情趣；其次是家具的精神功能往往是在不知不觉中表现出来的，尤其是对民族的文化传统的反映；再者即是家具艺术比其他实用艺术具有更加广泛的大众性，在营造特定的室内空间环境气氛中具有重要的作用。

2. 家具的类型及其与室内环境的关系

（1）家具的类型

在建筑室内环境中，家具的种类很多，并可依据不同的分类方法进行归纳，具体地说主要有这样一些，它们分别为：

若按家具的基本功能分，主要可分为人体、准人体、贮物与装饰家具等类型，即：

1）人体家具——是指与人体发生密切关系的家具。它既包括直接支承人体的凳、椅、沙发、床等，又包括与人的活动直接相关的家具，如桌子、柜台、茶几、床头柜等。

2）准人体家具——是指不全部支撑人体，但人要在其上工作的家具，如桌子、柜台、茶几和床头柜等。

3）贮物家具——是指贮存衣服、被褥、书刊、器皿等物品的柜、橱、架、箱等家具。

例如，衣橱、壁柜、书橱（架）、酒（器皿）柜、货架等。

4）装饰家具——是指以美化空间、装饰空间为主的家具。例如，博古架、装饰柜、屏风、茶几等。

若按家具的使用材料分，主要可分为木质、竹藤、金属、塑料与软垫家具等类型（图 3-27），其中：

图 3-27　家具的种类很多，依据使用材料可分为不同类型
1）木质家具　2）竹藤家具　3）金属家具　4）塑料家具　5）软垫家具

1）木质家具——是指用木材及其制品如胶合板、纤维板、刨花板等制作的家具。木质家具是家具中的主流，它具有质轻、高强、纯朴、自然等特点，而且具有取材方便，易于加工制作，质感柔和，纹理自然清晰，造型丰富的特点。并具有很高的观赏价值和良好手感，使人感到十分亲切，因而是人们喜欢的理想家具。

2）竹藤家具——是指以竹、藤为材料制作的家具。它和木质家具一样具有质轻、高强、纯朴、自然等特点，而且更富有弹性和韧性，易于编织，又是理想的夏季消暑使用家具。竹藤家具具有浓厚的乡土气息和地方特色，且线条流畅、造型丰富，在室内环境中具有极强的表现力和别具一格的艺术效果。

3）金属家具——是指以金属材料为骨架，与其他材料如木材、玻璃、塑料、石材、帆布等组合而成的家具。金属家具充分利用不同材料的特性，合理运用于家具的不同部位，给人以简洁大方、轻盈灵巧之感，并且通过金属材料表面的不同色彩和质感的处理，使其极具时代气息，特别适合陈设于现代气息浓郁的室内环境空间。

4）塑料家具——是指以塑料为主要材料制成的家具。塑料具有质轻、高强、耐水、表面光洁、易成型等特点，而且有多种颜色，因而常做成椅、桌、床等。塑料家具分模压和硬质材两种类型。模压塑料家具具有随意曲面，以适合人体体形的变化，使用起来非常舒适；硬质材塑料可与其他材料如帆布、皮革等组合制成轻便家具。只是塑料家具耐老化、耐磨性稍差，这是其使用中需注意的。

5）软垫家具——是指由软体材料和面层材料组合而成的家具。常用的软体材料有弹簧、海绵、植物花叶等，有时也用空气、水等做成软垫。面层材料有布料、皮革、塑胶等。软垫家具的造型与效果主要取决于其款式、比例以及蒙面材料的质地、图案和色彩等因素，许多软垫家具能给人以温馨、高贵、典雅、华丽的印象。软垫家具能增加与人体的接触面，避免或减轻人体某些部分由于压力过于集中而产生的酸疼感；软垫家具有助于人们在坐、卧时调整姿势，以使人们得到较好的休息。

若按家具的结构形式分，主要可分为框架、板式、拆装、折叠、支架、充气与浇注家具等类型。

若按家具的使用特点分，则主要可分为配套、组合、多用与固定家具等形式。

（2）家具与室内环境的关系

家具在室内环境中可说是无所不在，无处不有，从王宫贵族到平民百姓，从生活宅第到社会的活动场所，都借以家具来演绎生活和展开活动。据有关资料统计，人们在家具上消磨的时间大多数约占全天的三分之二以上；另据调查，家具在一般起居室、办公室等场所占地面积约为室内面积的35%~40%，而在各种餐厅、影剧院等公共场所，家具的占地面积更大，甚至整个厅堂均为桌椅所覆盖，厅堂的面貌在某种程度上讲则为家具的造型、色彩和质地所左右。另外当设计师在接到室内环境设计任务时，要考虑建筑功能对室内环境的要求，然后综合运用现代工学、现代美学和现代生活的知识，为人们创造一个使用功能合理，又具适宜环境氛围的室内活动场所，但在具体操作时，处于首位要考虑的便是怎样布置家具来满足人们对各种活动的需求，以及包括家具在内的环境空间组合和特定氛围的营造，然后再按顺序深入考虑各个界面的装修材料、造型、色彩、处理环境所需的各种技术细节。由此可见，家具是室内环境极其重要的组成部分，与室内环境设计有着密不可分的关系（图3-28）。

图3-28　家具是室内设计中一个重要的组成部分，在室内环境中可说是无所不在，无处不有，与其室内环境有着密不可分的关系

3.室内环境设计中家具的配置

在建筑室内环境设计中选择和布置陈设的家具,其要点首先应满足人们的使用要求;其次要使家具美观耐看,即需按照形式美学的法则来选择家具的尺度、比例、色彩、质地与装饰等,而款式与风格就要依室内环境的总体要求与使用者的性格、习俗、爱好来考虑;再者还需了解家具的制作与安装工艺,以便在使用中能自由进行摆放与调整。

室内环境中配置家具,一定要从其内部空间的总体要求出发,把家具作为整个室内空间环境的一部分来考虑,其具体工作包括以下这些:

(1)确定家具的种类和数量

满足室内空间的使用要求是家具配置最根本的目标。在确定家具的种类和数量之前,首先必须了解室内空间场所的使用功能,包括使用对象、用途、使用人数以及其他要求。例如教室是授课的场所,必须要有讲台、课桌、座椅(凳)等基本家具,而课桌、座椅的数量则取决于该教室的学生人数,同时应满足桌椅之间的行距、排距的基本要求。另外在一般房间,如卧室、客房、门厅,则应适当控制家具的类型和数量,在满足基本功能要求的前提下,家具的布置宁少勿多、宁简勿繁,应尽量减少家具的种类和数量,留出较多的空地,以免给人以拥挤不堪和杂乱无章的印象(图 3-29)。

(2)选择合适的款式

不同类型的室内环境有其不同的空间性格,在选用家具的款式时应讲实效、求方便、重效益,应注意与环境的统一。讲实效就是要把实用放在第一位,使家具合用、耐用甚至多用。现在需要更多舒适、轻便、灵活的家具(图 3-30)。正因如此,住宅、旅馆、办公楼中配置的家具,配套家具、组合家具、多用家具愈来愈多。求方便就是要省时省力。现代居室和旅馆客房常把控制照明、音响、温度、窗帘的开关集中设在床头柜上或床头屏板上就是求方便。现代化的办公用房,常常配备带有电子设备和卡片记录系统的办公桌,也是为办公人员提供方便。因此,对空间的性格必须予以正确把握,才能选择合适的家具款式。例如在大型建筑内部空间的休息厅,其休息座椅、沙发等家具,考虑款式时就要求有一定的气派,并能与环境相适应。而交通建筑,如机场、车站的候机、候车大厅的

图 3-29　家具种类和数量的确定,应满足室内空间场所使用功能及家具之间行距、排距的基本要求,宁少勿多、宁简勿繁

家具，其款式的选择则要简洁、实用，并便于清洁。

（3）选择合适的风格

这里所说的风格主要是指家具的基本特征，它是由造型、色彩、质地、装饰等多种因素决定的。由于家具的风格选择关系到整个室内空间的效果，因此选择时应仔细斟酌（图3-31）。家具的风格有多种，主要有中国风格、古典风格、欧陆风格、乡土风格、东方风格、现代风格等。从设计来看，家具的风格、造型应有利于加强环境气氛的塑造，如西餐厅内的家具，其风格与造型就应选择与西式风格相适应的家具造型。若是乡土风格的室内空间，则可选择竹藤或木质家具，若选用钢木、玻璃家具，处理不好，就会显得与环境格格不入。

（4）确定合适的格局

家具布置的格局即指家具在建筑室内空间配置的结构形式，其实质就是构图问题。通常可分为规则式和不规则式两类。

一为规则式，即多表现为对称式，有明显的轴线，特点是严肃和庄重，因此，常用于会议厅、接待厅和宴会厅，主要家具成圆形、方形、矩形或马蹄形（图3-32）。

二为不规则式，其特点是不对称，没有明显的轴线，气氛自由、活泼、富于变化，因此，常用于休息室、起居室、活动室等处。这种格局在现代建筑中最常见，因它随和、亲切，更适合现代生活的要求（图3-33）。

从布置格局来看，在建筑室内空间中不论采取哪种格局布置家具，都要符合空间构图美的法则，应注意有主有次、有聚有散。空间较小时，宜聚不宜散；空间较大时，宜散不宜聚。在设计实践中，常常采用下列做法：

图 3-30　不同类型的室内环境选用家具的款式时应讲实效、求方便、重效益，应注意与其建筑室内环境的统一。对空间的性格必须予以正确把握，才能选择合适的家具款式

图 3-31　由于家具的风格选择关系到整个室内空间的效果，因此选择时应结合建筑室内空间的风格进行仔细斟酌，以适应整体环境的风格要求

图 3-32　建筑室内空间环境中的规则式家具布置格局

其一，以建筑室内空间中的设备或主要家具为中心，其他家具分散布置在其周围。例如在起居室内就可以壁炉或组合装饰柜为中心布置家具。

其二，以部分家具为中心来布置其他的家具。

其三，根据功能和构图要求把主要家具分为若干组，使各组间的关系符合分聚得当、主次分明的原则。

图 3-33　建筑室内空间环境中的不规则式家具布置格局

3.4.2　建筑室内环境中的陈设

在一个建筑的室内空间环境中，如果没有陈设饰品，这个室内空间给人的感觉将是索然无味的。而现代室内陈设饰品不仅能丰富建筑室内空间的层次，并能创造出具有特色、变化和富有艺术感染力的室内空间环境来。

1. 陈设设计的意义与作用

（1）陈设设计的意义

建筑室内环境的陈设即指在建筑室内空间环境中除固定于墙、地、顶及建筑构件、设备外的一切实用与可供观赏的陈设设计，它们是建筑室内环境设计中十分重要的构成内容之一。人的活动离不开陈设物品，室内环境中只要有人生活、工作，就必然或多或少地存在着不同品种的陈设物品，其空间的功能和价值也往往通过陈设物品来展现。

陈设设计物品是室内环境中一个重要的设计内容，其形式多种多样，内容丰富，范围广泛，主要包括家具、灯具、织物、装饰品、日用品、植物绿化与室内景园等要素的设计。而这些陈设物品的布置不仅直接影响人们的生活和生产，还与组织空间、创造美观宜人的环境有关。陈设物品在室内环境中起着其他物质功能无法替代的作用，其目的是表达一定的思想内涵和精神文化。而且还是美化环境，增添室内情趣，渲染环境气氛，陶冶人的情操所必不可少的一种手段。并在满足人们室内生活、工作、学习、休息等要求的同时，还给人们以美的享受（图 3-34）。

（2）陈设设计物品与室内环境的关系

建筑室内环境是根据人们的活动需要而创造的物质空间场所，人们在室内空间里，生活是其主要目的，而满足人们生活之需的陈设物品是手段。也正是这样，室内环境中的陈设物品应服从整体建筑室内空间环境的要求。即：

图 3-34　现代建筑室内环境陈设设计，不仅满足人们在不同建筑室内环境生活、工作、学习、休息等方面的各种需求，同时也给人们带来多样化的美的享受

不同类型的建筑对室内陈设物品具有不同的要求。诸如在娱乐建筑室内空间对纺织陈设物品的选择，一般多选用由曲线图案构成的织物来陈列，以形成一种活泼、跳动的气势与流动感。在旅游、交通建筑中就可选用图案花样繁多，形式多样的织物来陈设，尤其是具有民族风格、地方特点与乡土气息的图案，以使室内陈设物品的风格与建筑风格能够保持协调统一。可见不同类型的建筑空间，陈设物品的设计与选用，无论在题材、构思、构图或色彩、图案、质地等方面都必须服从建筑的功能要求，以使建筑空间与陈设物品之间能达到适度得体的境地。

不同类型的房间对室内陈设物品具有不同的要求。这是由于房间功能的不同，对陈设物品的要求也有变化，而不同风格的陈设物品，对于形成这些房间的个性也有着重要的作用。例如住宅的客厅和起居室，往往是一家人的生活中心，既是家庭成员休息活动的地方，也是友人、宾客来访时的待客之处。因此室内陈设物品的布置就需要表达出家庭的个性与趣味，给来宾以轻松随和的印象。又如儿童房间的陈设物品处理，就应考虑儿童的生理、心理特点，依照孩子的成长需要来布置。而陈设物品的选择只有根据房间的具体要求来确定，才能准确地表达出房间的风格、气氛及内涵。

不同形式的家具对室内陈设物品具有不同的要求。这是因为室内环境中陈设物品的陈列均与家具发生联系，有陈列在家具上的，有与家具形成一个整体的，有的还与家具共同起到平衡室内空间构图的作用。比如客厅中的陈设物品就包括家用电器、灯具、坐靠垫、茶具、花瓶、工艺品、观赏植物等，它们都有各自的造型和色彩，需要协调。但同时它们更应该重视与客厅中家具的相互关系，并与其构成室内环境中和谐的空间构图。而在室内空间环境中往往不止一件陈设物品，其陈列的重点需放在主从、层次、对比与统一关系的把握方面，这对于室内环境中陈设物品的陈列是至关重要的。

（3）陈设设计物品的作用

室内陈设设计物品作为现代室内设计的内容之一，对室内设计的成功与否有着重要的意义。它是室内环境中不可分割的一个部分，对生活、工作在室内环境中的人们影响巨大，其作用主要体现在以下六个方面，即：

一为增强空间内涵，建筑室内环境是与人生活密切相关的环境，它直接与人发生着关系，特别是在今日钢筋混凝土、玻璃幕墙大行其道的建筑空间，就更需要有室内陈设物品的介入，以使空间充满生机和人情味，并具有一定的室内空间内涵和意境，如纪念性建筑空间、传统建筑空间、一些重要的旅游建筑等，常常需要创造特殊的氛围。

二为烘托环境气氛，在室内环境空间中，不同的陈设物品对烘托室内环境气氛具有不同的作用，如欢快热烈的喜庆气氛、亲切随和的轻松气氛、深沉凝重的庄严气氛、高雅清新的文化艺术气氛等，都可通过不同的陈设物品来创造。

三可强化室内风格，室内空间有各种不同的风格，如西洋古典风格、中国传统风格、民间乡土风格、现代简约风格等，室内陈设物品的合理选择，对于室内环境风格有着很大的影响，因为室内陈设物品本身的造型、色彩、图案及质感等都带有一定的风格特点，为此它在室内空间中的陈设对室内环境的风格会起到进一步加强的作用。

四可调节柔化空间，随着现代建筑技术的发展，今天的城市仿佛融入钢筋混凝土、玻璃幕墙、不锈钢等金属材料充斥的森林之中，室内环境空间也不例外，同样包围在这些冷硬的材料空间深处，与大自然隔离，使人感到沉闷和呆板。而陈设物品的介入，使室内环境空间有了生机和活力。

五能反映个性特点，即中国各个民族都有着它们自身的风俗习惯与地区特色，许多陈设物品都具有强烈的民族个性，而室内陈设设计就是要充分发挥地方特色，取其精华，结合现实生活来营造环境空间的个性特点。

六能陶冶品性情操，即在室内环境空间中，格调高雅、造型优美，具有一定文化内涵的陈设物品能使人们产生怡情遣性，陶冶情操的感受，而这样的陈设物品也已超越其本身的美学价值而具有较高的精神境界。比如在书房中摆设文房四宝、书法绘画、工艺造型、文学书籍及配置古色古香的书桌书柜等，即可营造出一种文化氛围，使人们以在此学习为乐，以获得品性情操陶冶的升华，并增加人们的生活情趣。

2. 室内环境中陈设设计物品的类型

从室内环境陈设设计物品的类型来看，主要包括以下陈设物品内容，即：

（1）纺织陈设设计物品

所谓纺织陈设设计物品，是建筑室内环境设计中除了家具以外使用范围最广的陈设物品之一。由于室内纺织陈设物品的柔软特性，使它成为室内软环境创造中必不可少的重要条件。从广义上来说，纺织陈设物品是由较小单位的基材所构成的柔软编织物或组合物，具有实用与装饰两大功能的织料；而从狭义上来说，纺织陈设物品是指以纤维为基本原料，而且多数必须经过纺纱、织造、染整等主要工序，必要时还需采用印花的程序制作而成。现代室内纺织陈设物品作为建筑室内环境设计中特有的软性面料材料，正以丰富多彩、充满生机的新面貌，体现出实用和装饰相统一的特征，并起着拓展视觉和延伸空间环境的作用。

1）纺织陈设设计物品的种类

现代建筑室内环境中其纺织陈设物品可说种类繁多，用途广泛。若按材料来分，可分为棉、毛、丝、麻、化纤等纺织陈设物品；若按工艺来分，可分为印、织、绣、补、编结、纯纺、混纺、长丝交织等纺织陈设物品；若按用途来分，可分为窗帘、床罩、靠垫、椅垫、沙发套、桌布、地毯、壁毯、吊毯等纺织陈设物品；若按使用部位来分，可分为墙面贴饰、地面铺设、家具蒙面、帷幔挂饰、床上用品、卫生盥洗、餐厨杂饰及其他织物等纺织陈设物品。其中从使用部位来分的方法便于在室内设计中的操作，其内容及作用分别为：

①墙面贴饰织物——主要包括无纺、涂塑、黏合、针刺、机织等墙布（纸）及棉、麻、线、绒、毡等各类贴饰织物。它们除具有装饰上的作用外，还具有防潮、防霉、阻燃、抗污、吸音及隔热等作用。施工时只需利用黏合剂就能将其粘贴到墙面与顶面的天花板上。

②地面铺设织物——主要包括机织、簇绒、针刺、枪刺、手工编织地毯及人造草坪等各类铺设织物。同墙面贴饰织物一样，在室内除具有装饰功能外，还能为人们提供一个富有弹性，又具有防潮、隔热、吸音、抗污与阻燃多种功能的内部空间环境，并在提示及创造象征性室内空间方面颇有成效。

③家具蒙面织物——主要包括椅、凳、沙发等家具的固定蒙面织物及各类家用电器、有固定蒙面织物而需要保护的家具活络套，以及起装饰与保护作用的披巾、白布与靠垫等。其功能特色是厚实、坚韧、耐拉、抗磨损、有弹性、触感好、防油污、挡灰尘等，而靠垫还能用来调节人体的坐卧姿态，使人体与家具间的接触更加贴切，若设计处理得成功，还能起到点缀作用，使室内空间的节奏感与韵律感增强，更添艺术的魅力。

④帷幔挂饰织物——主要包括窗帘、帷幕、屏风、门帘、帐幔、壁挂等帷幔挂饰织物。其功能作用是调节光线、温度、声音与视线，分隔空间，加强空间的私密性、安全感，渲染环境气氛，增添装饰韵味，并起到防尘、挡风、避虫的作用。

⑤床上用品织物——主要包括被褥、床垫、衣服、睡衣、毛毯、毛巾被、枕头、床罩、被单、被面、被套、枕套与枕巾等床上用品织物。其功能作用是供人们睡眠、休息所用，也具有实用和装饰两个方面的作用。

⑥卫生盥洗织物——主要包括毛巾、方巾、浴巾、披巾、浴衣、浴帘、地巾、便桶套与换洗袋等卫生盥洗织物。其功能作用是供人们浴洗、清洁所用，实用是其最为主要的作用。

⑦餐厨杂饰织物——主要包括餐巾、餐桌布、餐具袋、套、包、垫、方巾、茶巾、洗碗巾、擦桌布与围裙等餐厨杂饰织物。其功能作用以实用为主，主要是供餐厨用具的清洗及餐厨活动中的防护卫生所用。

⑧其他装饰织物——主要包括篷布、吊毯、彩绸、旗帜、伞罩等天棚织物，挂毯、挂饰等壁面织物，屏风织物、灯罩织物、插花织物，织物玩具、吊盆、工具袋与信袋，以及旅游所用织物、卧具、坐具、软性吊床、背包等都归此类。其功能作用是装饰空间、美化环境、活跃气氛，并为旅行生活增添乐趣等（图3-35）。

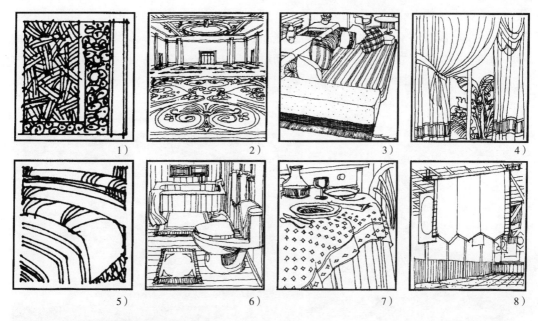

图 3-35　丰富多彩的室内纺织陈设物品

1）墙面贴饰织物　2）地面铺设织物　3）家具蒙面织物　4）帷幔挂饰织物　5）床上用品织物　6）卫生盥洗织物　7）餐厨杂饰织物　8）其他装饰织物

2）纺织陈设设计物品的功能特性与设计应用

纺织陈设设计物品在现代室内空间环境中的功能特性主要表现在其质地柔软、品种丰富、加工方便、性能多样、随物变形、装饰感强与易于换洗几个方面，其中纺织陈设设计物品的柔软特性是塑造室内软环境氛围最为重要的陈设特性。它在室内环境设计中的运用，可以弥补由于在现代建筑中大量使用钢铁、水泥、玻璃等硬性材料带来的人情味淡薄的缺陷，使室内空间重新获得温暖、亲切、柔软、和谐、流动与私密性的感受。而纺织陈设设计物品在现代室内空间环境中的设计应用则表现在以下几个方面。

首先实际使用是纺织陈设设计物品在室内环境设计中最为主要的功能。主要有遮阳、吸音、调光、保温、防尘、挡风、避潮、阻挡视线、易于透气及增强弹性等作用；而且经过特殊处理的纺织陈设物品还能阻燃、防蛀、耐磨与方便清洗，放在室内环境中还用作墙布（纸）、地毯、窗帘、帷幕、屏风、门帘、帷幔、蒙面织物、各种物体的活络外套、台布、披巾、靠垫、卫生盥洗用巾与餐厨清洁用巾等，其范围之广，在建筑室内环境中渗透到人们衣、食、住、行、用的各个层面上（图 3-36）。

其次从空间组织方面来看，现代纺织陈设设计物品正以其特有的质感、丰富的色彩、多样的形态创造着室内空间环境，并起着重要的空间组织作用。诸如利用纺织陈设物品能够围合、组配室内空间，以形成当代室内设计所有意追寻的流动与可变的室内空间效应；另外利用纺织陈设设计物品还能划分与沟通室内空间，如在室内空间设计中可运用帘帐、帷幕、屏风、门帘、帷幔、地毯、吊毯、挂毯等纺织陈设物品来划分空间，从而获得有实有虚及两者相间的空间分割形式，使室内空间既可出现封闭的、又能形成开敞的设计效果。同时在室内空间设计中运用篷布、彩绸、旗帜、挂饰等纺织陈设设计物品还可沟通空间，并使之连成一个整体，从而增加空间的流动感受；此外利用纺织陈设物品还能提供建筑室内环境所需的空间序列引导，即运用织物装饰做空间上的导向，并在空间方面起到自然过渡的效果。

图 3-36　在建筑室内环境中渗透到人们衣、食、住、行、用各个层面的室内环境纺织陈设物品

再者从环境装饰方面来看，在建筑室内环境设计中，纺织陈设设计物品还以其独特的材料肌理，以及棉、麻、毛、丝及人造纤维等质料的加工处理，从而对突出室内空间的个性、塑造独特的室内空间气氛具有重要的作用；由于纺织陈设设计物品在室内环境中使用的范围广，利用纺织陈设设计物品能够起到统一室内环境的装饰意境与格调的作用；并且还可将纺织陈设设计物品作为纯粹装饰艺术的作品来使用，如在室内空间环境中利用织物进行壁面装饰、悬吊装饰、地面装饰及陈设装饰的织物壁挂、抽象吊毯、装饰地毯及种类繁多的纺织陈设饰品等，均能起到其他陈设设计物品无法替代的作用。

（2）日用陈设设计物品

主要包括建筑室内环境中的陶瓷器具、玻璃器具、金属器具、文体用品、书籍杂志、家用电器与其他各种贮藏及杂饰用品，它们是人们日常生活离不开的用品（图 3-37）。由于现代日用品的造型已日趋美化，加之使用频率很高，所以它们在室内陈设中同样占有重要的地位。其建筑室内日用陈设设计物品主要包括以下内容。

1）陶瓷器具

陶瓷器具是指陶器与瓷器两个部分的器具，包括瓦器、缸器、砂器、窑器、琉璃、炻器、瓷器等，均以黏土为原料加工成型，经窑火的焙烧而制成的器物。其风格多变，有的简洁流畅，有的典雅娴静，有的古朴浑厚，有的艳丽夺目，是在室内日常生活中应用广泛的陈设物品，并有日用陶瓷、陈设陶瓷与陶瓷玩具等类型。我国的陶器以湖南醴陵与江苏宜兴最为著名，瓷器则首推江西景德镇了。陶瓷器具不仅用途较广，并富有艺术感染力，常作为居住建筑及公共建筑室内空间的陈设用品。

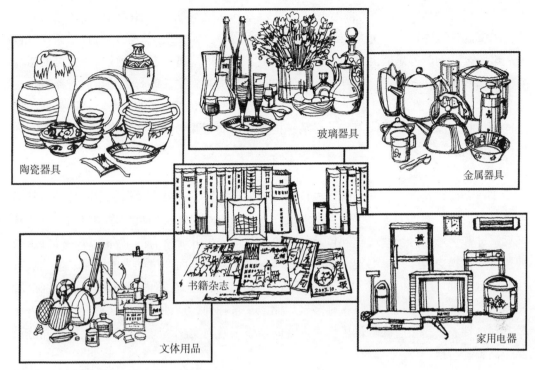

图 3-37　功能多样的室内环境日用陈设物品

2）玻璃器具

室内环境中玻璃器具包括茶具、酒具、灯具、果盘、烟缸、花瓶、花插等，均具有玲珑剔透、晶莹透明、闪烁反光的特点，在室内陈设中，往往可以加重华丽、新颖的气氛。目前国内生产的玻璃器具主要可以分为三类：一类为普通的钠钙玻璃器具；二类为高档铝晶质玻璃器具，其特点是折光率高、晶莹透明，能制成各式高档工艺品和日用品；三类为稀土着色玻璃器具，其特点是在不同的光照条件下，能够显示五彩缤纷、瑰丽多姿的色彩效果。

在室内环境中陈设玻璃器具，应着重处理好它与背景的关系，要通过背景的烘托、反衬出玻璃器具的质感和色彩，并需避免过多的玻璃器具堆砌陈列在一起，以免产生杂乱的印象。

3）金属器具

金属器具主要是指以银、铜为代表制成的金属实用器具，一般银器常用于酒具和餐具上，其光泽性好，且易于雕琢，可以制作得相当精美。铜器物品包括红铜、青铜、黄铜与白铜制成的器物，品种有铜火锅、铜壶等实用品，钟磬、炉、铃、佛像等宗教用品，炉、熏、卤、瓢、爵、鼎等仿古器皿，各种铜铸动物、壁饰、壁挂，铜铸纪念性雕塑等。这些铜器物品显得沉着、具有分量、表洁度好、精美华贵，并在室内空间环境中显示出良好的陈设设计效果来。

4）文体用品

文体用品包括文具用品、乐器和体育运动器械。文具用品也是室内空间环境中最常见的陈设设计物品之一，如笔筒、笔架、文具盒和笔记本等。乐器除陈列在部分公共建筑室内空间环境中以外，另主要陈列在居住空间之中。如音乐爱好者可将自己喜欢的吉他、电子琴、钢琴等乐器陈列于室内空间环境，既可怡情遣性、陶冶性情，又可使居住空间透出高雅的艺术气氛。此外随着人们对自身健康的关注，体育运动与健身器材也越来越多地进入人们生活与工作的室内环境，且成为室内空间中新的亮点。特别是造型优美的网球拍、高尔夫球具、刀剑、弓箭、枪支等运动与健身器材在室内的出现，给室内空间环境的陈设带来了勃勃生机与爽朗活泼的生活气息。

5）书籍杂志

书籍杂志也是部分空间的陈设设计物品，如图书馆、办公室及居住空间等。通常书籍都是存放在书架上，也有少数自由散放。在室内空间要想将书籍整理得整洁，可按其高矮尺寸和色彩来分组，或相同包装的书分为一组。也并非所有的书都立放，部分书横放也许会显得更为生动。书架上的小摆设应与书相互烘托而产生动人的效果。植物、古玩及收藏品都可以间插布置，以增强陈设的趣味性。而杂志在室内空间多为临时性陈设，阅后多数往往都被处理。若收藏则多选用储藏架来陈列，这种储藏架除具有实用性外还具有装饰性。书籍杂志的陈设可使室内空间增添书卷与文化气息，并达到室内空间陈设品位高雅的境地。

6）家用电器

家用电器在今天已成了室内环境重要的陈设设计物品，包括电视机、收音机、收录机、音响设备、电冰箱等。家用电器造型简洁、工艺精美、色彩明快，能使空间环境富有现代感，它们与组合柜、沙发椅等现代家具相配合，显得十分和谐。

在室内空间，电视机应放在高度合适的位置，电视机屏幕距收看者的距离要合适，以便既能看清画面，又能保护人们的视力。而收音机，特别是大型台式、落地式收音机，宜与沙发等结合布置在空间的一侧或一角，使此处成为收音、欣赏音乐、待客的场所。另设音箱时，其大小和功率要与空间的大小相配合，两个音箱与收听者的位置最好构成三角形，以便取得良好的音响效果。

电冰箱在冷冻时会散发出一定的热量，并有轻微的响动，在厨房面积较小的情况下，最好放在居室与厨房之间的过厅内，洗衣机应放在卫生间或其他空间。

还有许多日常用品可归入室内日用陈设物品的范围，如化妆品、烟灰缸、画笔、食品、时钟等，它们都具有各种不同的实用功能，同时又能为室内增色不少。

（3）装饰陈设设计物品

装饰陈设设计物品是指本身没有实用价值而纯粹作为观赏的陈设物品。它包括艺术品、工艺品、纪念品、嗜好品、观赏植物等（图3-38），主要包括以下这些类型。

1）艺术陈设品

艺术品是最珍贵的室内陈设设计物品，包括绘画、书法、雕塑、摄影作品等，它们并非室内环境中的必须陈设物品，但却因其优美的色彩与造型美化环境、陶冶人的性情，甚至因其所富有的内涵而为室内环境创造某种文化氛围，提高环境的品位和层次。

艺术陈设品在选择上，应该注意作品的内涵是否符合室内的格调，造型、色彩是否与室内空间的气氛相统一，否则反而可能造成相反的效果，必须慎重选用。而艺术品的陈设应能表现空间的主题或烘托环境的气氛，若处于居住空间则应表现主人的情趣，由于许多艺术品通常都有一定的主

图 3-38　具有观赏价值的室内环境装饰陈设物品

题含义，因此，它们与室内环境的气氛应该保持一致。诸如传统的中国画与书法作品，其格调高雅、清新，常常具有较高的文化内涵和主题，宜布置在一些雅致的空间环境，如书房、办公室、接待室、图书馆等。油画、水彩画等西式绘画通常以人物、风景为主要题材，画面较规整，常以画框作边饰以张挂。挂画的位置应注意人的视线关系、墙面的大小以及光线条件等因素。

2）工艺陈设品

工艺陈设品包括的内容较多，可分为两类：一类是实用工艺品，一类是观赏工艺品。前者包括瓷器、陶器、搪瓷制品、竹编和草编等，其基本特征是既有实用价值，又有装饰性。后者包括挂毯、挂盘、牙雕、木雕、石雕、贝雕、彩塑、景泰蓝、唐三彩等，其基本特征是专供人们观赏，没有实用性。而我国传统的民间工艺品也有不少，如泥塑、面人、剪纸、刺绣、布贴、蜡染、织锦、风筝、布老虎、香包与漆器等，它们都散发着浓郁的乡土气息，并成了民族文化的一部分，同时也是室内环境中很好的陈设设计物品。

在室内环境中配置工艺品，需遵循的原则包括：要以空间的用途和性质为依据，挑选能够反映空间意境和特点的工艺品，并要使其格调统一，切忌杂乱无章，甚至相互矛盾和排斥；要符合构图法则，并注意把握好工艺品比例和尺度的关系，注意统一变化的规律；应注意工艺品的质地对比，既能突出其工艺品的造型，又能反衬工艺品的材质美感；要注意工艺品与整个环境的色彩关系，工艺品色彩的确定应持慎重态度。

3）纪念陈设品、收藏陈设品

纪念陈设品包括世代相传的遗物、亲朋好友赠送的礼品或各种各样的获奖奖状、证书、奖杯、奖品等，这些陈设物品均具有纪念意义，并对室内空间环境起着重要的装饰作用。进入现代，人们在纪念陈设品的观念上也发生了变化，如外出旅游带回来不同景点的特色工艺品、自己生日朋友们赠送的各种礼物、新婚时拍摄的套装婚礼照片等，每

一件珍藏的纪念品都记录着一个值得回味的故事，很好地陈设在室内空间环境，这也是人们情感寄托的一种方式。

收藏陈设品的内容则非常广泛，比如邮票、钱币、门票、石头、树根、古玩、灯具、动植物标本、民间工艺品、字画等。收藏品最能体现一个人的兴趣、修养和爱好。收藏品通常集中陈设效果较好，可采用博古架或橱柜陈列。若某件收藏品是一件很有吸引力的东西，在室内空间环境将其布置在引人注目的地方作为重点陈列，则会给人们带来愉悦的感受。

4）观赏动、植物

能够在室内空间环境作为陈设设计物品的观赏动物主要有鸟和鱼，观赏植物的种类则非常繁多。一般在室内陈列适当的观赏动物能够获得良好的效果，例如鸟在笼中啼鸣、鱼在水中游动均可给室内空间注入生动活泼的气息。

而观赏植物作为陈设物品介入室内空间的陈列，不仅能使室内充满生机与活力，并且常青的绿色植物对于缓解人们的心理疲劳、静心养神都能够起到积极的推动作用。此外，植物本身的形态、色彩还具有较强的观赏性，加之它具有生命，所有这些都是其他室内陈设设计物品不可比拟的。

观赏花卉可陈列在室内任何地方，但最好在阳光充足之处，以利其生长。除可栽种在花池中外，也可以陈列在家具上，或配以专门的几、架，或放在窗台上装饰窗户，甚至还可吊挂在室内。花盆、花瓶的选择也应考究，使之成为室内陈设内容的补充。由此花卉植物就成为室内环境中最活跃的元素，其自然优美的姿态，令人感到温馨与浪漫。只是作为室内空间环境陈设设计物品的植物花卉应认真选择，即从它的品种、姿态、色彩及趣味性等来考虑，以创造丰富的室内空间环境绿化陈设效果来。

3.室内环境中陈设设计物品的选择与布置

（1）陈设设计物品的选择

室内陈设物品的种类繁多，我们在选择陈设设计物品的时候，应从室内环境的整体性出发，在统一之中求变化，并根据室内空间的功能和室内整体风格的需要来确定陈设设计物品，以便为室内空间环境锦上添花。在具体的设计布置中，首先应使其室内环境陈设的格调统一，并与整体环境相协调；其次室内环境陈设的构图应均衡，并与其空间合理相处；再者室内环境中的陈设应有主有次，以使空间层次更为丰富；此外室内环境中的陈设还应注意观赏效果，并且在室内环境陈设中考虑好陈设设计物品的安全性，以使室内环境的陈设设计更加合理与出色。最后还能从陈设物品的风格、造型、色彩、质感等各方面加以精心地推敲。

1）陈设设计物品的风格

陈设设计物品的风格是多种多样的，它既能代表一个时代的经济技术水平，又能反映一个时期的文化艺术特色。诸如西藏传统的藏毯，其色彩、图案都饱含民族风情；贵州蜡染则表现了西南地区特有的少数民族风格；江苏宜兴的紫砂壶，不仅造型优美，质地朴实，并且还具有浓郁的中国特色。

2）陈设设计物品的造型

从现代室内环境设计日趋简洁的趋势来看，陈设设计物品的选择在造型上也应与其协调，采用适度的对比也是可行的途径之一。陈设设计物品的造型千变万化，能给室内空间带来丰富的视觉效果，如家用电器简洁和极具现代感的造型，各种茶具、玻璃器皿柔美的曲线，盆景植物婀娜多姿的形态，织物陈设丰富的图案及式样等，都会加强室内空间的形态美感。

3）陈设设计物品的色彩

在室内环境中陈设设计物品的色彩所起的作用也比较大，通常大部分陈设设计物品的色彩都是处于"强调色"的地位，只有少部分陈设物品，如织物陈设中的床单、窗帘、地毯等，其色彩面积较大，常常作为室内环境的背景色来处理，可见不同的陈设设计物品，其色彩选择是不同的。

4）陈设设计物品的质感

用做室内陈设设计物品的材质有许多，如木质器具的自然纹理，玻璃、金属器具的光洁坚硬，石材的粗糙，丝绸的细腻等，都给人们从形状、疏密、粗细、大小等方面带来不同的美感，如精细美、粗犷美、均匀美、华丽美、工艺美、自然美等。

（2）陈设设计物品的布置

1）陈设设计物品的布置原则

室内陈设设计，是室内环境艺术的再创造，室内空间环境由于其功能不同，应具有不同的环境气氛（图 3-39）。因此，在室内环境中陈设设计物品的布置应把握以下方面要点：一是格调统一，与室内整体环境协调；二是构图均衡，使空间构成关系合理；三是有主有次，使空间层次丰富；四是注意空间效果，便于人们观赏。

图 3-39　室内陈设设计是建筑室内空间环境艺术的再创造，由于其功能不同，建筑室内空间环境应具有不同的环境气氛

2）陈设设计物品的陈列方式

陈设设计物品的陈列方式有墙面、台面、橱架与其他陈列等方式（图 3-40），其中：

图 3-40　形式多样的建筑室内环境陈列形式

①墙面陈列——是指将陈设设计物品张贴、钉挂在墙面上的陈列方式。其陈设设计物品以书画、编织物、挂盘、木雕、浮雕等艺术品为主要对象，也可悬挂一些工艺品、民俗器物、照片、纪念品、嗜好品、个人收藏品与优美的器物，以及文体娱乐用品等均可陈列于墙面。

②台面陈列——主要是指将陈设设计物品陈列于水平台面上的陈列方式。其陈列范围包括各种桌面、柜面、台面等，比如书桌、餐桌、梳妆台、茶几、床头柜、写字台、画案、角柜台面、钢琴台面、化妆台面、矮柜台面、窗台等。陈设物品包括床头柜上的台灯、闹钟、电话；梳妆台上的化妆品；书桌上的文具、书籍等；餐桌上的餐具、花卉、水果；茶几上的陈列茶具、食品、植物等。此外，电器用品、工艺品、收藏品等都可陈列于台面之上。

③橱架陈列——是一种兼具贮藏作用的陈列方式，可以将各种陈设设计物品统一集中陈列，使空间显得整齐有序，尤其是对于陈设设计物品较多的空间来说，是最为实用有效的陈列方式。适合于橱架展示的陈设设计物品很多，如书籍杂志、陶瓷、古玩、工艺品、奖杯、奖品、纪念品、一些个人收藏品等都可采用橱架陈列。对于珍贵的陈设物品，如收藏品，可用玻璃门将橱架封闭，使陈列于其中的陈设物品不受灰尘的污染，起到保护作用，又不影响观赏效果。橱架还可做成开敞式，分格可采用灵活的形式，以方便陈设物品不同尺寸大小的灵活调整。

④其他陈列——除了以上所述几种最普遍的陈列方式外，还有地面陈列、悬挂陈列、窗台陈列等方式。如对于有些尺度较大的陈设设计物品，可以直接陈列于地面，如灯具、钟、盆栽、雕塑艺术品等；有的电器用品如音响、大屏幕电视机等，都可以采用地面陈列的方式。悬挂陈列的方式在公共性的室内空间中常常使用，如大厅的吊灯、吊饰、帘

幔、标牌、植物等。在居住空间中也有不少悬挂陈列的例子，如吊灯、风铃、垂帘、植物等。窗台陈列方式陈设的物品最常见的主要是花卉植物，这是因为人对大自然的追求和热爱产生的，当然也可陈列一些其他的陈设，如书籍、玩具、工艺品等。窗台陈列主要应注意的是窗台的宽度应足够陈列，否则陈设设计物品易坠落摔坏。再就是需注意陈设设计物品的设置不应影响窗户的开关使用。

3.4.3　建筑室内环境的识别设计

随着信息社会的到来，人们深感时间越来越有限，总是力图尽量迅速、方便地到达目的地和完成自己的预定活动。因而室内公共环境场所完善的识别设计——导向系统就显得极其重要，它是人们在室内公共环境场所完成各项活动的最佳助手（图 3-41）。

图 3-41　建筑室内公共环境的导向识别设计，已成为人们在各种公共环境场所完成各项活动的最佳助手

1. 室内识别设计的意义与作用

（1）室内识别设计的意义

所谓室内识别系统，它是指在室内整体设计理念指导下对室内空间环境中的人们进行指示、引导、限制，并具有明快、醒目与易懂等功能作用，是极富个性化特征的统一价值观的导向识别设计系统工程。然而就建筑内外空间导向识别系统来看，它包括建筑内外空间各种场合与活动中从小到大的识别项目。诸如指示、引导、限制等是导向识别设计最基本的作用，为此明快、醒目与易懂则是设计师在设计中首先需要考虑的重点。另外我们还需简洁地传达室内公共环境场所的空间特征，尽可能通过编排、色彩等表现室内空间的个性，并努力创造一个与室内公共环境场所相和谐的室内导向识别系统来。

（2）室内识别设计的作用

室内公共环境场所识别标识是用图形符号表示规则的一种方法，它用一目了然的图形符号，以通俗易懂的方式表达、传递有关规则的信息，而不依赖于语言、文字（图 3-42）。其作用主要表现在以下这些方面：

1）识别——指识别标识图形符号在室内公共环境场所中能够为人们对空间环境的识别起到导向的作用。

2）诱导——指识别标识图形符号能够在室内公共环境场所中从一个空间依次走向另一个空间起到诱导的作用。

3）禁止——指识别标识图形符号能够用于人们在室内公共环境场所起到制止或不准许某种行动发生的作用。

图 3-42　建筑室内公共环境场所常用的导向识别图形

　　4）提醒——指识别标识图形符号在室内公共环境场所中能够为人们某种行为起到提醒的作用。

　　5）指示——指识别标识图形符号能够在室内公共环境场所为人们起到空间环境方向的指示作用。

6）说明——指识别标识图形符号在室内公共环境场所中能够为人们对某种不了解的事物起到说明与解释的作用。

7）警告——指识别标识图形符号能够用于人们在室内公共环境场所预防可能发生的危险，以起到预先警告的作用。

2. 室内识别设计的类型

就室内公共环境场所的识别标识设计来看，其类型若从导向形态来分基本都归属于视觉、听觉、空间及特殊导向的范畴；若从设置形式来分则有立地式、壁挂式、悬挂式、屋顶式等几种形式，以满足室内公共环境场所中不同视点的需要。

（1）按导向形态分

1）室内视觉导向

人类对事物的认知与现实环境之间的结合点是人的知觉，在知觉所包含的味觉、触觉、嗅觉、视觉、听觉中，最为敏感和准确的要数视觉和听觉，由于视觉占人们获取外界信息总量的 87%，因而在室内公共环境场所中视觉导向具有重要作用，它具体包括文字导向、图形导向、照片、POP 广告、展示陈列、影视、声光广告等内容。

2）室内听觉导向

语言、噪音、警铃声，它们都是声波振动耳的鼓膜，通过中耳，在内耳的耳蜗中的淋巴液内振动，从而产生感觉——声音。人能听到的声波频率大体是 20~2000Hz 以上，以下的频率人是感觉不到的。在室内公共环境场所方面，人们从室内空间远眺室外环境，就可从前后、左右、远近、上下的方向感和空间的广阔度中感知到声音的方向。这种听觉空间与判断声源的距离、方位有关，称为声的定位。然而对声的空间广阔度来说，判断距离及方向的正确程度和视觉等相比大部分是准确的。因此利用听觉来完善室内公共环境场所中的导向系统有其他如视觉、嗅觉等无可比拟的作用。

3）室内空间导向

现在建筑空间复杂多变，合理地组织好空间之间的相互关系往往显得意义重大，而利用室内空间上的变化进行公共环境场所的空间导向处理比其他导向形式要自然、巧妙、含蓄，并能使人们在不经意之中沿着一定的方向或路线从一个空间依次走向另一个空间。其空间导向手法包括用弯曲的墙面把人流引向某个确定的方向，以暗示另一空间的存在；利用特殊形式的楼梯或特意设置的踏步，暗示出上一层空间的存在；利用顶棚、地面处理，暗示出前进的方向；利用空间的灵活分隔，暗示出其他空间的存在等。

4）室内特殊导向

室内空间环境中的特殊导向主要指为了各类残疾人所提供的无障碍设计导向，在现代文明社会里的一切公共设施不只是健全人的世界，世界上还有不少残疾人需要与常人一样拥有这个世界，享受现代文明。为此应在现代室内公共环境场所中尽可能地为各类残疾人提供无障碍设计，这类特殊导向可以让残疾人、老年人与儿童们的理想变为现实，成为现代室内公共环境场所表现出来的一种对人的亲情与关爱。

（2）按设置形式分

建筑室内环境空间的识别设计，主要包括立地式、壁挂式与悬挂式等形式（图3-43），它们分别为：

1）立地式

指在室内空间环境中用各种材料与处理手法制作而立于地面的导向识别标识设置形式，其造型形式各异、种类丰富。

2）壁挂式

指在室内空间环境中利用墙面贴挂的各类导向识别标识，它是室内空间环境中导向识别标识最主要的设置形式之一。

3）悬挂式

指在大中型室内空间环境中悬挂在顶棚上的各类导向识别标识，这种设置形式的特点为醒目，非常便于人们的识别。

3. 室内识别设计的原则与方法

（1）室内识别设计的原则

室内公共环境场所识别标识图形符号设计的原则，必须让所有人群都能够了解与识别，从而才有可能在室内公共环境场所发挥出识别标识图形符号应有的作用，而要做到这一点，在识别标识图形符号设计中就需要遵循其准确、清晰、规范、独特、美观的原则。

1）准确性原则

图3-43　形式各异的室内导向识别标识设置形式
1）立地式　2）壁挂式　3）悬挂式

就是指识别图形、符号、文字、色彩的含义必须精确，不会产生歧义。就图形举例，它要典型化，要抓住事物的特征，如出租汽车与计程汽车；前者是将钥匙与汽车一起交给租用者，后者是有人驾驶，按里程收费，其最典型的便是计程器及其符号，把两者区别开来就能表达清楚了。拿色彩举例：冷饮处就不能用暖色，热饮处就要用暖色等。

2）清晰性原则

就是要求识别标识的图形符号要简洁、色彩明朗，尤其是在视觉环境纷乱的地方。

其方法就是运用对比的原则，以繁衬简，以灰衬亮。

3）规范性原则

就是识别标识的图形符号，其文字要规范，不用白字、淘汰字，不用冷僻字，不用标准符号；此外识别标识的图形、位置、色彩必须规范标准，即用标准的图形、标准的色彩、标准的排列、标准的文字字形、标准的位置来统一单位内众多的识别标识图形，从而形成强烈的识别形象。

4）独特性原则

就是指识别标识图形符号的设置方法及设计形象的独特性，设置方法有贴、立、挂和平面、立体、雕塑、蜡像、电子屏幕显示等；在识别标识图形符号设计方面也要有个性特点，以便于区别。独特的形象与设置方式还便于给使用者留下深刻的印象，并有助于树立室内公共环境场所的形象特征。

5）美观性原则

就是指视觉识别图形符号形象的美（亲切、可爱，动人、悦目）。只有美的形象才能使来宾与客人由衷地产生轻松自然的情绪，这种情绪无论对工作、购物、办事、旅游等都会带来莫大的好处。同时，美也有利于改善视觉环境的质量，给人以文明、现代的感觉。

总之，好的识别标识图形符号设计是一种有形、无人、无声而规范的现代室内公共环境场所管理方法，运用和推广这种有效的管理方法无疑有助于提高效率，井然秩序，并达到加强安全、改善环境的目的。

（2）室内识别设计的方法

从建筑室内公共信息识别标识的设计方法来看，其布置要点主要包括：

一是识别标识牌在环境中必须醒目，其正面或邻近处不得有妨碍识读识别标识的障碍物（如广告等）。

二是导向标识牌应设在便于选择方向的通道处，并按通向设施的最短路线布置。若通道很长，应按适当间距重复布置。

三是指示性标识牌应设在紧靠所指示的设施、单位的上方或侧面，或足以引起人注意的位置。

四是单个使用导向图形标识时，应与方向标志同时显示在同一标牌上。

五是方向标识后面可以安排一个以上的图形标识和适当空位，但一行和一个方向最多允许有四个图形标识和适当空位。

六是并列设置的引导两个不同方向的标识牌之间，至少应有一个空位。

七是图形标志可以辅文字标志或说明。文字标志必须与图形标志同时显示，但不得在图形标志边框内添加文字。字的高、宽度约为图形高度的5/8，并不得使用行书或草书。

八是图形标识可以布置在大字标识的一端，也可在两端。标识牌可横向或纵向使用，长度不限。当标识牌上有多项信息和不同方向时，最多可布置五行并按逆时针顺序排列方向标志（箭头）的方向。一行中表示两个方向的识别标识图形，其间距不少于两个空位。

此外，建筑室内安全识别标识也是设计中必须关注的，它主要由安全色、识别标识图形符号等组成，通常以图形为主，文字辅之。其内容分为禁止、命令、警告、提示等，用以在建筑室内环境中引起人们对安全因素的注意，以预防事故的发生，并为人们在建筑室内环境中各类活动的开展起到安全警示等方面的作用（图3-44）。

1. 警告标志图形

注意安全　当心火灾　当心烫伤　当心触电　当心伤手　当心扎脚　当心滑跌　当心绊倒

2. 禁止标志图形

禁止通行　禁止停留　禁止入内　禁穿钉鞋入内　禁止摊放　禁止吸烟　禁放易燃物　禁带易爆物

禁止拍照　禁止触摸　禁戴手套　禁止靠门　禁坐栏杆　禁将头手伸出窗外　禁止烟火　禁带火种

3. 提示标志图形

击碎面板　疏散方向　消防设施方向　滑动开门　禁止锁门　拉开门　禁止阻塞　消防梯

太平门　避险处　安全通道　可动火区　安全楼梯　火警电话

4. 命令标志图形

必须戴安全帽　必须穿防护鞋　必须戴防护镜　必须系安全带　必须用防护装置　必须戴防尘口罩　必须戴防护手套　必须加锁

图3-44　各类安全识别标识图形

3.5　室内绿化与室内景园设计

室内绿化与景园环境是指把自然界中的绿色植物经过科学地设计和组织所形成的具有多种功能的室内自然环境，并以科学的管理及艺术的处理手法来创造宁静舒适、清新雅致、卫生美观的室内空间，从而给人们带来一种生机盎然的环境气氛（图3-45）。

图 3-45　生机盎然的现代建筑室内环境绿化设计

3.5.1　室内绿化的意义与作用

1. 室内绿化的意义

室内绿化是室内环境艺术中非常重要的设计内容，它通过植物，尤其是活体植物在室内的巧妙配置，使其与室内诸多要素达到统一，进而产生美学效应，给人以美的享受。随着城市化进程的加快和建筑物的进一步增加，人与自然环境的分离也日趋严重。人们更加渴望能在室内空间中欣赏到自然的景象，享受到绿色植物带来的清新气息。可见绿，代表着和平与宁静。人们在紧张繁忙的环境中生活，需要绿意来调剂精神，需要有新鲜色彩的植物，需要幽静清新的环境，需要自然的美。正因为如此，室内绿化在今天已引起世界各国的普遍重视，并以丰富多彩的布置形式走进千家万户之中。而生机盎然的室内绿化已经远远超出其他一切室内陈设物品的作用，并成为室内空间环境中具有生命活力的一种陈设设计手法。并且成为现代都市人接近自然、感受自然的一种追求和理想。

2. 室内绿化的作用

在建筑室内空间中，室内绿化的作用是多方面的，并具有其现实的意义。

（1）改善气候

绿化中的植物在室内空间环境中有助于调节室内的温度、湿度，净化室内空气的质量，改善室内空间小气候。据人们分析在干燥的季节，绿化较好的室内其湿度比一般室内的湿度约高 20%；到梅雨季节，由于植物具有吸湿性，其室内湿度又可比一般室内的湿度低一些；另外花草树木还具有良好的吸音作用，较好的室内绿化能够降低噪声，若靠近门窗布置绿化还能有效地阻隔传入室内的噪声；并且绿色植物还能吸收二氧化碳，放出氧气，净化室内的空气。

（2）美化环境

室内绿色植物比起一般的陈设物品更有生气与活力，它不仅具有形态、色彩与质地的变化，并且姿态万千，能以其特有的自然美为建筑内部环境增加动感与表现的魅力。绿色植物对室内环境的美化作用主要表现在两个方面：一是绿色植物本身的自然美，包括其色泽、形态、体量和气味等；二是通过对各种植物的不同组合与室内环境有机的配置所产生的环境效果。其美化作用具体表现在绿色植物的形态与现代建筑形成的对比，不仅可消除建筑物内部空间的单调感，使彼此间相得益彰，并且还增强了室内环境的表现力和感染力；绿色植物在室内环境中尽管以绿色为基调，但各种植物的绿色都不相同，这样就可以反映出十分丰富的自然色彩风貌。此外当植物花期来临，缤纷的色彩更会为整个室内空间起到美化的作用。

（3）组织空间

在现代建筑中有许多大空间，这些空间有着复杂的功能，但又要求不同的功能区域具有方便的联系，这样利用绿色植物等进行分隔空间就成了一种理想的手段；此外用绿色植物可将不同的空间相互沟通，并使之相互渗透，是现代室内设计常用的手法之一，特别是处理室内外空间上的效果更为理想。这不仅有利于空间的过渡，并能使这种过渡自然流畅，扩大其室内环境的空间感；在室内空间中还有的许多角落是比较难于处理的，如沙发、座椅垂直布置时剩下的空间，墙角及楼梯、自动扶梯的底部等，这些角落均可以用绿化来做空间上的填充。

（4）陶冶性情

富有自然气息的绿色植物一旦经人们引入室内空间，便可获得与大自然异曲同工的胜境。绿色植物形成的空间美、时间美、形态美、音响美、韵律美和艺术美都将极大地丰富和加强室内环境的表现力和感染力，从而会使室内空间具有绿色的气氛和意境，并能满足人们的精神要求，起到陶冶性情的作用。

3.5.2　室内绿化的生态条件与绿化植物

室内绿化是人们将自然界中的绿色植物引入建筑内部空间的一种设计方法。由于室内环境的生态条件异于室外，通常光照不足，空气湿度较低，空气流通不畅，温度比较恒定等，并不利于植物的生长。这样为了保证植物在室内环境能有一个良好的生态条件，除需要科学地选择耐阴植物和给予细致、特殊的养护管理、合理的设计及艺术布局以外，室内绿化还要通过现代化的人工装置设备来改善室内光照、温度、湿度、通风等室内环境条件，从而创造出既利于植物生长，又符合人们生活和工作要求的优美自然环境来。

1. 室内绿化的生态条件

（1）光照

光是绿色植物生长的首要条件，它既是生命之源，也是植物生活的直接能量来源。一般来说，光照充足的植物都生长得枝繁叶茂。但不同种类的植物对光照的要求却各不相同，这就需要在室内环境种植时应根据植物的不同习性来考虑与布置。而光主要用照度来表示，单位勒克斯（lx）。从相关资料来看，一般认为低于300lx的光照强度，植物就不能维持生长。然而不同的植物正常生长发育对光照的需求是不一样的，为此在生态学上按照植物对光照的需求将其分为三类，其中阳性植物是指需较强的光照，在强光

（全日照 70％以上的光强）环境中才能生长健壮的植物；阴性植物是指在较弱的光照条件下（为全日照的 5%~20%）比强光下生长更好的植物；耐阴植物则是指需要光照在阳性和阴性植物之间，对光的适应幅度较大。显然，用于室内绿化的植物主要是阴性植物，也有部分耐阴植物。

（2）温度

在室内空间环境中，温度的变化将直接影响着植物的光合作用、呼吸作用、蒸腾作用等的进行。而室内空间环境中温度的变化具有三个特点：一是温度相对恒定，温度变幅大致在 15~25℃之间；二是温差小，室内温差变化不大；三是没有极端温度，这对某些要求低温刺激的植物来说是不利的。但是由于植物具有变温性，一般能够满足人的室内温度也适合于绿色植物的生长，也正是考虑了人的舒适性，室内绿色植物在选择上大多采用原产于热带和亚热带的植物品种，一般其室内的有效生长温度以 18~24℃为宜，夜晚也要求高于 10℃。若夜晚温度过低就需依靠设置的恒温器在夜间温度下降时增温，并控制空气的流通与调节室内的温度。

（3）湿度

空气湿度对植物生长也起着很大的作用，因此在现代建筑室内空间内种植绿色植物，其室内空气相对湿度过高会让人们感到不舒服，过低又不利植物生长，这样一般控制在 40%~60% 对两者均有利。如降至 25% 以下对植物生长就会产生不良的影响，因此要预防冬季供暖时空气湿度过低的弊病。而在室内造景，如设置水池、叠水、瀑布、喷泉等均有助于提高室内空气的湿度。若没有这些设施，也可采用喷雾的方式来湿润植物周围地面，以及套盆栽植来提高空气的湿度。

（4）通风

风是空气流动而形成的，轻微的或 3~4 级以下的风，对于气体交换、植物的生理活动、开花授粉等都很有益处。但是在室内环境中由于空气流通性差，常常导致植物生长不良，甚至发生叶枯、叶腐、病虫滋生等现象，因此要通过窗户的开启来进行调节。而阳台、窗口等处空气比较流通，有利于植物的生长；而墙角等处通风性差，这些地方摆放的室内盆栽植物最好隔一段时间就搬到室外去通通气，以利于继续在室内环境中的陈列摆放。许多室内绿化植物对室内废气都很敏感，为此也要求室内空间能通风换气。而利于室内绿化植物生长的风速一般以 0.3m/s 以上的通风状况为佳。

（5）土壤

土壤是绿色植物生长的基础，它为植物提供生命活动必不可少的水分和矿物质营养。由于各种植物适宜生长的土壤类型不同，因此要注意做好土壤的选择。种植室内植物的土壤应以结构疏松、透气、排水性能良好，又富含有机质为好。土中应含有氮、磷、钾等营养元素，以提供生长、开花所必需的营养。盆栽植物用土，必须选用人工配制的培养土。理想的培养土应富含腐殖质，土质疏松，排水良好，干不裂开，湿不结块，能保持土壤湿润状态，利于根部生长。此外，土壤的酸碱度也影响着花卉植物的生长和发育。为了消除蕴藏在土壤中的病虫害，在选用盆土时还要做好消毒工作。

2. 室内绿化植物的种类

室内植物的种类很多，根据植物的观赏特性及室内造景的需要，可以把室内植物分为自然生长植物和仿真植物两大类（图3-46），它们分别为：

（1）室内自然生长植物

从观赏角度来看可分为观叶植物、观花植物、观果植物、藤蔓植物、芳香植物、室内树木与水生植物等种类，其品种分别为：

图 3-46　建筑室内环境中绿化植物的种类
1）室内自然生长的植物　2）室内仿真的植物

1）观叶植物——是指以植物的叶茎为主要观赏特征的植物类群。此类植物叶色或青翠，或红艳，或斑斓，叶形奇异，叶繁枝茂，有的还四季如春，经冬不凋，清新幽雅，极富生气。其代表性的植物品种有文竹、吊兰、竹子、芭蕉、吉祥草、万年青、天门冬、石菖蒲、常春藤、橡皮树、仙草、蜘蛛抱蛋等。

2）观花植物——此类植物按照形态特征又分为木本、草本、宿根、球根四大类，它们使人陶然忘情。代表性植物有玫瑰、玉兰、迎春、翠菊、一串红、美女樱、紫茉莉、凤仙花、半枝莲、五彩石竹、玉簪、蜀葵、唐菖蒲、大丽花等。

3）观果植物——此类植物春华秋实，结果累累，有的如珍珠，有的似玛瑙、有的像火炬，色彩各异，可赏可食。代表性植物有石榴、枸杞、火棘、南天竹、金橘、玳玳、文旦、佛手、紫珠、金枣等。

4）藤蔓植物——此类植物包括藤本和蔓生型两类。前者又有攀缘型和缠绕型之分，如常春藤类、白粉藤类，龟背竹和绿萝等属攀缘型；而文竹、金鱼花、龙吐珠等属缠绕型。后者指有葡萄茎的植物，如吊兰、天门冬。藤蔓植物大多用于室内垂直绿化，多做背景并有吸引人的特征。

5）芳香植物——此类植物花色淡雅，香气幽远，沁人心脾，既是绿化、美化、香化居室的材料，又是提炼天然香精的原料。代表性植物有茉莉、白兰、珠兰、米兰、栀子、桂花等。

6）室内树木——此类植物除了观叶植物的特征外，树形是一个最重要的特征，有棕榈形，如棕榈科植物，龙血树类、苏铁类和杪椤等植物也属此类；圆形树冠如白兰花、桂花、榕树类；塔形，如南洋杉、罗汉松、塔柏等。

7）水生植物——此类植物有漂浮植物、浮叶根生植物、挺水植物等几类。在室内绿化的水景中也可引入这些植物以创造更自然的水景。漂浮植物如凤眼莲、浮萍植于水面，浮叶根生的睡莲植于深水处，水葱、旱伞草、慈姑等挺水植物植于水际，再高还可植日本玉簪等湿生性植物。水生植物大多喜光，随着近年来采光和人工照明技术的发展，使水生植物逐渐走向室内，成为室内环境美化中的一员。

（2）室内仿真植物

仿真植物是指用人工材料如塑料、绢布等制成的观赏性植物，也包括经防腐处理的植物体经再组合形成的仿真植物，一般家庭和公共建筑没有足够的资金提供植物所需的环境条件，使这种非生命植物越来越受到人们的欢迎。虽然仿真植物在健康效益、多样性方面不如具有生命力的室内绿化植物，且价格也高，但在某些场合确实比较适用。如光线阴暗处、光线强烈处、温度过低或过高的地方、人难到达的地方、结构不宜种植处、特殊环境与需降低养护费用的地方等。

建筑室内环境绿化常用的植物品种见表 3-2。

表 3-2　建筑室内环境绿化常用植物品种

观赏特性	植物名称	色泽		花期	温度（℃）	光强	湿度	配置方式
		叶色	花色					
芳香类	瑞香		白红	秋冬季	4~10	中	中	
	桂花		白黄	秋季	4~13	中	中	固定栽植
	玉簪		白	夏季	4~10	中	中	
	虎尾兰		白	春夏季	16~21	弱	低	
	昙花		白	夏季	16~21	强	低	
	文殊兰		白	夏季	5~10	强	中	
	夜香树		白	夏季	10~16	强	中	攀缘
	金粟兰		黄	秋季	10~16	中	中	
藤蔓类	常春藤类				4~13	强	中	攀缘悬挂
	文竹		白	春夏季	4~10	中	高	攀缘
	绿萝				16~21	中	高	悬挂攀缘
	嘉兰		红黄		5~10	中	中	攀缘
	蟹爪兰		白红黄		20~30	强	中	攀缘
	兜兰				18~25	中	中	攀缘
	天门冬				4~10	中	中	攀缘悬挂
	宽叶吊兰				4~13	中	中	悬挂
树木类	罗汉松				4~13	强	中	地面盆栽
	龙柏				4~13	强	中	固定栽植
	棕竹				4~10	中	中	固定栽植
	南洋杉				4~13	中	中	固定栽植

（续）

观赏特性	植物名称	色泽		花期	温度（℃）	光强	湿度	配置方式
		叶色	花色					
树木类	变叶木				18~21	强	中	固定栽植
	桫椤				18~21	中	高	固定栽植
	苏铁				4~13	中	中	固定栽植
	巴西铁树				18~21	中	中	固定栽植
	茸茸椰子				13~16	中	高	地面盆栽
	蒲葵				10~16	中	中	固定栽植
	紫竹				0~4	中	中	固定栽植
	琴叶榕				18~21	中	中	地面盆栽
	散尾葵				18~21	中	高	固定栽植
	月桂		黄	春季	4~13	强	中	固定栽植
水生类	睡莲		红	夏季	4~10	强	中	水性盆栽
	水葱				4~10	强	中	湿性盆栽
	香蒲				4~10	强	中	湿性盆栽
	日本玉簪		蓝紫	夏季	4~10	强	中	湿性盆栽
	凤眼莲		蓝紫	夏季	4~10	强	中	水面栽植
	旱伞草				4~10	强	中	注水盆栽
观叶类	彩叶红桑	红橙	紫		20~30	强	中	固定栽植
	菠叶斑马（光尊荷）			夏季	15~18	强	中	
	斑粉菠萝		枯黄	夏季	15~18	强	中	
	龙舌兰	灰绿	淡黄		15~25	强	低	
	广东万年青				20~25	弱	高	
	海芋				28~30	弱	中	
	芦荟				20~30	强	低	
	火鹤花（花烛）		红	夏季	20~30	中	高	
	斑马爵床		粉	春季	20~25	中	高	
	南洋杉				10~20	中	中	
	假槟榔			夏季	28~32	中	中	
	孔雀木				16~21			固定栽植
	富贵竹				18~21	中	高	
	吊兰	绿黄白	白	春季	24~30	强	高	
	龟背竹				15~20	中	中	
	鸭脚木				16~21	强	中	固定栽植
	春羽				16~21	中	高	

（续）

观赏特性	植物名称	色泽		花期	温度（℃）	光强	湿度	配置方式
		叶色	花色					
观花类	杜鹃		白红	冬春季	4~16	强中	中	
	倒挂金钟		白红蓝	春季	30~60	中	中	
	喜花草		蓝紫	冬春季	30~60	强	中	
	水仙		黄	冬春季	4~10	中	中	
	山茶		白红	秋季	4~16	中	中	固定栽植
	天竺葵		白红	四季	4~10	强	中	
	八仙花		白红蓝	夏季	4~16	中	中	
	悬铃花		红	四季	16~21	强	中	
	扶桑		红	四季	16~21	强	中	
	君子兰		黄	冬季	10~16	中	中	
	含笑		白	夏秋	4~10	中	中	固定栽植
	瓜叶菊		白红蓝	四季	8~10	强	中	
	风兰		白	夏季	10~21	中	中	
	春兰		黄绿	春季	4~10	中	中	
	迎春			春季	4~10	强中	中	
	马蹄莲		白	冬春季	10~21	强中	中	湿性盆栽
	报春花		白红蓝	秋冬季	4~10	中	中	
	四季海棠			四季	10~16	强中	中	
观果类	金橘		白	四季	10~16	强	中	
	万年青		白	夏季	4~10	弱中	中	
	月季石榴		红	四季	10~16	强	中	
	艳凤梨		蓝紫	四季	16~21	强	中	
	南天竹		黄	秋季	4~10	中	中	
	冬珊瑚(吉庆果)		白	夏秋季	15~25	强	中	
	枸杞		紫红	夏秋季	10~20	强	高	
	珊瑚樱		白	夏秋季	4~16	强	中	

3. 室内绿化植物的选择

植物世界可称得上是一个巨大的王国，由于各种植物自身生长特征的差异，对环境就有不同的要求，然而每个特定的室内环境又反过来要求有不同品种的植物与之配合，其室内绿化选择的依据包括：

首先，选择室内绿化植物需要考虑建筑的朝向，并需注意室内的光照条件，这对于永久性室内植物尤为重要，因为光照是植物生长最重要的条件。同时建筑室内的温度、湿度也是选用植物必须考虑的因素。因此，季节性不明显、容易在室内成活、形态优美、

137

富有装饰性的植物是室内绿化的必要条件。

其次，要考虑植物的形态、质感、色彩和品格是否与建筑的用途和性质相协调。要注意植物的大小与空间的体量相适应，并且不同尺度的植物应有不同的位置和摆法。

再者，室内植物的选用还应与文化传统及人们的喜好相结合，并避免选用有毒性植物，特别不应出现在居住空间中，以免造成意外。另在室内空间环境进行绿色植物配置还需考虑植物的尺度、品性与构图等因素，并可利用植物季相变化，使人们在其室内空间能够获得四季变化和常新的感觉。

4. 室内绿化植物的布局方式

室内绿化植物布局的方式多种多样、灵活多变。从其形态上可将之归纳为以下几种形式（图 3-47），即：

图 3-47　多种多样、灵活多变的室内植物布局方式
1）室内植物的点状布局　2）室内植物的线状布局　3）室内植物的面状布局

（1）点状布局

点状布局是指独立或组成单元集中布置的植物布局方式。这种布局常常用于室内空间的重要位置，除了能加强室内的空间层次感，还能成为室内的景观中心。因此，在植物选用上应更加强调其观赏性。点状绿化可以是大型植物，也可以是小型花木。大型植物通常放置于大型厅堂之中；而小型花木，则可置于较小的房间里，或置于几案上或悬吊布置，点状绿化是室内绿化中运用最普遍及最广泛的一种布置方式。

（2）线状布局

线状布局是指绿化呈线状排列的形式。有直线式或曲线式之分。其中直线式是指用数盆花木排列于窗台、阳台、台阶或厅堂的花槽内，组成带式、折线式，或呈方形、回纹形等，能起到区分室内不同功能、组织空间、调整光线的作用；而曲线式则是指把花木排成弧线形，如半圆形、圆形、S形等多种形式，且多与家具结合，并借以划定范围，以组成较自由流畅的空间。另外可利用高低植物创造有韵律、高低相间的花木排列，以形成波浪式绿化，是垂面曲线的一种表现形态。

（3）面状布局

面状布局是指成片布置的室内绿化形式。它通常由若干个点组合而成，多用作背景，这种绿化的体、形、色等都应以突出其前面的景物为原则。有些面状绿化可能是来遮挡空间中有碍观瞻的东西，这个时候它就不是背景而是空间内的主要景观点了。植物的面状布局形态有规则式和自由式两种，它常用于大面积空间和内庭之中，其布局一定要有丰富多变的层次，并达到美观耐看的艺术效果。

（4）综合布局

综合布局是指由点、线、面有机结合构成的绿化形式，是室内绿化布局中采用最多的方式。它既有点、线，又有面，且组织形式多样，层次丰富。布置中应注意高低、大小、聚散的关系，并需在统一中有变化，以传达出室内绿化丰富的内涵和主题的寓意。

3.5.3　室内景园设计

1. 室内景园的意义与作用

（1）室内景园的意义

室内景园是将自然因素巧妙地引入到当今的室内环境空间，使建筑内外空间环境能相互渗透，从而达到室内外空间的有机结合，这确是一种"移天缩地于君怀"简便而有效的设计手法。而现代先进的技术手段，建筑内外空间的合理扩大，则为室内空间争取到更多绿色与自然景观的导入条件，并极大地加强了人与自然的心理联系，增加了室内环境的惬意感和自在感，以为现代建筑内部空间带来引人入胜的自然气息（图3-48）。

（2）室内景园的作用

一是可改善室内气氛、美化室内空间，如在建筑室内大厅中设置景园，即能使其室内产生生机勃勃的气氛，增加室内的自然气息，将室外的景色与室内连接起来，使人们置身室内景园中，仿佛有回到大自然的感觉，从而淡化了建筑物体的生硬僵化之感，并为建筑室内开辟了一个不受外界自然条件限制的四季常青的景园空间。

图 3-48　现代建筑室内空间中充满生机的室内景园环境
1）加拿大温哥华商业建筑室内景园环境　2）广州白天鹅宾馆室内中庭空间景园环境

　　二是可为室内厅堂增加空间上的层次——公共建筑室内的共享空间大厅在功能上往往有接待、休息、饮食等多种要求，为了使各种使用区间既有联系又有一定的幽静环境，常采用室内组景的方法来分割大厅的空间。诸如在室内厅堂之中可以利用景园作为空间的过渡和分隔，既可使接待空间避免过分暴露，又不使整个厅堂空间受到太大的影响。

　　三是能灵活处理室内空间的联系——在建筑室内利用室内景园形式，可为室内空间的联系、分隔、渗透、转换、过渡和点缀提供灵活的处理手法。如在过厅与餐厅之间、过厅与大堂之间、走廊与过厅之间等。常常借助于室内景园，从一个空间引到另一个空间，使室内空间能够布置得更加自然与贴切。

　　（3）室内景园的构成方法

　　1）以植物为主的室内景园——是以植物花木的栽植和盆栽为主构成的室内景园，包括自然式植物景园、花池、盆景园、草地园、蔓生园、岩石园、水生植物园及模拟植物园等形式。

　　2）以山石为主的室内景园——是以山石为主构成的室内景园，通常由锦川石与棕竹相伴成景，黄蜡石组景，英石依壁砌筑，配以小水池和植物组景等形式。

　　3）以水体为主的室内景园——是以水体为主构成的室内景园，包括水池型、瀑布型、溪涧型等形式，水体多与山石和绿色植物组景，并形成流畅、自由回环的曲线，以取得具有变化的室内景园设计效果。

　　在建筑室内绿色与自然景观的建设中，山石与水体是除了绿色植物之外最重要的室内绿色与自然景观构成要素，并且在设计中两者是相辅相成的，"山因水活""水得山而媚"，山石与水体也是不可分的。水体的形态常常为山石所制约。以池为例，或圆或方，皆因池岸而形成；以溪为例，或曲或直，亦受堤岸的影响；瀑布的动势与悬崖峭壁有关系；石缝中的泉水正因为有石壁作为背景才显得有情趣。所以在建筑室内绿色与自然景观营造中，两者的配置多数是结合在一起的。

2. 室内景园山石的配置

（1）山石的意义

在室内景园构景中，山石是重要的造景素材，古有"园可无山，不可无石""石配树而华，树配石而坚"诸说。故室内常用石叠山造景，或供几案陈列观赏。能做石景或观赏的素石称为品石。选择品石的标准为"透、瘦、漏、皱"四个字。所谓"透"就是孔眼相通，似有路可行；所谓"瘦"就是劈立当空，孤峙无依；所谓"漏"就是纹眼嵌空，四面玲珑；所谓"皱"就是石面不平，起伏多姿。现代的选择品石的标准自然不必拘泥为以上四个字，这是因为现代建筑内部空间的性质与功能具有多样性，与其相配的室内山石自然也应该是多种多样的。

（2）山石的类型

室内山石的类型有太湖石、锦川石、英石、黄石、花岗石与人工塑石等（图 3-49）。而用于建筑室内绿色与自然景观营造配置的山石主要有假山、石壁、石洞、峰石与散石等形式，其中：

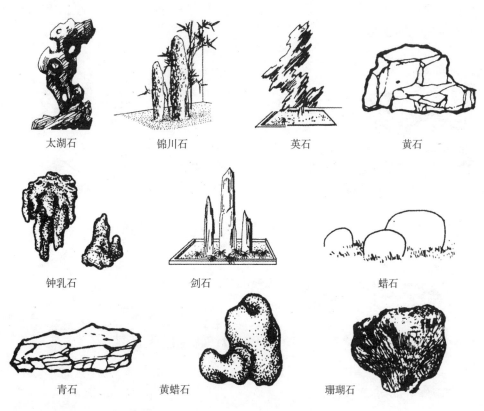

太湖石	锦川石	英石	黄石
钟乳石	剑石		蜡石
青石	黄蜡石	珊瑚石	

图 3-49　建筑室内山石的类型

1）假山——在室内垒山，必须以空间高大为条件。室内的假山大都作为背景而存在。假山一定要与绿化配置相结合才有利于远观近看，并具有真实感，否则就会失去自然情趣。同时采用几块峰石垒砌，也应保持上大下小。

2）石壁——依山的建筑可取石壁为界面，砌筑石壁应使壁势挺直如削，壁面凹凸起伏，如顶部悬挑，就会更具悬崖峭壁的气势。

3）石洞——其构成空间的体量根据洞的用途及其与相邻空间的关系决定。洞与相邻空间应保持若断若续、浑然一体。石洞如能引来一股水流，则情趣更增。

4）峰石——单独设置的峰石，应选形状和纹理优美的，一般按上大下小的原则竖立，以形成动势。

5）散石——配置散石，在室内庭园中可起到小品的点缀作用。在组织散石时，要注意大小相间、距离相宜、三五聚散、错落有致，力求使观赏价值与使用价值相结合，要符合形式美的基本原则。

室内环境中山石的配置，应在对比之中讲究和谐，如散石的配置应与周围环境形成整体感，且粗纹与细纹要相互搭配，不同色彩成为一组。在成组或连续布置散石时，要连续不断地、有规律地使用大小不等、色彩各异的散石，形成起伏变化的秩序，做到有韵律感及动势感。而散石配置的原则，一是力求使山石的观赏价值与使用价值相结合；二是力求使山石的配置符合形式美的基本法则。而构筑室内山石景观常用的叠石手法有散置和叠石两种，其中叠石的手法应用较多，有卧、蹲、挑、飘、洞、眼、窝、担、悬、垂、跨等形式（图3-50）。

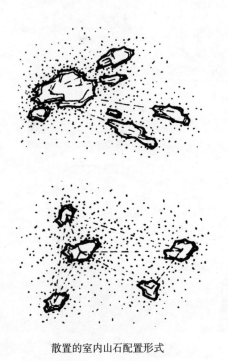
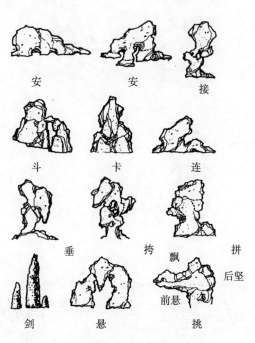

散置的室内山石配置形式　　　　叠石的室内山石配置形式

图 3-50　建筑室内山石的配置形式

3. 室内景园水体的配置

（1）水体的意义

水是最活跃、在建筑内外空间环境设计中运用最为频繁的自然要素，它与植物、山石相比，更富于变化，更具有动感，因而也就能使室内空间环境更富有生命力。室内水体景观可以改善室内气候，成为重要的室内绿色与自然景观的构成要素；同时室内水体景观可以烘托环境气氛，形成建筑内部某种特定的空间意境与效果（图3-51）。

（2）水体的类型

室内水体的类型主要有喷泉、瀑布、水池、溪流与涌泉等形式，其中：

图 3-51　建筑室内水体景观可以改善室内气候，烘托环境气氛，形成建筑内部某种特定的空间意境与设计效果

1）喷泉——其基本特点是活泼。喷泉有人工与自然之分，自然喷泉是在原天然喷泉处建房构屋，将喷泉保留在室内。人工喷泉形式种类繁多，其喷射形式多为单射流、集射流、散射流、混合射流、球形射流、喇叭形射流等。有由机械控制的喷泉，对喷头、水柱、水花、喷洒强度和综合形象都可按设计者的要求进行处理。近年来，又出现了由计算机控制的带音乐程序的喷泉、时钟喷泉、变换图案喷泉等。另外，喷泉与水池、雕塑、山石相配，再加上五光十色的灯光照射，常常能取得更好的视觉效果。

2）瀑布——在所有水景中，动感最强的要数瀑布了。在室内利用假山叠石，低处挖池做潭，使水自高处泻下，击石喷溅，俨有飞流千尺之势，其落差和水声可使室内空间变得有声有色，静中有动。

3）水池——其基本特征是平和，但又不是毫无生气的寂静。室内筑池蓄水，倒影交错，游鱼嬉戏，水生植物飘香，使人浮想联翩，心旷神怡。水池的设计主要是平面变化，或方或圆或曲折成自然形。此外，池岸采用不同的材料，也能出现不同的风格意境。池也可有不同的深浅，形成滩、池、潭等。

4）溪流——溪流属线形水型，水面狭而曲长。水流因势回绕，不受拘束。在室内一般利用大小水池之间，挖沟成涧，或轻流暗渡，或环屋回索，使室内空间变得更加自如。

5）涌泉——它是在现代建筑内部空间环境中最为活跃的室内水体景观，它能模拟自然泉景，做成或喷成水柱。或漫溅泉石，或冒地珠涌，或细流涓滴，或砌成井口栏台做甘泉景观，其景观效果极为生动及具有情趣。

所有室内水体景观均具有曲折流畅、滴水有声的景观效果，并为回归自然的室内环境平添着独具一格的空间艺术魅力。

（3）水体的配置形式

用于建筑室内绿色与自然景观营造的水体类型主要包括主景、背景与纽带等形式（图 3-52），具体表现为：

图 3-52 建筑室内空间环境中水体的配置形式
1）室内空间环境中的水体构成主景　2）室内空间环境中的水体作为背景　3）室内空间环境中的水体形成纽带

1）构成主景——瀑布、喷泉等水体，在形状、质感、色彩、动态等方面具有较强的感染力，能使人们得到精神上的满足，从而能够构成环境中的主要景点。

2）作为背景——室内水池多数都作为山石等绿化的背景，突出于水面的亭、廊、桥、岛，漂浮于水面的水草、莲花、水中的游鱼等都能在水池的衬托下格外生动醒目。水池一般多置于庭中、楼梯下、道路旁或室内外交界空间处，在室内可起到丰富和扩大空间的作用。

3）形成纽带——在室内空间组织中，水池、小溪等可以沟通空间，成为内部空间、内外空间之间的纽带，使内部与外部紧紧地融合成为一体，同时还可使室内空间丰富和更加富有情趣。

3.6 室内环境的小品设计

室内空间中的环境小品很多，作为室内环境设计的一个组成部分同样应该得到重视，其内容包括室内空间中的亭子、门窗、隔断、栏杆、小桥、雕塑、壁画、路标、种植容器与庭园灯具等（图 3-53）。

图 3-53　建筑室内及其相关空间中种类繁多的环境艺术设计小品

　　其体量虽然不大，作用却很重要，它们往往位于人们的必经之地，处在人们的视野之中，其美丑与否，必然影响整个环境。室内空间中良好的小品能为环境增光，低劣的小品会使环境减色。基于这样的考虑，室内环境小品也应纳入室内设计的范畴，并须从总体出发，仔细推敲其体量、形状、色彩与格调，使之成为室内空间环境中不可分割的有机整体。

第 4 章　建筑室内环境设计的技术问题

建筑室内环境设计的技术问题,主要包括建筑室内环境设计中人体工学与行为心理、装饰材料与装修作法,设备配置与安全防护等方面的内容。它们是现代建筑室内环境设计之中实现设计师的创意、构想与艺术风格等要素的技术保障,也是每一个设计师进行建筑室内环境设计工程实践,必须把握的最基本的设计技术基础知识。因此,作为建筑室内环境设计师来说,切忌等闲视之。

4.1　人体工学与行为心理

4.1.1　人体工学与建筑室内环境设计

1. 人体工学的意义

（1）人体工学的概念

人体工学又称人类工程学或人体工程学,它是运用生理学、心理学和其他有关学科知识,使人–机关系相互适应,乃至创造舒适与安全的环境条件,并探讨人们劳动、工作效果与效能的规律,从而提高人的工作效益与人在环境中的舒适程度的一门新兴学科。

人体工学起源于欧美,原先是在工业社会中开始大量生产和使用机械设施的情况下,探求人与机械之间的协调关系,它是第二次世界大战后发展起来的一门新学科。作为独立学科有 40 多年的历史。在第二次世界大战中的军事科学技术,开始运用人体工学的原理和方法,为提高飞机、军舰与坦克等各种武器的命中率而大力开展的设计研究工作。其中研究涉及的范围包括人体的尺度、生理和心理的需求、人体能力的感受、对物理环境的感受、人体能力的适应程度等方面的内容。其研究是以人和机器的相互适应关系为对象,以实测、统计、分析为基本的研究方法。在第二次世界大战以后,人体工学迅速地渗透到整个工业生产、空间与高新技术、建筑及生活用品、交通工具等一系列设计领域,并且成为当今建筑室内环境设计中不可缺少的设计技术基础。

时至今日,当代社会迅速地向后工业社会、信息社会过渡,各种设计也越来越重视"以人为本",并强调为人服务的设计理念。由此推动人体工学研究从人自身出发,在以人为主体的前提下探索人们在衣、食、住、行、用、玩及一切生活、生产活动方面的各种应用问题。例如设计汽车,不仅要懂得空气动力学的相关知识,还要知道人在车中的功能尺度、振动对人的影响、异常情况下人的安全要求等;设计人的服装,要知道人体的尺寸和人体表面的温度;设计室内环境,要了解人体在空间环境中及开展各种活动时的结构尺寸和功能尺寸,要使室内空间形态符合人的审美要求,就要懂得人的视觉特征,以及人和环境交互作用的特点等;设计宇宙飞船,要了解人在太空失重情况下的心理活动、运动特点和操作要求;在企业管理中,要懂得人际行为的特点,才能充分发挥人的作用。

（2）人体工学的研究内容

在进行人体工学研究时,必须考虑人类的特性,更强调地说,就是必须考虑人类特性的所有方面，其内容主要包括：

1）感觉、知觉的能力（视觉、听觉、触觉等）。

2）运动和体力。

3）智能。

4）学习新技术的能力。

5）技能。

6）对社会或集团的适应能力。

7）身体的高矮。

8）工作环境对人类能力的影响。

9）人类对长期或短期内具有的能力界限与舒适度的关系。

10）人类的反应形态。

11）人类的习惯。

12）民族、性别等对能力的影响。

13）人类的互相关系。

14）人类的偏见等。

以上所有的内容，可以说是关于环境中的人类活动所涉及的人体工学问题各种法则。

（3）人体工学与相关学科的联系

人体工学是一门综合性学科，它与许多学科和专业技术形成交叉融合的关系。它除了同有关工程技术学科关系密切外，还与生理学、心理学、人体解剖学、人体测量学、人类学、环境保护学、管理科学、色彩学和信息学等学科都有着密切联系（图4-1）。因此，在现代社会中，它已成为众多技术科学和社会科学工作者的共同研究的课题之一。

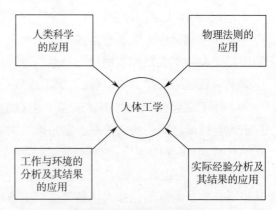

图 4-1　人体工学与相关学科的联系

2. 人体工学在建筑室内环境设计中的作用

我们知道，建筑室内环境设计的主要目的就是要创造有利于人类身心健康和安全舒适的生活、休息和工作的良好环境，而人体工学就是为了实现这个目的所形成的一门综合性系统科学（图4-2）。只是在具体的设计之中，应该如何来创造一个

图 4-2　建筑室内环境设计在空间尺度上强调运用人体工学原理来创造有利于人类身心健康和安全舒适的生活、休息和工作的良好环境

舒适的建筑室内空间环境来呢？在这里除了美学上的许多因素外，主要还是需要依靠科学上的手段来确定室内的空间、陈设与气候条件等方面的具体形态与数值关系。其主要的作用表现在以下几个方面，即：

（1）为确定建筑及其相关内部空间范围提供依据

影响建筑及其相关内部空间大小、形状的因素相当多，但最主要的因素还是人的活动范围以及家具设备的数量和尺寸。因此，在确定建筑及其相关内部空间范围时，必须搞清使用这个空间的人数，每个人需要多大的活动面积，空间内有哪些家具设备，以及它们各自所占用的空间面积有多少等。

作为研究问题的基础，首先要准确测定出不同性别的成年人与儿童在立、坐、卧时各自的平均尺寸。还要测定出人们在使用各种家具、设备和从事各种活动时所需的空间面积与高度。这样，一旦确定了空间内的总人数就能定出空间的合理面积与高度。

（2）为建筑及其相关内部空间中的家具设计提供依据

家具的主要功能是实用，因此，无论是人体家具还是贮藏家具都要满足使用要求。属于人体家具的椅、桌、床等，要让人坐着舒适，书写方便，睡得香甜，安全可靠，并能减少疲劳感。属于贮藏家具的柜、橱、架等，要有适合贮存各种衣物的空间，并且便于人们存取。为满足上述要求，在建筑室内空间中进行家具设计必须以人体工学作为指导，并尽可能使家具设计与选择，能够符合人体的基本尺寸和从事各种活动需要的尺寸。

（3）为建筑及其相关内部空间中的感官适应提供依据

人的感觉器官在什么情况下能够感觉到刺激物，什么样的刺激物是可以接受的，什么样的刺激物是不能接受的，这也是人体工学需要研究的一个重要课题。而人的感觉能力是有差别的，从这个问题出发，人体工学既要研究人在感觉能力方面的规律，又要研究不同年龄、不同性别的人在感觉能力方面的差异。

1）从视觉方面来看

人体工学要研究人在建筑及其相关内部空间中的视野范围（包括静视野和动视野）、视觉适应及视错觉等生理现象。

2）从听觉方面来看

人体工学要研究人在建筑及其相关内部空间中的听觉阈限，即什么样的声音能够被人听到；另外还要研究音量的大小会给人带来怎样的心理反应以及声音的反射、回音等现象。

3）从触觉、嗅觉等方面来看

人体工学要研究人在建筑及其相关内部空间中的手感、体感及气味觉等因素的各种舒适程度，并从中找出其的设计的规律，这对于确定建筑及其相关内部空间环境的各种条件，诸如空间布局、色彩配置、温度、湿度、声学要求等都是必需的。

3. 建筑室内环境设计中人体工学的应用

（1）人体的空间构成

在研究建筑及其相关内部空间环境中人体工学时，遇到的大量问题是人体空间构成的问题，其具体包括以下内容，即：

1）空间域限

空间域限是指人体的三维活动范围，就是指人的上、下、左、右的正常活动范围和极限。这个范围每个国家、民族以至每个人之间的人体尺度测量标准都是不同的，所以决定三维空间的量也是有差异的。从人体工学角度选定的数值只能是各国的一般标准数值，并有一定的调整幅度，这个幅度就称之为偏差值。

只是这种偏差值在具体的设计中需要考虑到不同的工作角度和男女通用等条件。例如按照人的平均高度设计一个脚踏装置，只有身高大于平均高度的50%的人，具有足够的腿长，能够达到这个脚踏装置，另外50%的人的腿将达不到这个脚踏装置，因此这个设计就不是一个好的设计。而好的设计应该使更多的人感到适用，即应考虑到90%、95%或99%的人；只排除10%、5%或1%的人，究竟要排除百分之几，这要从后果的严重性和经济性两方面优选一个合适的比例来。

2）位置

所谓位置，是指人在室内的"静点"。对于静点的确定，与个人或群体的生活习惯有关，也与生活方式和工作习惯有密切关系。当然这也取决于视觉"定位"，即指人们的心理感觉。例如在家庭居住空间装饰设计中，有的家庭愿意把客厅的沙发区放在客厅里面的尽端位置，也有的家庭喜欢把沙发区放在客厅的中央，这些都是因人而异的。另外静点也有它的相对性，比如在厨房里活动，它的静点就不是一个。当你烧饭时，灶前就是静点。在这个位置上，根据人的作业特点，就会有相应的尺度规范；而当你在洗菜时，水池前就成为静点位置了。这时根据洗菜作业的特点，又会有相应的尺度规范，如水池的高度、宽度和水嘴的高度、伸出长度等。

3）方向

这里的方向是指人的"动向"。动向是受生理和心理两个方面影响的。例如人在写字的时候，主要动向是朝光的方向，这就影响到室内桌椅的摆放方向和位置；人在睡眠的时候则要背向灯光和自然光，所以床的摆放就要考虑到它与窗的距离，就要考虑室内光的强度。

（2）人体与室内环境尺度

人的生活行为是丰富多彩的，所以人体的作业行为和姿势也是千姿百态的，但是如果进行归纳和分类的话，我们从中可以理出许多规律性的东西来。人的生活行为可分为以下几类，即：从人的行为与动态来分，可以把它分为立、坐、仰，卧四种类型的姿势，各种姿势都有一定的活动范围和尺度（图4-3）。为了便于掌握和熟悉建筑室内设计的尺度，这里我们将从以下几个方面来予以分析、研究。

1）人体的基本尺度

众所周知，不同国家、不同地区人体的平均尺度是不同的，尤其是我国幅员辽阔、人口众多，很难找出一个标准的中国人尺度来，所以我们只能选择我国中等人体地区的人体平均尺度加以介绍。为便于针对不同地区的情况，这里还开列出了一个我国典型的不同地区人体各部平均尺度，以此为依据对人体进行研究与探索（图4-4）。

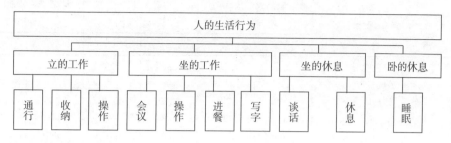

图 4-3　人的生活行为分类

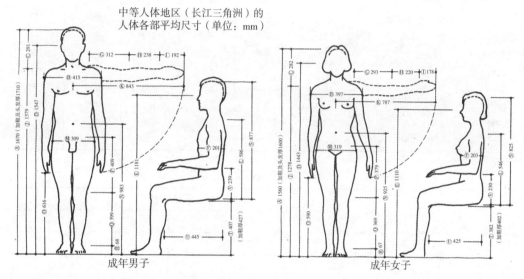

图 4-4　我国中等人体地区人体各个部分平均尺寸图

在我国按中等人体地区调查平均身高，成年男子为 1670mm，成年女子为 1560mm。如果按我国全国成年人高度的平均值计算，在国际上属于中等高度，不同地区人体各部平均尺寸见表 4-1，人体各部尺度与身高的比例见表 4-2。

表 4-1　不同地区人体各部平均尺寸表　（单位：mm）

序号	部　位	较高人体地区（冀、鲁、辽）		中等人体地区（长江三角洲）		较低人体地区（四川）	
		男	女	男	女	男	女
1	人体高低	1690	1580	1670	1560	1630	1530
2	肩宽度	420	387	451	397	414	386
3	肩峰至头顶高度	293	285	291	282	285	269
4	立正时眼的高度	1573	1474	1547	1443	1512	1420
5	正坐时眼的高度	1203	1140	1181	1110	1144	1078
6	胸廓前后径	200	200	201	203	205	220
7	上臂长度	308	291	310	293	307	298

（续）

序号	部　位	较高人体地区（冀、鲁、辽）		中等人体地区（长江三角洲）		较低人体地区（四川）	
		男	女	男	女	男	女
8	前臂长度	238	220	238	220	245	220
9	手长度	196	184	192	178	190	178
10	肩峰高度	1397	1295	1379	1278	1345	1261
11	1/2 上肢展开全长	867	795	843	787	848	791
12	上身高度	600	561	586	546	565	524
13	臀部宽度	307	307	309	319	311	320
14	肚脐高度	992	448	983	925	980	920
15	指尖至地面高度	633	612	616	590	600	575
16	上腿长度	415	395	409	379	403	378
17	下腿长度	397	373	392	369	391	365
18	脚高度	68	63	68	67	67	65
19	坐高	893	846	877	825	850	793
20	腓骨头的高度	414	390	407	382	402	382
21	大腿水平长度	450	435	445	425	443	422
22	肘下尺寸	243	240	239	230	220	216

表 4-2　人体各部尺度与身高的比例（按中等人地区）

部　位	百分比	
	男	女
两臂展开长度与身高之比	102.0	121.0
肩峰至头顶高与身高之比	17.6	17.9
上肢长度与身高之比	44.2	44.4
下肢长度与身高之比	52.3	52.0
上臂长度与身高之比	18.9	18.8
前臂长度与身高之比	14.3	14.1
大腿长度与身高之比	24.6	24.2
小腿长度与身高之比	23.5	23.4
坐高与身高之比	52.8	52.8

2）人体基本动作的尺度

人体活动的姿态和动作是无法计数的，但是在建筑室内环境设计中我们只要控制了它的主要的基本的动作，就可以作为设计的依据了（图 4-5）。

3）人体活动所占的空间尺度

这是指人体在建筑室内环境的各种活动所占的基本空间尺度，如坐着开会、拿取东西、办公、弹钢琴、擦地、穿衣、厨房操作、卫生间便所中的动作和其他动作等（图 4-6）。

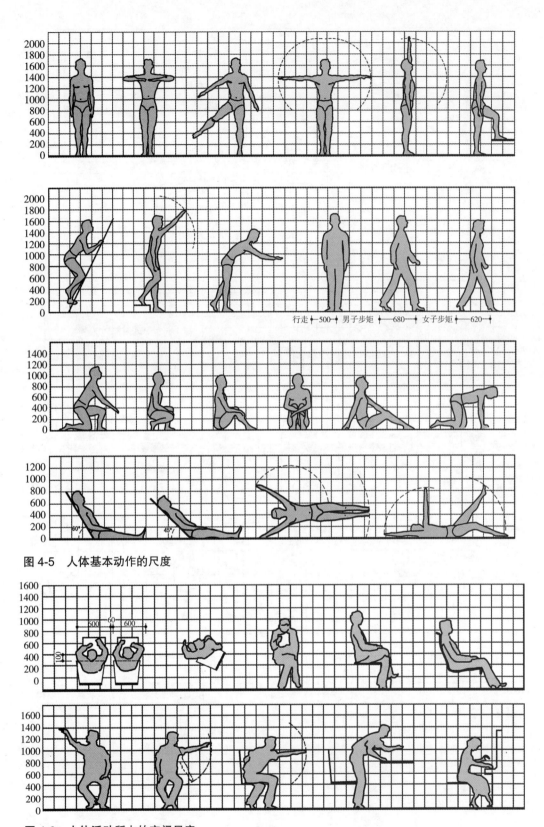

图 4-5 人体基本动作的尺度

图 4-6 人体活动所占的空间尺度

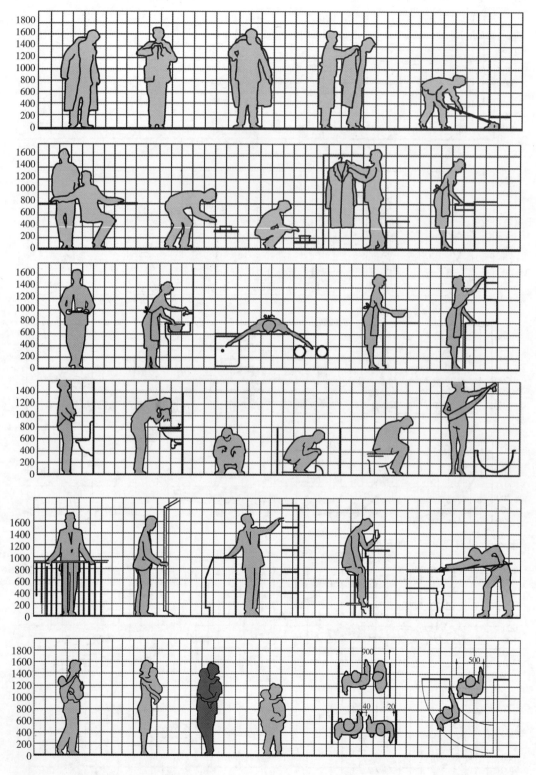

图 4-6　人体活动所占的空间尺度（续）

4）立的人体尺度

立的人体尺度主要包括通行、收取、操作等三个基本内容。这些数据是根据日本、美国资料的平均值标定的，可作为我们进行室内设计时的参考资料（图4-7）。因为日本人体平均标准与美国人体平均标准的平均值同我国人体平均标准是基本相同的，这样使用起来是不会有多少出入的。

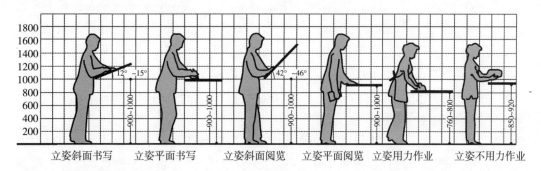

立姿斜面书写　　立姿平面书写　　立姿斜面阅览　　立姿平面阅览　　立姿用力作业　　立姿不用力作业

图 4-7　立的人体尺度

5）坐的人体尺度

建筑室内环境设计中，人坐着的行为状态是很多的或者说是大量存在的现实，因此研究坐的人体工学就显得十分重要了。这里主要涉及高度、压力分布、范围和角度等方面的问题（图4-8）。

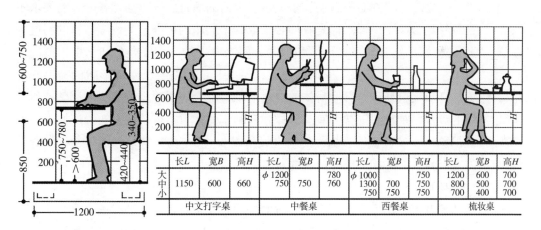

	长L	宽B	高H	长L	宽B	高H	长L	宽B	高H	长L	宽B	高H
大	1150	600	660	φ1200	750	780	φ1000	700	750	1200	600	700
中				750		760	1300	750	750	800	500	700
小							750	750	750	700	400	700
	中文打字桌			中餐桌			西餐桌			梳妆桌		

图 4-8　坐的人体尺度

①坐的高度——坐的高度不应单单看作是从地面到座椅面的高度，而应当根据工作面的高度来确定。即人与工作面之间需要有一个合适的高度。这个高度就是人的肘部与工作面之间的高度差。这个差值一般为 275 ± 25mm。在这个距离内大腿的厚度占去了一定高度，大约 170mm 左右。当上半身有了好的位置后，再注意到下肢。舒适的姿势是腿的顶部接近于水平状态。如果工作面过高，则应当采用适当的办法将脚垫起来，以抬高腿的高度。这种情形在一般座椅中是不会出现的，往往在各种实际操作过

程中会出现。

②坐的深度——座椅不能太深，因为人会靠不到靠背；也不能太浅，这样又会影响到坐的面积。一般正常深度以 375~900mm 为宜。座椅的宽度以宽为好，因为宽的座椅允许人的姿势做各种变化。最小的椅宽是 400mm，再加上 50mm 的衣服和口袋装物的距离。有扶手的座椅，两扶手间的最小距离应是 475mm。

③压力分布——人在椅子上坐着的时候，体重并不是平均地分布在整个臀部上，而是分布在两个坐骨的小范围内。所以，一把好的椅子设计，必须适宜人体随意改变姿势的状态。当然软的坐垫是需要的，这样可以增加臀部和椅子的接触面，可以使压力分布均匀。一般坐垫高度以 25mm 为宜。太软太高的坐垫都容易造成身体不平衡和失稳现象，效果反而不好。椅子表面的材料应尽量采用纤维材料，这样既可以透气，又能够增加摩擦力，以防止身体下滑。

④范围——人在坐着的时候，主要动作是手臂的动作，摆手臂的动作除消耗时间外，就是消耗能量。因此要尽量消除一些不必要的动作，保留必要的动作，以提高操作的效率，这就要求在工作台的设计和座椅的设计中注意合理的正常工作范围尺度，使之避免产生消耗能量的多余动作。同时要注意，正常而合理的工作范围并非是最大操作域限，而是操作和作业时舒适便捷的范围。一般人的手臂最大作业域半径是50cm，而通常作业域是 39cm。当我们设计工作范围时，不能以人手可以达到的最大范围为根据。

⑤角度——是指人坐在有靠背的椅子或沙发上时的靠背斜度。当然各个人的要求不同，而且在各种场合又不一样。但是我们必须取一个通用的标准值。汽车靠背的斜度为111.7°，这是从汽车驾驶员操作便捷和舒适方面来考虑的。一般办公和学生用椅的靠背斜度为 95°~100°。另外关于座椅的形状，经验证明，适合于臀部形状的椅座并无必要，因为这样反而会妨碍臀部和身体的自由活动，也会妨碍对坐的姿势的调整，所以椅面以平坦的硬面稍加软垫铺垫为宜。这样才有利于身体重量的均衡分布。座椅面一般也应有一定的斜度，实验证明，椅面的斜度倾角以 3°~6° 为宜。要想取得良好的背部支持点的位置和角度，必须调整好两者的对应关系。

⑥卧的人体尺度

从直观印象和感觉出发，人们在睡眠时仰卧的时候是睡得最熟的时候，这是从生理学中获得的结论。睡眠中皮肤的温度也是有变化的。人在睡眠状态时，人体的末梢部分体温是上升的，人脚凉的时候都不是在睡眠时间。另外，对睡眠最有影响的因素就是睡觉的姿势。假如睡床是平的，人在仰卧时背部与尾骨之间呈直线关系，这时腰部与睡床之间的距离是 3cm，这是最佳的睡眠姿势。我们在直立的时候，后背与尾骨之间的直线与腰部距离是 4~6cm，这同上面的姿势的腰部距离差值有 2~3cm，这种仰卧姿势效果是最差的。不同材料的睡垫由于软硬程度不同，对人体的睡眠影响也就不同（图 4-9）。

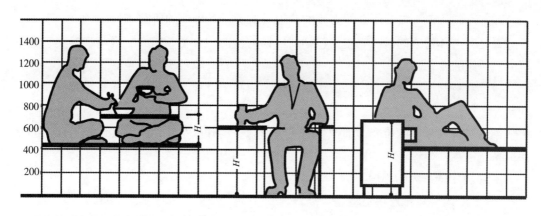

	长L	宽B	高H	长L	宽B	高H	长L	宽B	高H	长L	宽B	高H
大	1000	600	350	1400	550	500	650	460	580	700	400	700
中	850	600	320	1200	500	450	600	420	550	600	400	600
小	800	500	320	1000	450	450	560	400	500	450	350	550
	炕桌			长茶几			茶几			床头柜		

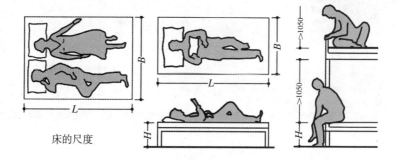

单人床常用尺寸

	长L	宽B	高H
大	2000	1050	450
中	1900	900	420
小	1850	850	420

双人床常用尺寸

	长L	宽B	高H
大	2000	1500	450
中	1900	1350	420
小	1850	1200	420

床的尺度

图 4-9　卧的人体尺度

4.1.2　行为心理与建筑室内环境设计

1. 行为心理的意义

对行为心理的探索，可说也属于人体工学的研究范畴。它和建筑室内环境的关系，实质上就是将人在建筑环境的行为和心理规律用在室内环境设计之中。通常行为由个人思想或欲望所决定，行为的产生首先受意识的影响，心理意识的思维又影响着个人行为，而个人的行为又对其心理产生一定的作用，两者是相互影响、相互转化的。而行为心理学作为研究环境与人的行为心理之间相互关系的一门新兴学科，对建筑室内环境设计的影响主要作用于如何组织内部空间、处理界面、安排光照和色彩，以营造出良好的室内环境，对满足人们在建筑室内环境生活和工作具有重要的意义与作用。

而行为心理的研究内容，主要包括以下 4 个层面的内容，即：

一是对个体行为的研究，主要包括对人性的认识、对个体心理因素中知觉、价值观、

157

个性和态度的认识，以及对人的需要的认识及有关激励理论的研究。

二是对群体行为的研究，主要包括对群体的功能、分类、压力、规范、冲突、竞争等方面所做的专题研究。

三是对行为规律的研究，并应用这一理论对组织设计、组织变革和组织发展所进行的研究。

四是对社会环境的研究，即把企业组织作为一个开放系统，研究其组织与社会的交换关系，包括社会环境和文化对组织行为的影响等内容。

2. 环境中的行为和心理

（1）个人空间与人际距离

美国人类学家爱德华·霍尔博士在个人空间与人际距离方面提出了四种形态的划分（图 4-10），即：

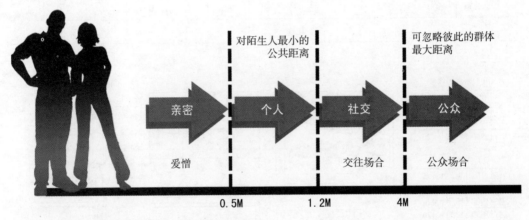

图 4-10　行为心理在人际交往中的距离与尺度

一为亲密距离：这是人际交往中的最小间隔或几无间隔，其近距离范围在 6 英寸（约 0.15m）之内，彼此间可能肌肤相触，耳鬓厮磨，以至能感受到对方的体温、气味和气息。其远距离范围是 0.15~0.44m，身体上的接触可能表现为挽臂执手，或促膝谈心，仍体现出亲密友好的人际关系。就交往情境而言，亲密距离属于私下情境，只限于在情感上联系高度密切的人之间使用。在同性别的人之间，往往只限于贴心朋友之间，可以不拘小节，无话不谈。在异性之间，只限于夫妻和恋人。因此，在人际交往中，一个不属于这个亲密距离圈子内的人随意闯入这一空间，不管他的用心如何，都是不礼貌的，会引起对方的反感。

二为个人距离：这是人际间隔上稍有分寸感的距离。其个人距离的近范围为 0.46~0.76m，正好能相互亲切握手，友好交谈，为熟人交往的空间。陌生人进入这个距离会构成对别人的侵犯。个人距离的远范围是 0.76~1.22m。任何朋友和熟人都可以自由地进入这个空间。而陌生人之间谈话则更靠近远范围的远距离端。人际交往中，亲密距离与个人距离通常都是在非正式社交情境中使用的。

三为社交距离：这已超出了亲密或熟人的人际关系，是体现社交性或礼节上一种较正式的关系。其近距离范围为 1.2~2.1m。远距离范围为 2.1~4m，表现为一种更加正式的交往关系。在社交距离范围内已经没有直接的身体接触，说话时需适当提高声音，以及更充分的目光接触。且相互间的目光接触已是交谈中不可缺少的感情交流形式。

四为公众距离：这是公开演说时演说者与听众所保持的距离。其近范围为 4~7.6m，远范围在 7.6m 之外。这个空间的交往大多是当众演讲之类，当演讲者试图与一个特定的听众谈话时，他必须走下讲台，使两个人的距离缩短为个人距离或社交距离，才能够实现有效沟通。人们在交往时，选择正确的距离是至关重要的。人际交往的空间距离不是固定不变的，它具有一定的伸缩性，这依赖具体情境、交谈双方的关系、社会地位、文化背景等。

（2）建筑室内环境的空间行为

其一为私密性，它是指个体有选择地控制他人或群体接近自己。个人或群体都有控制自己与他人交换信息的质和量的需要，私密性是个人或群体对在何时、以何种方式和何种程度与他人相互沟通的一种方式。威斯汀把私密性分为四种形式：独处、亲密、匿名和保留。它们分别会在不同时间与情境中出现。

私密性的功能包括自治、情感释放、自我评价和限制信息沟通，其中自治可以使个体自由支配个人的行为和周围环境，从而获得个人感；情感释放可以使个体放松情绪，充分表现自己的真实情感；自我评价是使个人有进行自我反省、自我设计的空间；限制信息沟通是让个体与他人保持距离，隔离来自外界的干扰。

其二为领域性，其概念原是指动物在环境中为取得食物、繁衍生息等的一种适应生存行为方式。人与动物毕竟在语言表达、理性思考、意志决策与社会性等方面有本质的区别，但人在室内环境中的生活、生产活动，也总是力求其活动不被外界干扰或妨碍的。不同的活动有其必需的生理和心理范围和领域，如在餐饮空间中，就餐者对餐桌、座位的挑选即不愿选择近门处以及人流频繁通过处，以免就餐者的领域轻易被外人与物所打破（图 4-11）。

（3）人的行为习性与设计

在建筑室内环境设计中要考虑人类的行为习性。这些习性是人类在长期生活和社会发展中为了适应环境而逐步形成的诸多本能。

1）捷径的效应：即指人在穿过某一空间时会尽量采取最简洁的路线，就是有别的因素影响也是如此。

2）依托的安全：即在建筑室内空间的人们，从心理感受来说，并不一定是越开阔越好，通常更愿意在大型室内空间中选择有所"依托"的物体。

3）从众的心理：人和其他动物一样有追随的本能，即发生灾害和异常状况时，一般人群会涌向安全出口。所以安全出口设计要宽敞，而且真正出现危险时还应该有人用声音疏导人群。另外，人还有向光的本能，所以可在安全出口处采用闪烁照明用来吸引人们的注意。

4）围观与聚集：即在建筑室内空间中人口密度分布不均时出现的人群聚集。这种聚集大多具有自发组织行为或有组织的聚集，有了聚集场所精神才具有了生动性，有了活力。而围观聚集反映了人对于信息交流、社会交往的需要和人对于复杂、新奇刺激的偏爱。

5）尽端的趋向：是指人们在选择空间的时候往往会挑选尽端的地方，比如在选择公交车座位时，很多人会选择坐在最后一排、在选择影院座位时也会选择后面的位置。

6）逆时针转向：即左转弯，指人们在运动中几乎都是左回转，在转弯中也习惯左转弯。

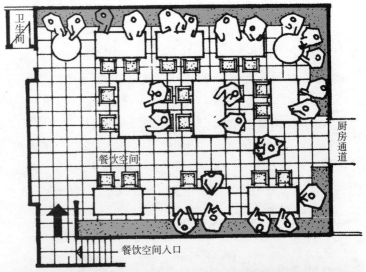

图 4-11 在餐饮空间中，就餐者对空间的挑选即不愿选择近门处以及人流频繁通过处，以免就餐领域轻易被外人打破及受到干扰

3. 建筑室内环境设计中行为心理的应用

建筑室内环境设计是其内部空间各种因素的综合设计，人的行为因素更是其中一个主要因素，它还涉及人的知觉等因素，设计时需要综合考虑。其行为心理的应用在建筑室内环境设计中主要表现在以下几个方面（图4-12），即：

一是确定行为及心理空间尺度。根据行为心理在建筑室内环境的表现，室内空间大小可分为大空间、中空间、小空间和局部空间等不同行为空间尺度。其中：

大空间如体育馆、大礼堂、大餐厅、大商场、大舞厅等，在这种空间里，空间尺度是大的，空间感是开放性的，每个人的空间基本是等距离的。

中空间如办公室、教室、实验室等，这不仅是一个单一的个人空间，又是有相互联系的公共空间，既要满足个人空间行为要求，又要满足公共事务的行为要求，既有私密性又有开放性。

图 4-12　行为心理在商业建筑中庭空间与办公空间室内环境设计中的应用表现方式

　　小空间如卧室、客房、档案室等，其空间尺度要满足个人要求，具有一定的私密性。

　　局部空间是指人体功能尺寸空间，是人在立、坐、卧、跪、弯时所需要的空间尺度。

　　二是确定行为及心理空间分布。即根据人们在建筑室内环境中的行为心理状态，将内部空间分布表现为有规则和无规则两种情况。

　　有规则的空间分布表现为"前后"（如讲演厅、观众厅、普通教室等）、"左右"（如展览厅、商品陈列厅、画廊等）、"上下"（如楼电梯、中庭、下沉式广场等）、"指向"（如走廊、通道、门厅等）等各种空间分布状态。无规则的空间分布如居室、办公室等，人在此空间里的分布，多数是随意的。

　　三是确定行为及心理空间形态。人们在建筑室内空间中的行为及心理表现具有很大的灵活性，即使是行为很有秩序的室内空间，其行为表现也有很大的灵活性，行为和空间形态的关系，也是内容和形式的关系。实践证明，一种内容有多种形式，一种形式有多种内容，为此建筑室内空间形态是多样化的，要求设计师综合其他要求，多创作、多比较后而再确定其设计构想。

　　四是行为及心理空间组合。在建筑室内环境空间尺度、室内空间行为及心理分布、室内空间形态基本确定后，还要结合人们的知觉要求（如视觉、听觉、嗅觉、肤觉等）对室内空间大小、形态、布局的影响进行空间组合和调整。

4.2　建筑材料与装修作法

4.2.1　建筑材料与建筑室内环境设计

1. 建筑装饰材料的意义

（1）用作装饰的建筑材料

　　材料是构成设计本体不可缺少的实质，也是表现设计形式不可缺少的条件。从建筑室内空间环境的角度来看，没有材料显然就没有设计成果的实现，然而在设计中错用与滥用材料同样也将使设计失去其应有的生命。所谓建筑装饰材料，即指用于建筑室内空间环境装修工程的所有建筑材料。

（2）建筑材料的装饰特性

建筑材料的装饰特性，就是当材料用于装饰用途时，能对装饰表现的效果产生影响的材料本身的一些特性，主要包括光泽、质地、底色纹样、图案、造型及质感等（图4-13）。即：

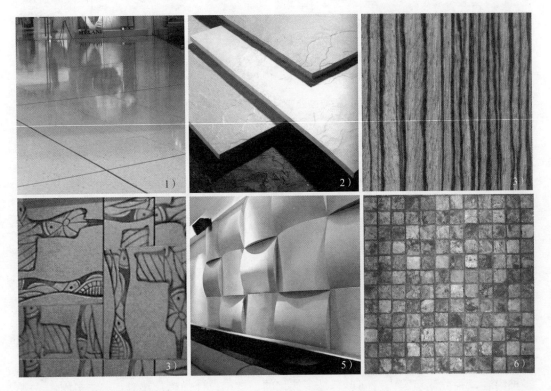

图4-13　建筑材料的装饰特性
1）光泽　2）质地　3）底色纹样　4）图案　5）造型　6）质感

1）光泽——它是指根据反射光的空间分布而决定的对物体表面知觉的属性。通常把有光泽的表面称为光面，而把无光泽的表面称为无光面。而表示一个物体光泽的量是镜面光泽度和对比光泽度这两种光泽度的指标，另外还要注意色彩对光泽的影响主要是明度和彩度，而与色相无关。

2）质地——它是指材料表面的粗糙程度。如果是纺织品类，丝绸是没有质地的，而粗花呢却有质地。再如对纸类而言，有光泽的印刷纸是没有质地的，而粗板纸却有明显的质地等。

3）底色纹样——它是指材料表面底色的变化程度。例如，抹灰没有底色纹样，而木纹、地面瓷砖的花纹有底色纹样。

4）图案——它是指材料表面的图案花样，例如，没有图案的单色布就没有花样，而糊墙纸、窗棂、砖砌体等却有明显的花饰图案，即有图案花样。

5）造型——它是指材料通过不同的形态塑造，所组成的装饰图形，并具有浮雕与半立体构成的视觉效果。

6）质感——材料的质感并不能由有无光泽、质地、底色纹样、花样等而完全说明。对一定的材料而言，不论有无质地，有无底色纹样，其质感乃是由这种材料所具有的这类材料的固有感觉的印象多少来决定的。

（3）建筑装饰材料的类型

用于建筑室内空间环境装修工程的建筑材料可说是浩如烟海，其种类可从多种层面进行分类，其中最主要的有以下两种方法，即：

1）从化学性质来分

用作装饰的建筑材料可分为无机建筑装饰材料（如铝合金、大理石、玻璃等）与有机建筑装饰材料（如有机高分子涂料、塑料地板等）及复合建筑装饰材料共三类。其中无机建筑装饰材料又可分为金属与非金属建筑装饰材料两类。

2）从装修部位来分

用作装饰的建筑材料可分为外墙建筑装饰材料、内墙建筑装饰材料、地面建筑装饰材料、顶面建筑装饰材料、配套设备与用品等类型，其具体建筑室内空间装饰材料的品种见表4-3。

表 4-3　建筑室内空间装饰材料的品种（按装修部位划分）

外墙建筑装饰材料	饰面石材	天然大理石、花岗石、石英石、筋石、人造石板
	陶瓷制品	外墙贴面砖、陶瓷锦砖
	玻璃制品	钢化玻璃、夹层玻璃、夹丝玻璃、中空玻璃、结晶化玻璃建材、彩色玻璃砖、钛化玻璃、曲面玻璃、调光玻璃、玻璃锦砖、吸热玻璃、热反射玻璃、异形玻璃、光致变色玻璃、彩色膜玻璃、选择吸收玻璃、防紫外线玻璃
	饰面板材	彩色涂层板、彩色不锈钢板、铝合金装饰板、不锈钢板、玻璃钢装饰板、镁铝曲板、镁铝直板、铝塑板、扣板（不锈钢、铝合金、加强型 PVC）、美化铜板、镜纹板、有机玻璃板
	外墙涂料	外墙彩色油漆、乙丙乳液涂料、各色丙烯酸拉毛涂料、彩砂涂料、高级喷磁型外墙涂料、PC838 浮雕漆涂料、真石漆、有机无机复合涂料、水性外墙涂料
	石渣饰面	彩色水泥、水刷石、干粘石
	门及幕墙	玻璃门、浮雕门、钢板门、自动门、塑料门、百叶门、木门、铝合金门、铁门、特殊门窗、玻璃幕墙、卷门
内墙建筑装饰材料	饰面石材	天然大理石、人造石板、云母石、化石、石英石、洞石、金沙石、木纹石
	陶瓷制品	釉面砖、陶瓷壁画
	饰面板材	贴皮夹板、印花夹板、防火树脂面夹板、防火板、企口夹板、木质活动组合壁砖、纤维装饰板、立体木纹板、长条中密度纤维板壁板、实木企口板、实木积成板、木芯集成材贴面壁板、木雕漏空屏板、藻井板、中国宫殿彩绘雕刻板、华丽板、保丽板、富丽板、微薄木贴面板、耐曲板、镁铝曲板、美然曲板、舒然曲板、软木、金属装饰板、塑胶壁板、塑胶浮雕板、聚钢壁板、铝砖饰材、浮雕金属花饰板、波音板、有机玻璃板、扣板（铝合金、PVC 等）、铝塑板、玻璃钢装饰板、防火纤维板、玻璃纤维墙身板、玻璃纤维夹心板、原木纤维板、玻璃纤维板、不锈钢板、彩色涂层钢板、彩色不锈钢板、镁铜曲板、树脂压合板、FRP 蜂巢板

（续）

内墙建筑装饰材料	玻璃制品	镜面、喷砂玻璃、压花玻璃、拼花工艺玻璃、雕刻玻璃、彩色玻璃、釉面玻璃、空心玻璃砖、镭射玻璃、彩色玻璃砖、彩色乳浊饰面玻璃（斑纹玻璃）、冰花玻璃、全黑玻璃、彩色裂花玻璃、装饰玻璃
	贴墙材料	PVC壁纸、织物壁纸、印花贴墙布、无纺贴墙布、麻草墙纸、织锦缎、粗纺呢、丝绸墙布、绒布、PU皮、墙毯、人造革、真皮、即时贴、人造贴皮、真木皮、木编织、竹编织、麻织材、藤编织、草编织、纸编织、金属网织、金属壁纸、玻璃纤维墙布
	内墙涂料	乳胶漆内墙涂料、乙—乙乳液彩色内墙涂料、多彩喷涂料、彩石壁涂料、好时壁涂料、膨胀珍珠岩喷浆涂料、真石漆、仿瓷涂料、SJ内墙滚花涂料、有光乳胶漆
地面建筑装饰材料	饰面石材	天然花岗石、大理石、人造大理石（花岗石）、水磨石、碎拼大理石、鹅卵石、观音石（灰石片）、石英石
	陶瓷制品	釉面砖、陶瓷地砖、梯沿砖、陶瓷锦砖、劈裂砖（劈离砖）、红地砖、劈开砖
	铺地材料	木地板、硬质纤维板、高架活动地板、塑料地板、竹织地板、木织地板、软木地板、贴面地板、PVC地砖、石棉地砖、地板块、木砖、纯毛手工地毯、纯羊毛无纺地毯、纯毛机织地毯、化纤地毯、混纺地毯、柞丝地毯、PP类拼式地毯、草织地毯、人工草皮、地垫、装饰纸涂塑地面
	地面涂料	塑料地面涂料（环氧树脂、聚氨酯、不饱和聚酯）、改性塑料地面涂料、苯丙水泥地板漆、彩色地面涂料、OJQ—1地面漆、各色聚氨酯地板漆、改性PVFL、地面涂料、水泥地板乳胶漆、多功能聚氨弹性彩色地面涂料、107胶彩色水泥浆涂料、841地板漆浆
	铺装材料	聚氨酯橡胶跑道、聚氨酯橡胶地板等
顶面建筑装饰材料	装饰板材	矿棉装饰吸声板、珍珠岩装饰吸声板、聚氯乙烯塑料装饰板、聚苯乙烯泡沫塑料装饰板、纸面石膏装饰吸声板、玻璃棉装饰吸声板、钙塑泡沫装饰吸声板、金属微孔吸声板、石膏装饰板、穿孔吸声石棉水泥板、轻质硅酸钙吊顶板、软（硬）质纤维装饰吸声板、装饰塑料贴面复合板、聚乙烯泡沫塑料装饰板、纤维增强水泥板、水泥刨花板、刨花板、稻草板（麦秸板）、稻壳板、无机轻质防火板、木丝板、麻屑板、蔗渣碎粒板、蔗渣吸声板、金属微孔吸声板、铝合金花纹板、铝合金穿孔吸声板、铝质浅花纹板、铝及铝合金波纹板、铝及铝合金压型板、彩色镀锌钢板、塑料复合钢板、彩色不锈钢板、铝合金方扣与条扣、不锈钢扣板、PVC扣板、铝合金格栅、铝合金装饰板单体构件、镜子、玻璃、藤网板、竹编板、保丽板及内墙装饰板材
	吊顶材料	轻钢龙骨、铝合金龙骨、木龙骨、玻璃纤维天花骨架
	顶棚涂料	与内墙涂料基本相同
	贴顶材料	金属壁纸、PVC高泡壁纸、无纺贴墙布、印花贴墙布、织物壁纸、织锦缎、丝绸墙布、绒布等
配套设备与用品	配套灯具	吸顶灯、吊灯、水晶吊灯、高效反射灯盘、高效节能灯、石英射灯、筒灯
	卫生洁具	陶瓷制品、人造大理石制品、搪瓷制品、玻璃钢制品、塑料制品、人造玉制品、进口洁具（丹丽、美标、雅仕等）
	五金配件	门锁、执手、拉手、地弹簧、门夹、门窗及桌柜五金配件、水暖器材
	配套设备	空调设备、通风换气设备、厨房设备、消防预警及自动喷淋系统、电器控制系列装置、广播通信系统、安全（摄像）监视系统、楼宇呼叫系统

2. 建筑装饰材料的作用

（1）建筑外墙装饰材料的作用

建筑外墙装饰的目的需要兼顾到建筑物的美观与保护两个方面的作用，其用作建筑外墙装饰的材料可直接受到风吹、日晒、雨淋、霜雪和冰雹的袭击，以及腐蚀性气体和微生物的影响，这样材料的耐久性就受到了严重的威胁，因此，用作装饰的建筑外墙材料的选用适当，可明显提高其建筑外墙装饰的耐持久性。

另外建筑的外观造型效果主要是通过总的建筑体型、比例、虚实对比、线条等平面、立面的设计手法来实现。而外墙装修的效果则是可以通过装修材料的质感、线条和色彩来表现的。它们都可以通过选用性质不同的装修材料或对同一种装修材料采用不同的施工方法而达到，如丙烯酸酯涂料，可以做成有光的、平光的和无光的；也可以做成凹凸的、拉毛的或彩砂的。可见其建筑外墙装饰的效果是不同的，美观的程度也各不一样。色彩不仅影响到建筑的外观、整个社区乃至城市的面貌，而且还直接对人们的生理与心理产生影响。为此，外墙装修材料的色彩应立足建筑的功能、环境等多种因素来精心设计与挑选（图 4-14）。

图 4-14　建筑外墙饰面装饰材料的作用与效果

再有一些新型、高档装修材料除了其美观与保护两个方面的作用外，还具有某些适用的功能，例如现代建筑中大量采用的吸热玻璃（包括吸热和热反射玻璃）；它可吸收或反射太阳辐射热能的 50%~70%，从而能够大大地节约能源。

（2）建筑室内装饰材料的作用

用作建筑室内装饰的材料主要包括内墙、地面及吊顶建筑装饰材料三个方面的内容，它们分别为：

1）内墙建筑装饰材料的作用

建筑内墙装修的目的是为了保护室内内墙墙体，满足室内使用条件、使用功能的需要，同时，为室内空间带来一个舒适、美观而整洁的生活环境（图 4-15）。

在一般情况下，内墙饰面不承担墙体热工的功能。但在墙体本身热工性能不能满足使用要求时，就在内墙涂抹珍珠岩类保温砂浆等装修涂层。而内墙中传统的抹灰能起到

"呼吸"作用，并能调节室内空气的相对湿度，起到改善使用环境的作用；若室内湿度高时，抹灰能吸收一定的湿气，使内墙表面不至于马上出现凝结水；室内过于干燥时，又能释放出一定的湿气，起到调节环境的作用。

图 4-15　建筑内墙饰面装饰材料的作用与效果

内墙饰面的另一项功能是还能够辅助墙体起到声学功能，如反射声波、吸音、隔音的作用等。例如采用泡沫塑料壁纸，平均吸音系数可达到 0.05；采用平均 2cm 厚的双面抹灰砂浆，随墙体本身容重的大小可提高隔墙隔音量约 1~5.5dB。

内墙的装饰效果同样也是由质感、线条和色彩三个因素来确定。所不同的是，人对内饰面的距离比外墙面近得多，所以，质感要细腻逼真（如似织物，麻布，锦缎，木纹），线条可以是细致的也可以是粗犷有力的不同风格，至于色彩与明亮程度则要根据主人的爱好及房间内在的性质来决定。

2）地面建筑装饰材料的作用

建筑地面装修的目的同样是为了保护基底材料或楼板，并达到对其进行装饰的效能，以满足其使用上的要求（图 4-16）。一般来说：普通的钢筋混凝土楼板和混凝土地坪的强度和耐久性均好，但人们对地面的感觉是硬、冷、灰、湿。而对于加气混凝土楼板或灰土垫层，因其材料的性质较弱，则必须依靠面层来解决磨损、碰撞的冲击，以及防止擦洗地面的水渗入楼板引起钢筋锈蚀或其他不良因素的损坏。这种敷面材料就是地面饰材。若对于地面装修标准要求高，在要求其地面饰材应除具有保护与美化的功能外，还应兼有保温、隔音、吸音和增加弹性的功能。诸如木地板、塑料地板、高分子合成纤维地毯，其热传导性低，使人感觉暖和舒适，同时还可起到隔音、吸音的作用。

图 4-16　建筑地墙饰面装饰材料的作用与效果

3）吊顶建筑装饰材料的作用

顶面是建筑室内环境设计中除了墙面、地面之外，用以围合建筑内部的空间又一个重要的界面。在建筑室内环境空间中采用不同的顶面处理方法，即可取得各不相同的空间效果，其中不同的吊顶装饰材料则具有不同的装修作用（图 4-17）。

图 4-17　建筑吊顶装饰材料的作用与效果

作为建筑室内环境顶面的装饰材料，在建筑室内空间环境中不仅具有装饰与美化的功能，还具有可用来遮盖其照明、通风、音响与防火等管线与设备的作用，同时还具有一定保温、隔热、吸音与反声等的作用。因为它是技术要求比较复杂、难度较大的装饰工程项目，必须结合建筑室内空间环境的体型、构造、装饰效果、经济条件、设备安装、技术要求与安全问题等各个方面的内容来进行综合考虑。即建筑室内顶面的装修构造与材料的选择须考虑到其自重、适用、美观、经济、安全等方面的要求，以为建筑室内空间环境带来一个技术与艺术高度统一的顶面设计效果来。

3. 建筑室内装饰材料的选择

（1）建筑装饰材料的选择原则

建筑室内环境设计的目的可以说就是为了造就环境，这个环境应当是自然环境与人造环境的融合。而各种建筑装饰材料的色彩、质感、触感、光泽等的正确运用，将在很大程度上影响到其环境的效果。在当前建筑室内环境设计工程中有一个突出的特点，就是强调材料的质感和光影效果的应用，以充分显示高度发达的工业技术的先进性，同时也不忽视带有粗犷风格的地方材料的应用。从而出现了手工艺术和现代工业技术两种不同的审美趣味在建筑室内环境设计中并存的局面。而通常来说，在其建筑室内环境装饰材料的选用上就应该遵循以下几个原则，它们分别为：

1）适用的原则

就是建筑室内装饰材料的选用必须考虑到适用的原则，这里所说的适用，就是指所选用的建筑室内装饰材料应与其建筑物的功能特点、使用性质、装修部位、投资标准相适应，以满足不同功能的建筑对其室内装饰材料的不同需要。

2）时尚的原则

就是建筑室内装饰材料的选用必须考虑到时尚的原则，这里所说的时尚，就是在材料选用上要考虑随着时间的推移、变化与发展，其所选建筑室内装饰材料能够更新，以满足所处时期的流行趋势。

3）对话的原则

就是建筑室内装饰材料的选用必须考虑到对话的原则，这里所说的对话，就是在材料选用上还要考虑到与人和空间环境的沟通，以反映出人们返璞归真、回归自然的心理需求，从而使其建筑室内环境设计能以其特有的、鲜明的时代气息来实现人与空间环境的对话与融合。

4）健康的原则

就是建筑室内装饰材料的选用必须考虑到健康的原则，这里所说的健康，就是在材料，尤其在高新材料的选用上要防止使用后从空间界面上涌现出来的隐性"杀手"危害人体，并能注意对绿色建筑装饰材料的选用，以使我们所拥有的室内空间环境更加舒适，且有利于人们健康地生活与工作。

（2）建筑装饰材料的组合与协调

1）建筑装饰材料组合与协调的要点

建筑装饰材料的组合有协调与不协调的问题，它具有因时、因地而异的特点（图4-18），其组合与协调的要点为：

①组合与协调要有秩序——就是建筑室内环境设计中所用的几种材料之间应建立起一定的秩序。其最简单的方法是使所用的各种材料按一定的方向，或一定的顺序成等差

或等比的排列，这也是形成秩序的条件。其中要注意的是，为了明确地表示按照等差排列，至少需要 3 种以上的材料，而为了明确地表示按照等比排列，则至少需要 4 种以上的材料才可表示出秩序。

图 4-18　建筑室内环境中所用装饰材料的组合与协调

②组合与协调要有习惯性——就是在建筑室内环境设计中，习惯性可以促使人们对协调的认同。即使是具有完全相同秩序的材料组合，人们看习惯了的就认为协调，而不习惯的就会被认为不协调。所以，在建筑装饰中，应尽可能使用人们看惯了的材料，这一点具有特别重要的意义。

③组合与协调要有共性——就是在建筑室内环境设计中，任何具有共性的材料的组合在一起都是协调的。这种共性可以表现在建筑装饰材料的质感、质地、光泽中任何一项的相同。其中质地的相同，也能明确地表示出来这种具有共同属性的关系出来。质感的相同，在多数情况下却难以使用。

不论是强质的还是弱质的种类属上，也可以是在这些构成共性的关系中，种类属的相同，能够最明确地表示出来这是属的相同。

④组合与协调要显著——就是在建筑室内环境设计中，要强调建筑装饰材料的对比关系。即要使材料之间的搭配毫不含糊，而显得清清楚楚。但是，这并不是意味着必须使用像坚硬的钢铁与柔和的丝绸这样成鲜明对比关系的材料组合，而是说应使其材料的特性被显著地表现出来。

2）建筑装饰材料组合与协调的基本方式

①强质组合——是指材料协调的一个极端例子，是指用强质来做组合与协调的方式，这是被组合的装饰材料具有强质共性的组合特点所形成的协调效果。

②弱质组合——是指材料协调的又一个极端的例子，它是指用弱质材料来进行装饰组合与协调的方式。这是被组合的装饰材料具有弱质共性的组合特点所形成的协调效果。

③异类组合——通常是指强质材料和弱质材料要混合使用形成的组合与协调方式。这种方式应避免采用中等强质的材料，而使强质材料和弱质材料进行明显地对比。

4.2.2 装修作法与建筑室内环境设计

1. 建筑装修作法的基本理论

（1）建筑装修作法的意义

建筑室内空间装修作法是指除主体结构部分以外，按照设计师的设计意图，选择与正确使用建筑装饰材料及其制品对建筑室内空间环境中与人接触部分以及看得见部分进行装潢和修饰的装饰施工作法。

在具体的建筑室内空间装饰施工中，装修做法应该与建筑、艺术、结构、材料、设备、施工、经济等方面密切配合，从而提供出合理的装饰施工设计方案来，这些设计方案既可作为装饰设计

图 4-19 装修做法是实施装饰设计构想至关重要的手段，并且它本身就是建筑室内装饰设计的重要组成部分

中综合技术方面的依据，又是实施装饰设计构想至关重要的手段，并且它本身就是建筑室内空间装饰设计的重要组成部分（图 4-19）。它的处理要是不合理的话，不但会直接影响建筑物的使用和美观，而且还会造成人力、物力的巨大浪费，乃至不安全因素的发生。所以在建筑室内装饰设计中就要综合各方面的因素来分析、比较，以选择合理的装修施工作法方案，从而获得良好的室内环境装饰效果。

（2）建筑装修作法的类型

建筑装饰装饰施工的做法主要包括饰面作法与配件作法两类，其具体内容分别为：

1）饰面作法

指在建筑室内空间主体结构表面或主体结构某些部分的表面覆盖一层面层，以起到保护建筑结构和美化的作用。

饰面作法主要是处理装饰面和建筑结构构件面这两个面的连接问题。其中装饰面是在业已形成的建筑结构构件面上进行的，诸如在砖墙面上做木护壁板，在结构层上做一层水磨石地面，在屋面钢筋混凝土板下做吊顶等都是要处理两个面的连接问题。

饰面作法因饰面的部位和方向的不同而不同。饰面位于建筑结构构件表面，由于建筑构件部位不同，饰面有不同的方向。例如顶棚是在屋面、楼面的下部，墙饰面在墙侧

面，地饰面在地层、楼层上部。部位不同，构造也不同。大理石墙面要求连接牢固以防止脱落伤人，所以必须钩挂。大理石地面处于楼地层上部不会发生脱落危险，故只要求铺贴好。顶棚可直接抹灰、铺钉或做成吊顶棚，但因为顶棚直接位于人的头顶上部，所以无论采用哪种作法都必须在作法上与构造处理稳妥，且坚固可靠才行。

饰面作法的分类与饰面部位、材料加工性能等有关，主要可分成罩面类、贴面类和挂钩类。其中：

①罩面类——又可以分为涂料罩面、抹灰罩面和板材罩面。其中涂料罩面是将涂料喷涂于基层表面，并与其黏结形成完整而坚韧的保护膜；抹灰罩面是将由胶凝材料、细骨料和水（或其他溶液）拌制成的砂浆抹于基层表面。抹灰一般分三层，即底层、中层、面层，总厚度为15~35mm。板材罩面是指用各种板材对建筑内外墙面进行装饰最基本的饰面方法，其固定与安装方法主要根据罩面板种类、使用部位与设计意图的不同进行处理。

②贴面类——又可以分为铺贴、胶结和钉嵌贴面。其中铺贴的饰面材料为各种釉面砖、锦砖、缸砖等，一般用水泥、白灰等胶结材料做成砂浆铺贴，价格便宜。胶结的饰面材料为塑料墙纸墙布、塑料板、橡胶板、地毡等，直接贴在找平层上。钉嵌的饰面材料为木板、纤维板、胶合板、石膏板、金属板等，可直接钉在基层或用压条、钉头等固定。

③挂钩类——又可以分为系挂和钩挂两种。其中系挂的饰面材料为天然或人造石板，可在板上钻小孔，用钢丝穿过小孔与结构层上预埋件连接，板与结构件再灌砂浆。钩挂的饰面为较厚的石材，可在石材上留槽口和与结构固定的铁钩在槽内搭住。

2）配件作法

是指通过各种加工工艺，将装饰材料制成装饰配件，然后在现场安装，以满足使用和装饰的要求。而常用的装饰配件有铸造、塑造型，如石膏花饰、金属花饰等；拼装型，如金属板、矿棉板等；搁置与砌筑型，如花格、窗套等。配件是通过钉、粘等各种方法与主体结构连在一起的。

2. 建筑室内空间各个界面的装修作法

建筑室内空间各个界面的装修作法主要包括墙体、地面、顶棚、门窗、楼梯、隔墙与隔断的具体施工作法。

（1）墙体饰面的装修作法

墙体装饰工程是指建筑的内外墙面的饰面装修。墙面是建筑室内空间界面的重要组成部分，它以垂直面的形式出现，是建筑内外空间的侧界面。墙体的装修作法对空间的影响是很大的，而不同的墙面又有着不同的使用与装饰要求，从装饰工程的角度来讲，应根据不同的使用与装饰要求来选择其墙体的装修作法。而装饰工程饰面的作法，按其所用的材料与施工方式的不同，可分为抹灰、贴面、涂刷、条板、卷材与幕墙等类型（图4-20），即：

1）抹灰类

这是一种最简单的常用装饰装修施工作法。一般做法是在底灰上罩纸筋灰、麻刀灰和石膏灰，然后喷涂石灰浆或大白浆。另外还有用石膏罩面的做法，这种做法颜色洁白、表面细腻，具有亚光效果。此外，还有拉毛灰、挂条灰和扫毛灰等，这些做法有明显的质感效果，装饰性较强。

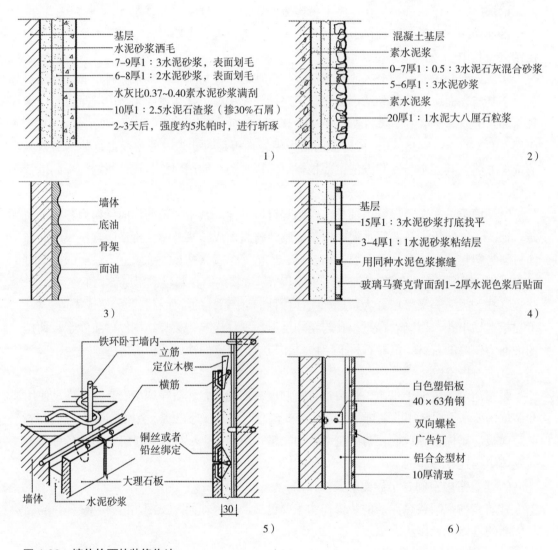

图 4-20　墙体饰面的装修作法

1）斩假石分层做法　2）机喷石分层做法　3）墙体涂层做法　4）玻璃马赛克饰面分层做法　5）贴面板材挂钩做法　6）罩面板材安装做法

2）贴面类

①瓷砖——可根据瓷砖的规格尺寸、色彩质地与所含成分的不同而有多种类型。这种材料一般光洁耐水、防潮耐磨、便于清洗，多用于卫生间和厨房的墙、地面装饰。

②面砖——有低温面砖、中温面砖、高温面砖三种，颜色种类较多，有的表面压制成不同形式的图案，常用于柱子和墙面装饰。

③石材—— 一般分天然石材和人造石材。天然石材纹理自然生动、色彩沉着华美，

是一种高级的建筑装饰材料，多用于墙柱面的装饰。人造石材价钱便宜，装饰效果丰富。

3）涂刷类

涂刷材料有很多种，有大白浆、可赛银、油漆和涂料等。涂刷材料在建筑室内装饰中使用的范围越来越广泛，其主要发展方向是无毒、可用水稀释、透气性强、耐擦洗等。

①大白浆——细腻、洁白，有较强的覆盖力，加入颜料的大白浆即成色浆。

②可赛银——质地比大白浆更细腻，由于颜料是先经磨细的，因此，颜色较均匀。

③油漆——墙面光滑、耐水、可以清洗，色彩极丰富。除单色平涂外，还可以做成多种纹理和图案，呈现出不同的质感。

④内墙涂料——主要包括有乳液涂料（即乳胶漆）和水溶性涂料两大类。乳胶涂料适用于一般气候条件的地区，多雨地区及湿度大的房间要慎用。乳胶涂料墙面可以擦洗，易于保持清洁，装饰效果也较好，可做成各种纹理和图案。水溶性涂料的优点是不掉粉、价格较低、施工方便，具有可用湿布轻擦除污的功能。

4）条板类

①石膏板——具有防火、光洁和轻质等优点，有装饰石膏板和纸面石膏板之分。纸面石膏板表面可做多种形式的处理，可贴壁纸，也可喷涂。

②镜面玻璃——它表面光滑、质感精细，光的反射率极高，它能创造生动、感人的室内效果，还具有把实体墙面和柱子转化为虚体的效果，同时有扩大空间感的作用，与灯具结合可创造绚烂夺目的新奇效果。

③金属板——主要有铝合金板、不锈钢板等，适于创造华丽、生动的室内空间气氛。但一般来说，装饰面积不宜过大，以免失去室内空间的秩序。

5）卷材类

卷材类可以说是建筑室内装修的主要材料，主要包括各种壁纸、壁布、丝绒和皮革等。其中壁纸、壁布这种材料的使用寿命不长，但装饰效果十分丰富，且造价低廉，施工方法简便。而丝绒和锦缎都是高级的真丝织物，装饰效果华贵亲切，但造价高、装裱工艺难度大，不易保持卫生，一般用于超高级的私密性空间，而不适于人流较多的公共性空间，选用时需特别慎重。

6）幕墙类

幕墙是现代建筑外墙装修的主要材料，它由框架材料、幕墙玻璃与填缝材料所构成，其基本结构包括型钢框架体系、铝合金型材框架体系、不露骨架结构体系与没有骨架的玻璃幕墙结构体系等，主要用于建筑外墙墙面的装饰处理等领域。

（2）地面饰面的装修作法

地面装饰工程作为地坪或楼板的面层，是建筑空间界面的重要组成部分，对其装修首先要能起保护作用，使地坪和楼板坚固耐久。同时对地面装修还要满足各项使用要求，包括耐磨、防水、防潮、防滑、易于清扫等。在要求较高的房间，还要有一定的隔声与吸声能力，并具有弹性和保温性。

由于地面与人的距离较近，地面的色彩和图案给室内空间造成的视觉影响就非常大。为此在设计地面时，除根据使用要求正确选用材料外，还要精心研究色彩和图案。而地面装饰工程的作法，按其所用的材料与施工方式的不同，可分为木材地面、石材地面、地砖地面、陶瓷锦砖地面、水泥地面、地毯与乙烯材料铺设地面等类型（图4-21），即：

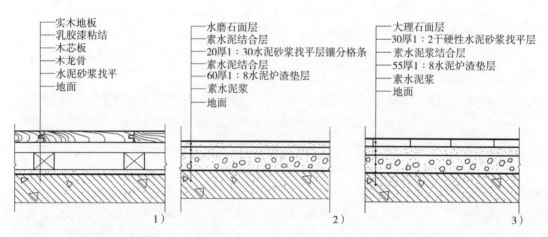

图 4-21　地面饰面的装修作法
1）木材地面的装修作法　2）石材地面的装修作法　3）地砖地面的装修作法

1）木材地面

木材地面是指表面由木板铺钉或胶合而成的楼地面。根据木板的种类和铺钉方法的不同，木地面的材料可分为多种类型，诸如硬木拼花地面、长条硬木地面、高强木地板面、软木地面、竹木地面、立木地面、实铺地面、空铺地面、弹性地面、弹簧木地面等装修作法。由于木材自重轻、有弹性、强度高、柔韧性好、耐磨、不起灰、易清洁，所以是理想的地面装饰材料；而且木材纹理自然，蓄热系数小，保温性好，脚感舒适，装饰效果质朴亲切，尤其适用于幼儿园、比赛场、练功房、舞台、宾馆和居住建筑室内空间的使用。

2）石材地面

①大理石地面，其花色丰富，美观耐看，是门厅、大厅地面的理想建筑装饰材料，视觉效果自由活泼，具有一定的田园气息。

②碎拼大理石地面，其花岗石质地坚硬，耐磨性极强，磨光花岗石光泽闪亮，美观华丽，用于大厅等公共场所，可以大大提高空间的装饰性。

③现制水磨石地面分普通的和艺术的两大类，而艺术的又分嵌玻璃条和嵌铜条两种做法。

水磨石地面光洁、平整、耐磨、耐水、容易清扫，且可做成不同的款色和图案，常用于大厅、走廊等公共场所或用水较多的厨房和卫生间。

④预制水磨石地面具有省工与制作劳动强度低的特点，由于存在大量拼缝，有可能出现拼缝不齐、高低不平等缺点，影响地面的美观。

3）地砖地面

地砖地面有不上釉的和上釉的两种，花色品种丰富，有单色的、仿花岗石的、仿大理石的、仿木材的，更多的是带有几何图案的，面层有防滑和不防滑两种做法。

地砖的质地细密、强度较高、耐磨性好、耐酸碱、防水、易清洗、不起灰，可用于实验室、卫生间与厨房等处。形状有方形、矩形、六角形。上釉的地砖光洁美观，花色多样，可用于装饰要求较高的房间，如居室、客厅、餐厅等地面。

4）陶瓷锦砖地面

陶瓷锦砖地面由于是很多小块瓷砖组成，可以拼成各色花纹，质地坚硬，经久耐用，花色繁多、耐水、耐酸、耐碱，容易清洗，多用于化验室、浴室、厕所等处，有方形、矩形、六角形等形状。

5）水泥地面

水泥地面经济实惠，多在面层水泥浆内加入107胶及颜料，可使地面呈现不同的颜色，成为水泥107胶彩色地面，表面光洁，不起尘。在要铺地毯的地面，也可以做成水泥地面，以节省费用。

6）地毯与乙烯材料铺设地面

①地毯铺设地面——有纯毛地毯、混纺地毯、化纤地毯、塑料地毯、草编地毯等几种。其中纯毛地毯主要用于高级楼堂建筑室内空间铺设，并用作艺术品的陈列；混纺地毯由毛纤维和各种合成纤维混纺而成，可以克服纯毛地毯不耐虫蛀及易腐蚀等缺点，价格较低，一般使用面较广；化纤地毯是以丙纶、腈纶纤维机织成面层，再与麻布底层相合组成，有防火、防静电、耐腐蚀、不怕虫蛀等优点，是现代地毯业的主要产品；草编地毯以草、麻或其他植物纤维加工制成，是具有乡土风格的地面铺装材料。选用地毯一定要求具有防火、防静电的性能。

②乙烯材料铺设地面——主要有硬质、半硬质、发泡塑料等品种，乙烯塑料地板的装饰效果较好，脚感舒服，不易沾灰、噪音小，耐磨，不足之处是不耐热、易污染，受锐器磕碰易损坏。

此外，地面与墙相交的地方要做踢脚板，目的是保护墙面的底部，同时使环境更美观（图4-22）。

（3）顶棚的装修作法

顶棚装饰工程作为室内空间的顶界面，在人的视野中占有很大的视域，并且越是高大的室内空间，顶棚所占的视域比值就越大，顶棚的透视感就越强。顶棚通过不同的处理，配以灯具造型，能增加空间的感染力，使顶

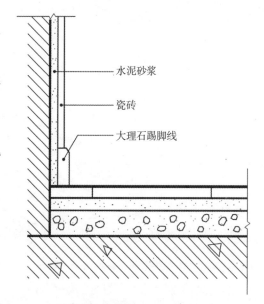

水泥砂浆

瓷砖

大理石踢脚线

图4-22　地面与墙相交的踢脚板装修作法

面造型更加丰富多彩，新颖美观。而在建筑室内顶棚上，除有各种灯具外，通常还配置通风口、烟感探头、喷淋头和扬声器，以满足空间的通风、消防及广播、报警要求。配置这些设备首先要满足技术上的要求，同时，又要以恰当的尺度、形状、色彩和符合构图原则的排列方式美化顶棚，使其成为顶棚上不可缺少的装饰物。从顶棚装饰工程外观来看，常见的顶棚可以归纳为平滑式、井格式、分层式、悬挂式、格子式、波纹式、玻璃顶式与暴露式等类型。其装修做法包括抹灰、裱糊、吊板等形式，即：

1）抹灰类顶棚

多用于体量较小的空间，空间体量过大时，抹灰施工不方便，不易取得平整的表面，也难以满足检修灯具、管线的要求。

2）裱糊类顶棚

这种顶棚做法适用于较小的建筑室内空间，其典型做法是贴墙纸，因为贴墙纸的工作是湿作业，顶棚面积过大时，劳动量大，会使施工十分困难。此外，墙纸的面宽不大，花纹图案也较小，用来裱糊大顶棚，容易给人以平淡无奇的感觉。

3）吊板类顶棚

吊板面层主要有矿棉吸音板、石棉板、石膏板、纤维板、胶合板、塑料板和金属板等（图 4-23），其中：

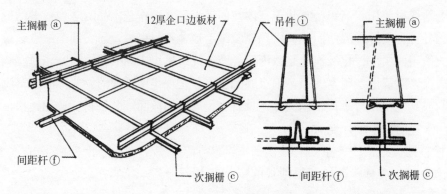

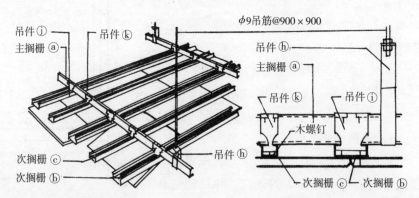

图 4-23　吊板类顶棚龙骨及安装示意图

①矿棉吸音板——具有防火、吸音、隔热保温、自重较小等优点，可刨、可锯、可钉，施工很方便，可用特制的卡子固定在金属龙骨上。

②石棉板——防火、防潮性能比较好，可用于厨房、浴室等湿度较大的房间。板缝可盖、可露，也可用腻子填平，再在板面涂油漆。

③石膏板与纤维板——多为有孔的，且吸音效果好，又有较强装饰性的面层。这类装饰吸音板的孔眼可以排列成不同的形式，拼成各种图案。缺点是强度小，防潮性能差。

④钢网板——其做法一般是将钢网板固定在型钢或钢筋做成的搁栅上，在钢网板上铺以用玻璃丝布包好的尿醛泡沫塑料或超细玻璃棉。钢网板可以根据环境需要喷色漆。这种顶棚的最大特点是自重小，维修方便，吸音效果好，在维修时可酌情更换吸音材料。

（4）门窗的装修作法

在建筑室内环境中，门窗除了起到采光、通风与交通等主要作用以外，还具有隔热、保温及不同程度抵御各种气候变化与灾害的作用。从门窗装饰的类型来看，若按制作材料来分，主要有钢、木、塑、铝（合金）四类；若从施工角度来分，主要有在生产工厂预拼装成型到施工现场安装即可的各种材质门窗及在施工现场进行加工制作的各种材质门窗；若按开启方式来分，主要有平开门、弹簧门、推拉门、转门、卷帘门、折叠门、上翻门、升降门等类型及固定窗、平开窗、推拉窗、转窗，以及上凸式天窗、下沉式天窗、平天窗、锯齿天窗等类型（图 4-24）。不同类型的门窗有着不同的制作与安装方法，尤其是门窗的安装，更是建筑室内装饰中极为重要的装修作法，包括有连接件法、直接固定法与假框法等，并需处理好门窗安装后的间隙等后序工作。

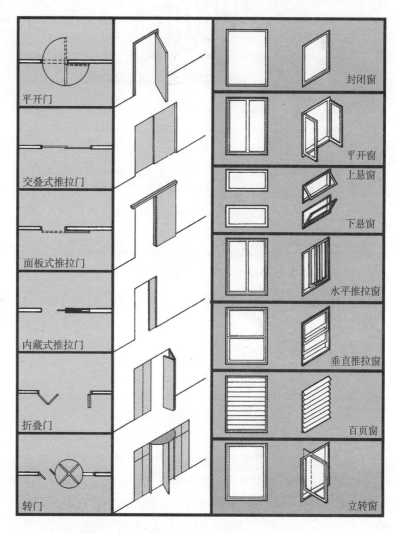

图 4-24　建筑室内门窗的类型

（5）楼梯的装修作法

在建筑室内环境中楼梯按制作材料分有木楼梯、组合材料楼梯两种类型；按外形分有单跑、双跑及三跑式直线踏步楼梯、圆形旋转楼梯、悬挑式楼梯等形式（图4-25）。

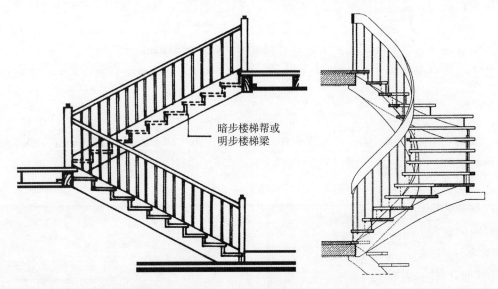

暗步楼梯帮或
明步楼梯梁

图4-25 直线踏步楼梯与圆形旋转楼梯

楼梯由踏步、栏杆、栏板、扶手组成。其装修做法为：

1）尺度

踏步的通常高度为130~160mm，宽度为230~300mm；栏杆的竖杆间距一般为130mm；扶手距踏步的高度为900mm左右。

2）材料

在木楼梯中，栏杆和扶手多为木制的。在钢筋混凝土楼梯中，栏杆多为金属的，扶手可能是木制的，也可能是金属的或塑料的。栏板是实心的，在钢筋混凝土楼梯上一般为砖砌或混凝土栏板，为使栏板美观大方，有时做半空半实的栏板，栏板不做到顶而在栏板与扶手之间做花饰。在现代建筑中，常用有机玻璃、钢化玻璃做栏板，它透明、轻巧、富有现代感，与不锈钢或铜扶手相配，能使整个楼梯给人以富丽豪华的印象。踏步的面层做法与楼地面相同，可用大理石、水磨石饰面，缸砖与木板等材料。

（6）隔墙与隔断的装修作法

隔墙与隔断都是具有一定功能或装饰作用的建筑配件，它们在建筑室内环境中都不起承重构件的作用。隔墙与隔断的主要功能都是分隔建筑内外空间，它们之间的区别在于分隔空间的程度及特点上的不同。

隔墙通常都是到顶的，既能在较大程度上限定空间，又能在一定程度上满足隔声、遮挡视线等要求；而隔断限定空间的程度比较小，在隔声、遮挡视线等方面往往并无要求，甚至要求其具有一定的空透性能，以使两个分隔空间能够产生一定的视觉交流等。

　　隔墙按其构造方式可分为砌块式隔墙、立筋式隔墙与板材式隔墙三类。隔断的种类和分类方法很多。从限定程度来分，有空透式隔断和隔墙式隔断（图 4-26）；从隔断的固定方式来分，有固定式隔断和移动式隔断；从隔断开闭方式来考虑，移动式隔断中又有折叠式、直滑式、拼装式，以及双面硬质折叠式、软质折叠式等种类；按隔断的外部形式和构造方式又可将其分为空透式、移动式、屏风式、帷幕式和家具式等形式。

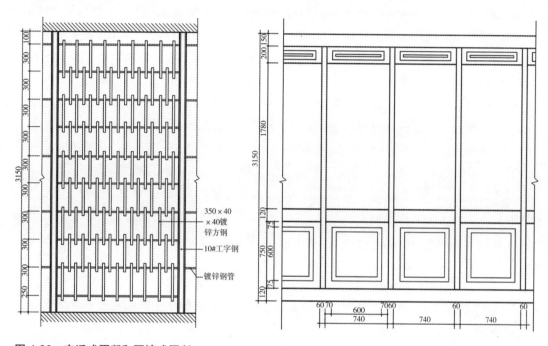

图 4-26　空透式隔断和隔墙式隔断

　　隔墙与隔断的装修作法因材料与设置方式的不同而各不相同，只是隔墙一经设置，往往具有不可更改性，至少是不能经常变动的。而对隔断来说，除具有隔声和遮挡视线等能力，一般还是可以移动或拆装的，从而可在必要时使被分隔的相邻空间重新连通。

　　3. 建筑室内装修作法的选择

　　建筑装饰作法的选择，必须对多种因素加以综合考虑与分析比较，才有可能选择一种最佳的建筑室内环境设计构造方案，从而达到保证装饰质量、提高施工速度、节约材料和降低造价的目标。其装修作法选择要点为：

　　一是综合性，即在建筑室内装修中确定装饰饰面的功能与装饰质量的等级。前者在于满足与保证其使用的要求，保护主体结构免受损害和对建筑的立面、室内空间等进行装饰。但是，根据建筑室内空间类型、装饰部位、装饰设计的目的不同，则在选择装饰饰面做法时，应根据建筑的类型、使用性质、主体结构所用材料的特性、装饰的部位、环境条件及人的活动与装饰部位间的接触的可能性等各种因素，合理地确定饰面功能的目的性；后者是指在进行建筑室内空间装饰工程时应结合建筑的使用性质、在城市中所处的位置以及应控制的总造价等众多因素的基础上，合理地确定装饰处理的质量等级要求及每个建筑或部位饰面处理的质量等级。而在建筑室内空间环境装修作法方面，也可分为不同的质量等级。同时，根据不同的要求，装修作法还要在功能上不同程度地满足保温、隔热、隔声、照明、采光、通风等人的生理要求，以使建筑环境既舒适又符合其科学性。

二是安全性，即在建筑室内空间装饰工程中，无论是墙面、地面或顶棚，其装修作法都要求具有一定的强度和刚度，特别是各个部分之间相互连接的节点，更要安全可靠。有些关键节点，例如水平面与垂直面变化的交接处，管线在限定空间内的交叉，室内墙面、地面、顶棚各个部位的变形缝等更要精心设计，处理稳妥。如果装修作法本身不合理，材料强度、连接件刚度等不能达到安全、坚固的要求，也就失去了其他一切功能。可见装修作法处理不当，还会影响建筑室内空间环境装饰工程的安全。

三是可行性，即在建筑室内空间装饰工程中，要通过施工把设计变为现实。设计中的一切构想最终都要经过施工实际的检验。因此，装修作法的选择还必须考虑施工的可行性，力求使施工方便，易于制作，并从季节条件、场地条件以及技术条件的实际出发。这对工程质量、工期、造价都有重要意义。一般来说，可行性包括对材料供应情况、工期的长短、施工季节的影响（高温或常温、低温或冬期施工）、施工机具的条件、现场施工场地工作面积的大小、具体施工队伍的技术水平、技工熟练程度和管理水平、甚至连所采用的脚手架的形式对饰面做法的影响也应考虑在内。在设计阶段和装饰施工的准备阶段就应对这些影响饰面做法的因素加以充分考虑，正确的抉择，不仅可以提高装饰的质量，使有限的投资尽可能用在刀刃上，还可以避免因施工中途洽商改变做法而造成不必要的损失。

最后，还需考虑前后工序搭接对装修作法选择的影响。如在必须留脚手架的情况下就不宜采取不易后补困难或后补之后会留下痕迹的装饰做法，否则无法保证质量。

4.3　设备配置与安全防护

4.3.1　设备配置与建筑室内环境设计

在建筑室内环境设计的过程中，常常会涉及一些与设计有关的设备与设施的配置问题，而从专业的角度来看，这些相关的设备与设施通常具有相当的技术含量，并通常由相关的专业人员设计安装。但从设计的角度来看，室内设计师必须具有相应的知识，才能保证在设计中正确使用这些设备与设施。一般情况下，这些设备与设施主要有室内使用的给水排水设施、通风换气设备、冷暖空调设备、电气设备、卫生设备等。随着建筑与室内设计中的技术含量的提高，尤其是"智能化"概念的引入，各种电子设备与设施在建筑室内环境设计中广泛运用，自动化的信息控制和处理系统得到了迅速的发展。而这些都要求室内设计师在设计过程中必须具备一定的知识，以保证这些设备与设施充分有效地发挥作用。

1. 建筑室内空间给水排水设施

水是人们生活中不可或缺的物质。无论是居住建筑还是其他用途的建筑，水的供应及污水的排放都是建筑室内环境设计过程中设计师必须要考虑的问题。同时在建筑室内设计的过程中，与给水及排水有关的设施和设备也是设计师要考虑的问题。

（1）建筑室内空间给水设施

建筑室内空间环境给水系统的任务是将来自城镇管网（或自备水源）的水输送到室内的各种配水龙头、生产机组和消防设备等用水点，并满足各用水点对水质、水量、水压的要求。给水的设施与给水的方式有关。通常的给水方式有水道直接供水、高层水箱供水和压力水泵供水、分区与分质供水等几种方式。

与建筑室内环境设计有密切关系的是与用水有关的主要设备，包括有水槽、洁具、热水器、阀门（龙头）、供水水管、蓄水水箱等。建筑室内环境消防供水的设备还包括有室内消火栓、消防水箱、雨淋喷水灭火系统与水幕系统等设备。

（2）建筑室内空间排水设施

建筑室内空间环境给水系统的设计，不仅应使污水、废水迅速、安全地排出室外，而且还应减少管道内部气压波动，使之尽量稳定，防止系统中存水弯、水封层被破坏，并需防止室内排水管道中有害、有毒气体进入室内。而建筑室内空间环境排水的设施也与污水的种类及处理方式有关，如从大小便器中通过粪管排出的污水、从厨房水槽、浴室浴池和洗脸盆中排出的污水、从屋顶、庭院排出的雨水及需经特殊处理的从工厂、实验室等处排出的含有毒、有害物质的污水等，不同的污水及处理方式需要不同的设施及设计、安装方式。

排水主要设备，包括有室内各类使用器具的排水水管、排水立管、雨水排水水管、污水处理池等设备。在进行建筑室内环境设计时，必须充分考虑到这些设施在安装、使用及维修过程中必要的条件，如在排水直管的长度达到一定标准时（如长度为管径的300 倍时），必须设置检查井，以方便检查及维修；各种排水器具上必须设置水封或防臭阀，以隔绝来自排水管的异味和害虫。

2. 建筑室内空间通风换气设备

建筑室内空间环境中的通风换气设备，其作用主要是保证室内空气品质，并对室内空气进行过滤，以改善室内空气的质量。

而建筑室内空间环境中的通风换气设备可分为"自然换气"和靠送风机、换气扇强制进行的机械换气两种方式（图 4-27）。其通风换气的设备主要有螺旋桨式换气扇、离心式换气扇、厨房用换气扇、空调换气扇等类型，其性能、作用与使用部位置各异。其中：

螺旋桨式换气扇必须安装在与外界相接的墙壁上，它风量大、噪声小、耗电低、价格低、安装简便、清扫维修容易。但它的安装占用了墙面，影响窗帘、家具等装置，另外还需要很大的室外风斗，影响建筑外观。

离心式换气扇安装在吊顶内，通过管道将室内空气从吊顶里排到室外。由于它在外墙壁面的排气开口处采用的是弯形帽头和管状风斗，小巧精致而不显眼，因此并不影响建筑的外观效果。

厨房用换气扇安装在厨房灶台，采用的是局部换气方式，只是局部换气难以把燃烧产生的废气排净，因此需将局部换气和整体换气方式结合起来使用。

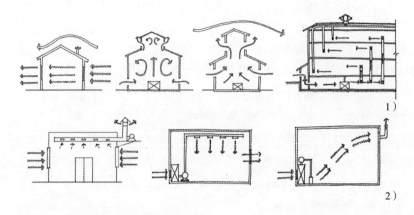

1)

2)

图 4-27　建筑室内环境通风换气设备

1）利用风压、热压形成的自然通风与管道式自然通风系统　2）全面机械通风系统

空调换气扇的安装有墙面埋入型、墙壁悬挂型和天花板埋入型等方式，可根据建筑室内环境特点及安装条件进行选择。

3. 建筑室内空间供暖与空调设备

中国地域辽阔，气候变化极大。要创造舒适的建筑室内空间环境，除了充分利用建筑的朝向、通风、保温材料等因素外，在许多情况下还要用技术的方式对建筑室内环境进行供暖与空气调节，以改便人们夏季与冬季在建筑室内环境中生活、工作、学习与休息的条件。

北方城市冬季常采用集中供暖的方式，用蒸汽或热水为室内提供热源。而南方城市则主要利用以电为能源的空调设备调节室内气候。其建筑室内环境供暖与空调设备分别为：

（1）建筑室内空间供暖设备

建筑室内空间环境中的供暖设备依其供暖热源和散热设备的相对位置可分为集中式借助供暖系统与局部供暖系统两种。其中前者的热源和散热设备是分开安装的；后者的热源和散热设备则同在一个房间内。根据散热设备散热方式的不同，供暖可分为辐射式供暖与对流式供暖两种。而在集中供暖系统中，根据热媒的不同又可分为热水供暖系统、蒸汽供暖系统与热风供暖系统三种形式，其供暖设备也各有区别。

（2）建筑室内空间空调设备

建筑室内空间环境中的空调设备主要有冷热源集中于一处再输送到各个房间的中央式空调及每个房间分设供冷供暖空调的分散设置两种方式（图 4-28）。其空气调节末端设备主要有窗式、分体式、多分体式、柜式、顶棚式、单独式、集中式（中央空调）等种类。其中：

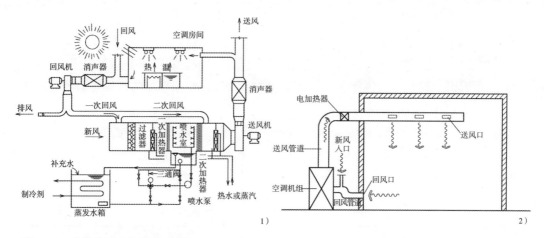

图 4-28　建筑室内空调设备系统

1）中央式空调设置形式　2）分散式空调设置形式

窗式空调器：具有自动调节室温、噪声低、体积小、安装简便、重量轻等特点，主要适用于家庭、办公室、实验室、医院、旅馆等处。

分体式空气调节器：有用微电脑控制，能避免过度冷却或供暖所造成的能量浪费。主要有挂式、吊式、落地式、吸顶式、复合式等种类，适用范围更广。

风机盘管空调系统：它属半集中式空调器系统，克服了集中式空调系统大而粗和局部空调噪声高的缺点，并且有节能、防灾、低噪声运转的功能，其种类有 SF 型（立式明装）、SFR 型（立式暗装）、SC 型（卧式明装）、SCR 型（卧式暗装）等类型，可用于办公大楼、宾馆、饭店、医院、广播电台、机场、地下厅室、车站等地方。

（3）建筑室内空间空调设备安装设计要点

建筑室内空调设备的设置与室内设计也有直接的关系，一般在设计中要充分考虑建筑室内平面的形状、天花的高度与形状。设置室内空调机一般注意以下几点：

1）空调机的出风口应当安置在室内的中轴线部位，以使空气能均匀流动并避免家具的遮挡。

2）在较大的空间内采用中央空调时，应能够分区使用以适应不同的用途和区域。

3）空调器的周围要留有一定的空间以便维修、清扫等。

4．建筑室内空间电气设备

建筑室内空间电气设备是建筑的基本组成之一，它是指在建筑内部，为创造理想环境以充分发挥建筑室内空间的功能，所采用的所有电工、电子设备及其系统。现代化的智能建筑对建筑电气不断提出新的要求，而建筑室内空间电气技术本身的发展又不断完善现代化建筑功能。因此，在一幢现代化的建筑室内空间环境中，就同时具有多种不同功能的建筑电气系统。

（1）建筑室内空间电器控制系列装置

建筑室内空间环境中的电器控制系列装置，主要包括室内火灾报警系统、电视共用天线（ATV）系统、广播与声乐系统、保安系统、SK——系列室内电器控制装置、调光装置及电动窗帘装置等。其中：

1）室内火灾自动报警系统

主要由各种类型的火灾探测器、手动火灾报警器及自动火灾报警器等组成，主要包括离子感烟探测器、感温探测器、区域报警接收探测器、集中报警器与自动报警器等设备。

2）电视共用天线（ATV）系统

它是将天线接收的电视信号放大、分配、传送给各个电视接收机的专用设备、主要由中央天线、天线匹配器、放大器、混合器、分配器、分支器、终端盒等部分组成，其详见表4-4。

表 4-4　电视共用天线（ATV）系统表

名　称	类　别	说　明
中央天线	宽频带天线（全频道接收天线） 单频道天线	中央天线与普通室外电视天线除要求天线质量较高外，并无原则区别。在同时接收一个指向电视信号，如数个电视发射台在同一方向时，可采用一副宽频带天线（全频道接收天线），也可用多副不同频道天线分别接收各电视台的信号，经混合器混合后，馈给分配网络。当几个电视发射台不在同一接收方向时，只能采用后一方式，使各副天线分别对准各自的频道发射台
放大器	天线放大器、分配放大器、功率放大器（即线路放大器）	在电视信号场强较弱的地区，可采用天线放大器，以便在保证信噪比的情况下提高输入电压。该放大器一般设置在天线附近。在电视信号场强适中的地区，可采用分配放大器，以提高信号电压供给较多用户。在电视信号、场强足够强的地区，可不采用放大器。在系统中分支器、分配器数量过多的情况下，应使用功率放大器
混合器	将混合器倒用即变为分波器	混合器将天线接收的几个频道的信号及摄像机、录像机经调置器输出的信号混合在一起，形成一个多频道的合成信号供传输分配用。如将混合器倒用，则可作分波器用
分配器	将分配器倒用即变为宽频带混合器	分配器能将一路输入信号按功率均等地分成几路输出信号。同时，几路输出信号相互之间有一定的隔离度。分配器的输出，不能短路和接负载，否则，会造成输入的严重不匹配
分支器		分支器串接在分配系统线路中，具有定向传输和分支反向隔离功能，可以保证用户之间互不干扰，终端盒是分配系统和电视机的连接部分，要求有尽量小的插入损失和驻波比，以保证良好的匹配
终端盒		终端盒是分配系统和电视机的连接部分，要求有尽量小的插入损失和驻波比，以保证良好的匹配

3）广播与声乐系统

它主要由传声器、扬声器、组合扬声器、音柱、调频 / 调幅调谐器及磁带录放机等设备所组成。

4）保安系统

主要由闭路监视系统（CCTV）、室门监视系统、防盗报警系统等设备所组成。

5）SK——系列室内电器控制装置

即指建筑室内空间环境中集中于床头柜面板上的电器控制装置，有简单型、调频调幅钟控收音机型、自办闭路广播型、调频调幅立体声自动倒带收放机型等。

6）调光装置

指建筑室内空间环境中用于室内灯光明暗调节的调光器，有墙壁暗装型与壁挂型两种，可以根据建筑室内的各种功能需要进行布置。

7）电动窗帘装置

即指 DCL——1 型自动窗帘装置，它是采用线性电机将旋转电机按平面展开，原旋转磁场即转变为周期性按直线运动的磁场，由电磁感应原理在铜管中产生涡流，涡流磁场即转变为周期性按直线运动的磁场，在铜管中产生涡流，涡流磁场与电机原边线圈磁场相互作用而形成直线运动，可广泛用于宾馆、饭店、影剧院、科教用房、医院及其他公共场所。

（2）建筑室内空间相关电子设备

随着电脑网络及传感技术在建筑室内环境中的运用，建筑室内空间环境"智能化"已日益成为现实（图 4-29）。目前能够实施的智能化技术包括以下内容：

1）对室内设施进行的监测、表示、控制的设备

利用传感技术实施对各种室内设施和设备的监测、表示、控制等。如电表、燃气表的自动抄报；燃气泄漏的报警；空调、锅炉及照明灯具的控制等。

2）防盗、防灾等安全保障设备

利用电脑自动监控、感应、报警等设备，可以在建筑室内空间实现安全防范的多重设置，以增强室内空间的安全性。

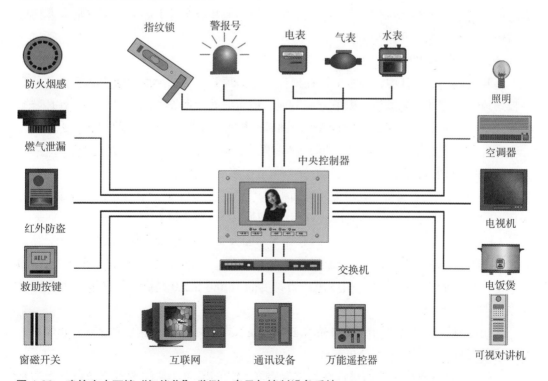

图 4-29　建筑室内环境"智能化"监测、表示与控制设备系统

3）通讯与网络技术设备

通讯与网络技术设备的运用，可使建筑室内空间环境的自动化程度大大提高并可能实现远程的控制。电话与内部对讲机为工作和生活提供了许多方便；而电脑及网络技术则是办公自动化必不可少的前提。另一方面通信技术及电脑网络也为室内环境质量的提高提供了许多可能性，因此在设计时应当为电脑网络预先设置足够的接口并为布线提供方便。

除此之外，随着建筑室内空间使用功能的不同，其室内环境的配套设备也各不相同，所有这些则都有待设计师们在具体的建筑室内空间环境工程设计实践中去认识与了解，直至达到正确地选用与配置。

4.3.2 安全防护与建筑室内环境设计

在建筑室内环境设计中，安全防护问题包括建筑室内空间装修与内外环境的安全，建筑结构的安全，用电、用水、煤气、液化气等的使用方面的安全，以及在建筑室内环境使用方面的安全等。

1. 建筑室内环境装修方面的安全

建筑室内空间环境装修的安全，主要是指在建筑室内空间的顶面、墙面、地面及与这些部位直接联系的固定家具、壁柜、吊柜、顶棚、卫生洁具、厨房用品等的安全方面。例如在对既有建筑室内空间环境的改、扩建工程施工中，就容易在上述各个方面产生安全问题。其中许多安全问题是由于建筑室内空间环境装修本身引起的，有些则牵涉到建筑结构的安全，切不可等闲视之。

（1）建筑室内空间顶面的装修

建筑室内环境设计中，经常采用在顶板下做吊顶的手法。吊顶的做法有轻钢龙骨石膏板吊顶、矿棉吸声板吊顶、板条抹灰吊顶、镜面玻璃吊顶等形式。这些吊顶势必增加楼板或顶板的荷重，尤其对大跨度结构的顶板或楼板，对其承载力的影响就更大。

在建筑室内空间环境楼板或顶板上做吊顶，主要须考虑以下几个安全问题，即：

1）吊顶的吊杆与楼板或顶板及吊杆与龙骨连接的牢固性。

2）当吊顶采用石膏板、吸声板作饰面板，其上增加钢丝网、岩棉保温层等的做法等，吊顶层的荷重增加得较多。此时应验算楼板或顶板的允许承载力。

3）对于大跨度结构的顶板，还应验算其屋面大梁或桁架的承载力。

4）即使吊顶能满足楼板、顶板的受力要求，还应考虑吊顶层的变形问题，对吊顶板一般应按楼板或梁的跨距，按较短一边跨度的 1/200~1/250 起拱，以保证在人的视觉感观上的稳定感。

5）吊顶上的大型枝形吊灯、水晶玻璃灯与吸顶式空调器等设备等重量较大的灯具，应考虑其吊杆及悬挂点的安全可靠性。

6）对于石膏板饰面的吊顶，在布置轻钢龙骨的间距时，须注意不能使石膏板的跨距过大，尤其在室内有可能受潮的房间，如卫生间、厨房等房间，吊顶如用石膏板，必须采用防潮石膏板。

7）从吊顶中通过的风道，一定不能吊挂在轻钢龙骨石膏板的吊杆上，必须另设吊杆。

8）上人的吊顶，在吊顶内的走道必须单独设置吊杆和走道龙骨及其上面的铺板。

9）在吊顶中安装格栅式照明灯具等时，凡因安装而被切断的吊顶龙骨，必须采取加固措施。

10）必须在吊顶内设置的通风及上下水管道、消防喷淋管道，有时因吊顶高度受限必须在楼板或顶板下通过，此时必须注意风道或上下水管道的穿梁高度。在梁的跨中通过时，一般在梁高的中部预留孔洞，在梁端部通过时，应尽量缩小对开洞或留洞部位高度方向的尺寸。必须进行梁的断面抗剪切能力验算时必须穿梁的管准一般应设计成扁形，尽量缩小其高度方向的尺寸。

11）卫浴空间的吊顶如用轻钢龙骨，饰面必须使用防水石膏板或其他防水板材。

（2）建筑室内空间墙面的装修

建筑室内环境设计中，墙面常采用大理石、花岗石、瓷砖、釉面砖、木墙板、木墙裙、喷涂等饰面，而某些水暖电气暗敷设的管道必须在墙的内部埋设，某些墙面由于装饰需要开门开窗。这些做法必然会加大墙体荷重，甚至改变墙体的受力状态。

1）建筑室内空间环境内墙墙面装修

对建筑室内空间环境内墙墙面进行装修，需要着重考虑以下几个安全问题，即：

①对高度较大的墙体、柱体，如表面铺贴大理石，大理石内表面必须用铜丝与墙面设置的钢筋网钩挂牢固，在大理石与墙面之间的缝隙中灌注水泥砂浆。

②在轻钢龙骨防水石膏板墙、珍珠岩石膏板墙体上固定水暖管道器具等重量较大的部件时，须用金属支架加固。

③在承重砖墙上开槽开洞时，须注意保证墙体的稳定可靠性。垂直和水平方向的沟槽，对370mm厚墙，槽深不能超过120mm；240mm厚墙不能超过60mm。对钢筋、混凝土墙，沟槽深度不能超过墙体混凝土保护层厚度。当管道埋入后应用素混凝土将沟槽处堵严。对钢筋混凝土剪力墙上开凿门窗洞口，必须在洞口四周采取加固补强措施。

④对于旧房改造工程，凡需拆除的承重墙，必须在墙的上部先用梁加固。属于钢筋混凝土剪力墙，一般不能拆除，必须拆除时须进行结构验算，采取可靠的加固措施。在楼层上新增墙体时，必须对楼板或梁柱进行受力强度验算。对高度较大的单砖墙，须进行稳定性验算，并采取确保稳定的加固措施。

⑤在湿度较大及没有地下室的首层做轻钢龙骨石膏板墙时，在地面与墙体相交结处应先做一条混凝土或砖砌防水埂，其宽度与石膏板墙一致，高度一般与踢脚一致，在埂上做轻钢龙骨石膏板墙。卫生间的隔断墙如用轻钢龙骨做骨架，外表面须用防水石膏板。

⑥地下室外包织物的软包墙面，在砖墙面上须先做防潮层，再做木龙骨、木夹板。

2）建筑室内环境外墙墙面装修

对建筑室内环境外墙墙面进行装修，需要考虑以下几个安全问题，即：

①外檐的装修装饰设计必须考虑建筑物的承载能力，包括外墙本身、支承外墙的挑

梁及建筑物的梁板柱系统的受力。

②在地震设防区必须按抗震要求限制女儿墙的高度或采取加强措施。

③在女儿墙或屋面其他等部位设广告牌、霓虹灯广告、大屏幕电视广告时，必须考虑风力影响，设置可靠支撑。

④石幕墙、玻璃幕墙等饰面必须考虑风力影响，需保证在对大风时所造成的吸力及压力的承受能力，在沿海地区更应重视。

⑤对于花岗石面砖等饰面材料，必须注意保证它与墙面基层的黏结力，尤其是单块面积较大、重量较大的材料，更应重视。一般采用墙面铺设钢筋网，用钢丝与花岗石等块材钩挂，缝隙灌注水泥砂浆或用界面剂粘贴等办法，以加强块材与基层的黏结力。

⑥大的浮雕、花饰等块体，必须采用膨胀螺栓、预埋钢板焊接等措施与墙面连接牢固。

⑦对于用轻钢结构、铝合金材料做成的雨篷、遮阳罩等，须考虑对大风的承受能力。

（3）建筑室内空间楼、地面的装修

建筑室内环境设计中，楼、地面的装修对安全方面须考虑的问题，主要是在楼面及有地下室的首层地面开洞、开槽、改变墙体位置、改变房间用途及地面做法、增加楼地面荷重等方面，它们分别为：

1）楼、地面上开洞、开槽的安全问题

建筑室内环境设计中，在楼、地面上开洞，开槽容易损坏楼板。若需开洞，一般应利用两块楼板之间的拼缝处开设。对于较大的洞口，还需采取一定的加固措施。楼板上一般不能开槽，非开的沟槽，深度只能凿到楼板面上的叠合层、焦渣垫层底，否则楼板将可能折断。

2）改变墙体位置的安全问题

在建筑室内环境设计中，对于墙体位置的改变，尤其是在楼、地面上增设实体隔墙，必须考虑楼板的受荷能力，并采取加固措施。若只采用轻钢龙骨石膏板墙，其位置一般可以根据要求改变。

3）改变房间用途的安全问题

在建筑室内空间环境工程设计中，房间的用途往往发生变化，必须考虑楼板甚至梁、柱的承受能力，并需根据楼面上荷载大小的变化考虑是否需要采取加固措施。若需在原有屋面上加层，不仅要对整个楼房的结构进行验算，屋顶板也需考虑其承载能力。若需从柱、墙上伸出挑梁、挑牛腿，在其上做外槽的围护墙、玻璃幕墙、女儿墙等，也需考虑挑梁、挑牛腿的承受能力。

2. 建筑室内环境防火方面的安全

对于建筑室内空间环境方面的防火安全问题，设计师在设计时，需了解建筑室内空间的耐火等级、建筑构件的燃烧性能与耐火极限；弄清建筑物的层数、面积、长度与防火间距；从而布置好建筑物的安全出口及安全疏散的距离，设置好消防给水设施与消火栓及灭火器材。此外，对建筑设计中已设计好的采暖、通风、空调、电气设备不要因为装修的需要随意破坏，若要进行调整，也必须经过建筑设计师的审定后再修改，并依实际需要的高低对其做增减方面的处理。而且在建筑室内环境中还可根据需要设置火灾自动报警装置与消防控制室，注意室内环境中各个部位对建筑装饰材料的使用要求、作法规定与防护标准等，以保证生活与工作在室内环境中的人们在生命上的安全。

（1）用于建筑室内装饰材料的防火要求

在建筑室内装饰设计中，用于室内装饰的建筑材料（包括保温材料、消声材料及黏结剂）应该采用非燃烧材料或难燃烧材料。个别部位由于装饰效果特别需要采用一些可燃材料时，其可燃材料必须用涂刷防火涂料和防火浸料浸渍的办法进行阻燃处理，将其改变为难燃烧材料。而聚乙烯泡沫塑料、聚氨酯泡沫塑料等易燃材料不应作为装饰材料。

建筑室内环境设计中装修材料按其使用部位和功能，可划分为顶面装修材料、墙面装修材料、地面装修材料、隔断装修材料等类型。不同装修材料的燃烧性能等级分为 A、B1、B2、B3 四个等级，见表 4-5：

表 4-5 建筑室内环境设计中装修材料的燃烧性能等级

等 级	装修材料燃烧性能
A	不燃性
B1	难燃性
B2	可燃性
B3	易燃性

按燃烧性能等级规定使用装修装饰材料时，需要注意以下方面：

1）A、B1、B2 级装修材料须按材料燃烧性能等级的规定要求，由专业检测机构检测确定，B3 级装修材料可不进行检测。

2）安装在钢龙骨上的纸面石膏板，可作为 A 级装修材料使用。

3）当胶合板表面涂覆一级饰面型防火涂料时，可作为 B1 级装修材料使用。

4）单位重量小于 $300g/m^2$ 的纸质、布质壁纸，当直接粘贴在 A 级基材上时，可作为 B1 级装修材料使用。

5）涂刷在 A 级基材上的无机装饰涂料，可作为 A 级装修材料使用；涂刷于 A 级基材上，湿涂覆比小于 $1.5kg/m^2$ 的有机装饰涂料，可作为 B1 级装修材料使用，涂刷于B1、B2 级基材上时，应将涂料连同基材一起按燃烧性能等级规定确定其燃烧性能等级。

6）当采用不同装修材料进行分层装修时，各层装修材料的燃烧性能等级均应符合规定要求。复合型装修材料应由专业性检测机构进行整体测试并划分其燃烧性能等级。

（2）建筑室内环境各个部位的防火要点

在建筑室内环境设计中，吊顶、墙、柱面、地面、电路系统、厨房等部位或房间，在设计时应着重对其防火问题予以重点考虑。它们分别为：

1）吊顶（包括吊顶搁栅）

不但应该采用非燃烧材料或难燃烧材料制作，而且应该达到一定的耐火极限时间。其耐燃性能和耐火极限见表 4-6：

表 4-6　建筑室内吊顶材料的耐燃性能和耐火极限

建筑耐火等级	耐燃性能	耐火极限 /h
一级	非燃烧体	0.25
二级	难燃烧体	0.25
三级	难燃烧体	0.15

吊顶（包括吊顶搁栅）要满足表 4-6 耐燃性能和耐火极限的要求，其龙骨应该采用铝合金或轻钢等制作，天棚板应该采用石膏板、矿棉（岩棉）纤维板等，不应该采用木材做龙骨，不应该采用木质胶合板、聚乙烯泡沫塑料板等做天棚板。

2）墙、柱

当墙、柱面采用龙骨、壁板制作的夹层墙时，所用的材料和耐燃性能、耐火极限应该按吊顶的防火要求考虑。而墙、柱面的贴纸（布），应该采用难燃或阻燃的壁纸（布）。

3）地面

地面铺设的地毯，应该采用难燃或阻燃的地毯。

4）厨房

其中有火源或存有易燃物的部位，如炉灶部位，存放油料、燃料的部位要重点注意防火。

5）电路系统

照明系统、各种家用电器增多，其接电线路很复杂，这些部位也是防火的重点部位。

（3）建筑室内空间环境的防火分区

建筑室内空间环境应该划定防火分区，其目的是为了在发生火灾时，将火灾限制在一个区域内，以便防止火灾蔓延扩大，把火灾损失降低到最低程度（图 4-30）。

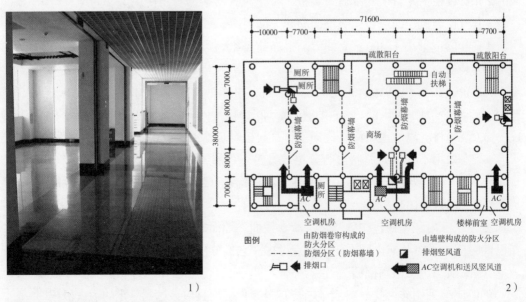

1）　　　　　　　　　　　　　　　　　　　　　　2）

图 4-30　建筑室内环境的防火分区

1）办公建筑室内环境的防火分隔活动幕墙　2）商业建筑室内环境的防火分区布置

1）防火分区面积

建筑室内空间环境防火分区的面积见表 4-7：

表 4-7　建筑室内空间环境防火分区的面积表

建筑物名称		每个防火分区的面积 /m²
一类高层民用建筑		≤ 1000
二类高层民用建筑		≤ 1500
高层民用建筑的地下室		≤ 500
非高层民用建筑	一、二级耐火等级	≤ 2500
	三级耐火等级	≤ 1200
	四级耐火等级	≤ 600
非高层民用建筑的地下室、半地下室		≤ 500

设有自动灭火设备的防火分区，其面积可按上表增加一倍。防火分区内局部设置自动灭火设备时，其增加的面积可按该局部面积的一倍计算。

建筑室内空间如设有上下层相连通的走马廊、开敞楼梯、自动扶梯、传送带、跨层窗等开口部位时，应把上下连通层作为一个防火分区，其面积之和不应超过上表所列的数值。

高层民用的建筑的主体建筑与相连的附属建筑之间，如设有防火墙等防火分隔设施时其附属建筑防火分区的面积可按上表增加一倍。

2）防火分区的方法

在建筑室内空间环境划定防火分区的方法，一般采用设防火墙的做法，墙上的门和窗应采用防火门、防火窗。当采用防火墙困难时，可以采用防火卷帘，并设水幕进行保护。

多层建筑的共享空间，其防火分区的方法可以采用在房间与共享空间连接的开口部位设装有水幕保护的防火门窗，并在共享空间的封闭屋盖上设自动排烟设施。

3）防烟分区和高层民用建筑防烟分区

建筑室内空间环境划定防烟分区的目的是为了在发生火灾时，将烟气控制在一定的范围内，以便通过排烟设施将其排除，避免影响建筑物内人员的安全疏散，扩大火灾损失。

高层民用建筑内应采用防火墙等划分防火分区，每个防火分区允许最大建筑面积不宜超过 500m²，且防烟分区不应跨越防火分区。一般采用挡烟垂壁、隔墙或从顶棚下突出不小于 50cm 的梁划分防烟分区。当高层民用建筑内设有自动喷水灭火系统时，防火分区允许最大建筑面积可增加一倍。

（4）建筑室内环境设计的防火原则

建筑室内空间装饰设计中的防火要求，主要是在设计中一定要按照国家颁布的《建筑内部装修设计防火规范》的各项规定严格执行。在室内装饰设计中一定要维护建筑已有的防火设计及安全疏散人流的各种通道，不足的还应按要求予以补充，切不可为了某些利益而破坏建筑的防火设计。另外规范中对室内装修设计防火给出了几条基本的原则，即是整个建筑室内空间装修设计防火中必须严格遵循的。

一是工作指导原则，即在现代建筑室内环境中，用于装饰的建筑材料常常是火灾的最初引发点，因此在室内环境设计中需要贯彻"预防为主、防消结合"的消防工作指导方针。并要求设计、建设和消防监督部门的人员密切配合，在装修工程中认真、合理地采用各种装修材料，积极采用先进的防火技术，以预防火灾的发生及限制其扩大蔓延。这对减少火灾损失，保障人民生命财产安全具有极为重要的意义。

二是适用范围原则，即建筑室内装修设计规范的适用范围包括所有的民用建筑和工业厂房的内部装修设计，但它不适用于古建筑和木结构建筑的内部装修设计。这与国家标准《建筑设计防火规范》《高层民用建筑设计防火规范》所规定的适用范围，以及《人民防空工程设计防火规范》规定的民用建筑部分是基本一致的。

三是选择材料原则，即建筑室内装修设计应妥善处理装修效果和使用安全的矛盾，积极采用不燃性材料和难燃性材料，尽量避免采用在燃烧时产生大量浓烟或有毒气体的材料，做到安全适用、技术先进、经济合理。因此，在实际工作中必须正确处理好装修效果与使用安全之间的矛盾。所谓的积极选用不燃材料和难燃材料是指在满足规范最低基本选材要求的基础上，在考虑美观的前提下，尽可能地采用不燃性和难燃性的建筑材料。

四是装修设计原则，即在建筑室内装修设计中，除执行室内装修设计防火规范外，还应符合现行的有关标准、规范的规定，以防患于未然。

3. 建筑室内空间环境使用方面的安全

建筑室内空间环境使用方面的安全，则主要是指在建筑室内环境中用电、用水、煤气、液化气等使用方面的安全及行走道路与活动中的安全问题。这些问题给在建筑室内环境中生活与工作的人们带来的损害，已成为现代社会中仅次于交通事故而高居其后的安全事故了（图4-31）。归纳起来看这些事故主要包括以下几个方面的内容：

火灾事故——建筑室内空间环境进行装修后，易燃材料与可燃物质增多，从而引发火灾的因素也随之增加。

坠落事故——由于阳台栏杆的强度、高度或布置形式不当而引起，其中以小孩跌落事故为多。

碰撞事故——位于额头高度的障碍物最危险，也有被高处落下物砸伤的。

跌落事故——楼梯是比较危险的地方，应注意上下楼梯的安全。

滑倒事故——应注意地板是否防滑，还要研究地板与脚疲倦之间的关系，并尽量避免倾斜地面在居室环境中的出现。

撞伤与划伤事故——若在走廊、厕所、浴室存在设计上的缺陷，就有可能引起擦伤。而建材中的"毛刺"则可能划伤手指。

玻璃事故——当门窗玻璃一旦碎裂，就会成为室内环境中最危险的"凶器"。

烫伤事故——高热源是建筑室内空间环境中的危险因素，暴露的散热器更容易伤人，厨房等室内空间中发生的烫伤更是应该引起注意。

中毒事故——主要是由于在厨房和浴室使用液化气不当引起的一氧化碳中毒，其次是建筑室内装修材料中散发出来的有毒与放射性气体，已经成为当今社会人们遇到的头号"隐形杀手"。

家电事故——包括电击、起火、爆炸、触电与有害射线带来的危害。

阳台封闭事故——许多住户由于不了解阳台与房屋的结构受力上的差异，而将阳台封闭当房间使用，从而造成阳台承载力超载而导致事故的发生等，都给生活与工作于室内环境中的人们带来很大的危害。

碰撞　　　　　蹭伤　　　　　滚落

疾病　　　　　火灾　　　　　防盗

夹伤　　　　　割伤　　　　　烫伤

图 4-31　建筑室内环境使用方面的各种安全事故

以上这些建筑室内空间环境使用方面的安全问题必须引起人们的注意，并能够做好防患于未然的各种准备，以防不测在建筑室内环境中发生。

特别是防火问题，由于任何一幢建筑的室内空间在进行室内环境装修中均使用不少易燃材料，而且室内环境装饰中许多陈设物品也是可燃物质，加上室内环境中电器的增多，导致用电量猛增，使得室内电线布置非常复杂。所有这些都增加了建筑室内环境火灾的可能性与危险性，因此，防火问题是建筑室内环境装修中必须首先考虑的安全问题。

第 5 章　建筑室内环境设计的入门方法

　　建筑室内环境设计，在一定意义上来说是一种创造性的活动。虽然它属于室内设计的范畴，但却与多个学科有着紧密的联系。从空间艺术的角度来看，在室内环境设计的创造性活动中对设计师形象思维能力的要求往往占据主导地位；然而在其相关的功能技术性问题处理上，则又需设计师具备理性思维的能力。可见，进行室内环境设计，丰富的形象思维能力与缜密的逻辑思维能力必须兼而有之，相互融合（图 5-1 ）。正是如此，在室内环境设计课程的学习中，掌握正确的入门方法对每一个初学者来说都是至关重要的。

图 5-1　建筑室内及其相关内部环境设计属于艺术设计的范畴，就空间艺术本身而言，感性的形象思维能力占据其设计的主导地位。但是在相关功能技术方面，则需要具有逻辑性较强的理性抽象思维能力。为此，进行建筑室内及其相关内部环境设计，丰富的形象思维和缜密的抽象思维必须兼而有之，相互融合

5.1　建筑室内环境设计的学习特点

5.1.1　掌握正确的思维方法和思维程序

　　建筑室内环境设计是一项综合性强、涉及面广的创造性工作。要想成为一个合格的建筑室内环境设计师，需要系统地学习建筑室内环境设计理论与实践两个方面的知识。其中设计理论与实践知识之间既有明确的界限又相互联系，理论关注的是普遍的、不受背景限制的一般原理；而实践关注的是具体的、取决于特定背景的工程实例。理论处理的是抽象的概念，可以指导实践；实践处理的是具体的事实，是理论的应用和深化。而如何做到有条不紊、较好较快完成设计任务，掌握正确的设计思维方法和思维程序，是完成好设计任务的关键与保证。

5.1.2　注重知识的积累与技巧的准备

　　进行建筑室内环境设计创作，需要设计师具备较广泛的知识和出色的表现技巧。这是因为没有广泛的基础知识，就没有进行设计的基础；同时，在设计学习的过程中，还需要逐步积累所需的各种设计资料，加强设计理论知识的学习与设计实践的练习，以循序渐进地提高自身的设计水平。另外作为设计技巧的训练，它不仅靠单纯掌握某种理论与技巧，还需在实践中进行长期地磨炼和积累，只有"熟"才能生"巧"，有了量的积

累才能达到质的飞跃。

5.1.3 学会并掌握从空间入手的构思方法

建筑及其相关内部环境是一个多维的立体空间形象，而不是简单的层与面的围合，因此在进行设计构思的过程中，设计师应同时考虑到平、立、剖面，内部空间与外部造型的关系，使其建筑室内环境设计能以一个整体的形象出现，因此，学习建筑室内环境设计应学会并掌握从空间入手的构思方法来展开设计的整个过程，且在处理各种设计语言的关系时，也能站在空间塑造的高度来进行（图5-2）。

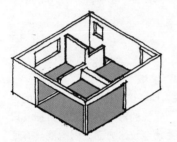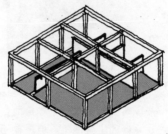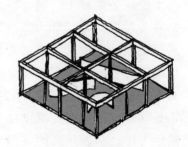

图5-2 学会并掌握从空间入手的构思方法

5.1.4 加强设计实践，提高设计能力

作为建筑室内环境设计的初学者，应能更多地参与其建筑室内环境设计的工程实践，因为这才是提高设计能力的有效途径。在设计实践中，还应多向有经验的设计师与各工种设计师，以及施工、管理等方面的人士请教，并及时总结经验，以提高自己的设计水平和能力。

5.1.5 培养正确规范使用图示表现语言的习惯

作为一个建筑室内环境设计师最大的满足，莫过于自己的设计成果被人们理解。要将闪烁于设计师头脑中的构思火花通过专业设计图示语言表现出来，否则再好的设计构想也只能是设计师头脑中的空中楼阁。可见，作为设计师来说，只有最终将设计的构思以视觉的形象展现在用户面前，才能为设计的实施打开通路。为此，作为未来的建筑室内环境设计师，一方面需要设计师能进行设计构思与创意，并真实反映生活空间实际视觉效果的预想图形来；另一方面还需要设计师提供工程技术人员进行施工而使用的各种技术图样，两者缺一不可。而培养初学者掌握正确规范使用图示表现语言的习惯，无疑是一个经过正规训练的建筑室内环境设计师必须掌握的设计基本功，也是建筑室内环境设计学习的一个重要特点。

5.2　建筑室内环境设计的学习方法

5.2.1　建筑室内环境设计的基本程序

建筑及其相关内部空间环境设计的程序，是保证设计质量的前提，一般可分为五个阶段来展开工作，即设计准备阶段、设计方案阶段、初步设计阶段、施工设计阶段与设计实施阶段，以及日常的管理等（图 5-3）。

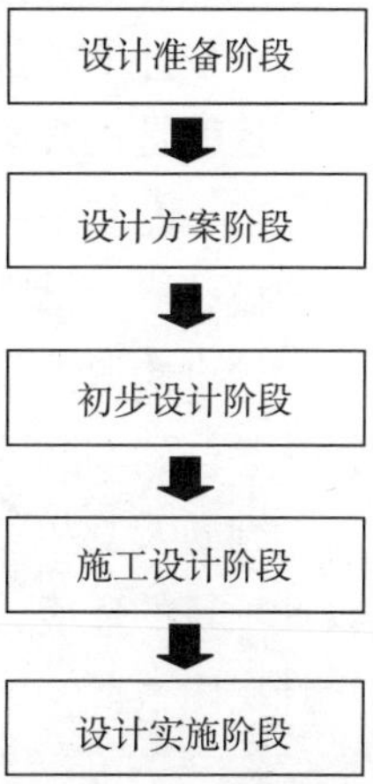

1. 设计准备阶段

其工作主要包括设计意象调查、工程现场了解、资料综合分析及制定设计计划等。

（1）设计意象调查

是指对建设单位或甲方的设计要求进行翔实的了解，其内容主要有建筑规模、使用对象、装修档次、功能要求、建设资金、周围环境、设计风格、卫生消防与其他特殊要求，以及对设计期限进行摸底。在调查过程中设计人员或乙方要做详细的记录，并能将调查内容以"设计任务书"的文件形式固定下来。而调查的方式可多种多样，可同建设单位或甲方有关人员举行联席会议，也可同工程联系人详谈等。

（2）工程现场了解

就是到建设工地现场调查，其内容主要包括了解建设工地周围的地形地貌、建筑及其相关内部空间周围的环境状况、进而了解建筑的性质、功能、造型、风格与创意，对于有特殊使用要求的房间，还要进行具体的调查。同时还需了解土建设计与施工情况，对当地建筑装饰材料、设备及用品的规格、质量、加工或供应能力，以及材料的价格和施工强度做出估计，并形成资料。

（3）资料综合分析

通过意向调查及实地了解，对所收集的资料进行分析研究，为方案设计及编制设计计划提供依据。

（4）制定设计计划

根据建设单位或甲方提供的要求、文件、建筑图样、设计任务书与合同书，以及建设工程招标书来制定完成该项设计的计划，包括设计方案、初步设计、施工设计三个阶段的人员及时间安排，完成设计概算的时间及运用新材料、新设备、新工艺、新技术的部位安排等内容，以便科学地进行管理。

可见，在设计准备阶段，设计师必须仔细阅读设计任务书，明确工程的性质、规模、投资、等级标准、使用特点、所需氛围等要求。同时亦应对现场进行调查，查阅资料，并参观调研相关类型的工程实例作品。

设计准备阶段
↓
设计方案阶段
↓
初步设计阶段
↓
施工设计阶段
↓
设计实施阶段

图 5-3　建筑室内环境设计的基本程序

2. 设计方案阶段

设计方案阶段的具体工作有：进行概念设计与构思理念方案比较，完善方案并进行表现。

（1）概念设计与构思理念

在设计准备阶段收集的各种资料的基础上，经过分析与酝酿，产生方案发展总的方向，这就是正式动笔前的概念设计。确立什么样的概念，对整个设计的成败，有着极大的影响。尤其是一些大型项目，面临的影响因素和矛盾就会更多。如果一开始就没有正确的设计概念指导，意图不明，在以后的设计上出现了问题就很难补救。

这个阶段的具体工作就是依据调查资料、设计文件与计划，对建筑室内环境设计进行从整体到部分再到局部的综合考虑，其中概念设计是整个设计的基础和关键。

建筑及其相关内部空间环境工程的概念设计，实际上就是运用图形思维的方式，对设计项目的环境、功能、材料、风格进行综合分析之后，所做的空间总体艺术形象构思设计（图 5-4）。

图 5-4　建筑室内环境工程的概念设计，就是运用图形思维的方式，对设计项目的环境、功能、材料、风格进行综合分析之后，所做的空间总体艺术形象构思设计

进行建筑及其相关内部空间环境设计的概念设计，首先要树立正确的设计构思理念，就是要注意建立起环境意识、整体设计与个性化特色为准则的设计构思思路，要树立以"环境意识"为主导的设计构思思路，这是由于环境是人类赖以生存、从事生产和生活的外在条件。而建筑室内环境设计的目的，就是要创造利于人类生息的理想内部空间条件，也就是人们称之为的"第二自然"环境，而且设计中的环境特性是建筑室内环境设

计区别于其他设计的根本所在，因此立足于"环境意识"来进行建筑设计是其最显著的设计特点之一；其次必须牢固地树立起整体设计的思想，即对建筑室内环境的意境有一个统一的构想，也就是对其环境的性格、气氛、情调做出具体的思考，并用图示语言表达出来。同时，从整体设计出发，才能使设计给人以特殊的快感，而那种从局部效果出发，"就事论事"的方法，从部分而言可能是成功的，但从整体上看就会显得支离破碎，给人散乱的感受，过去在这方面的教训是很多的。最后就是个性化特色，由于任何设计作品都忌讳千篇一律、千人一面，故没有个性和特色的作品就没有新颖的感受，也就更不会产生引人入胜的设计效果。所以在建筑及其相关内部空间环境设计构思时，一定要注意个性化特色的发掘，切忌抄袭、模仿与照搬等不良倾向的蔓延。

（2）具体构思与方案比较

其工作主要包括对整个建筑及其相关内部空间的功能划分、格调、气氛与特色的塑造，以及空间的组织、分隔与界面的处理，造型、色彩、采光、照明、家具、陈设、绿化、传达设计的考虑及结构、材料、工艺、设备、安全等方面的统一安排，通过设计构思，做出建筑及其相关内部空间环境设计的具体构思分析图（图5-5）。并拟定几个设计方案出来，提供给建筑单位或甲方组织的专家进行方案比较与挑选（图5-6）。

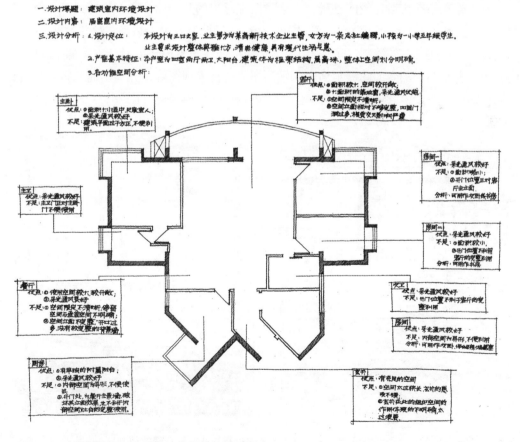

图 5-5　居住建筑室内环境设计的具体构思分析图

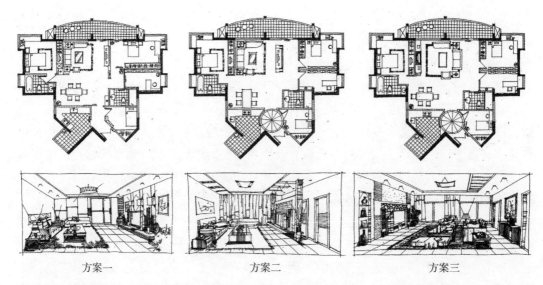

方案一　　　　　　　　　方案二　　　　　　　　　方案三

图 5-6　某居住建筑室内环境设计，通过构思拟定出几个设计方案，以供给建筑单位或甲方组织的专家进行方案选择

（3）完善方案与设计表现

其工作是指在方案比较的基础上，通过对拟定出的几个设计方案进行设计创意、使用功能、艺术效果与经济方面的相互比较，征得建设单位或甲方意见，对方案进行完善，并进行方案正式草图的绘制（图 5-7）。最后还需绘制建筑室内环境设计方案的正式图样，内容包括平面图、剖立面图、顶面图、轴测图或透视表现图等，并写出简明扼要的设计说明供建设单位或甲方进行设计方案的正式审定（图 5-8～图 5-11）。

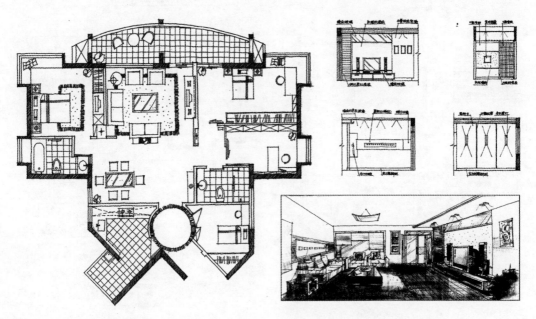

图 5-7　对确定的建筑室内环境设计方案予以完善，并进行正式方案草图的绘制

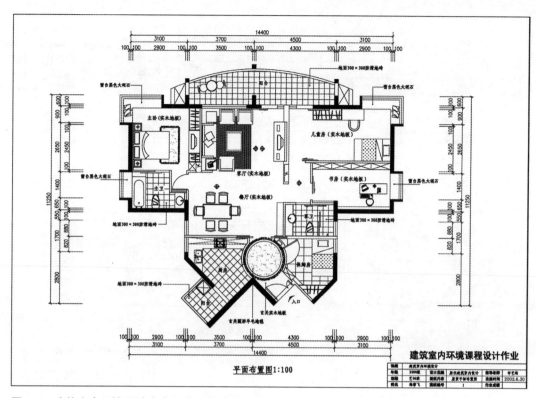

图 5-8 建筑室内环境设计方案正式图样的绘制（1）

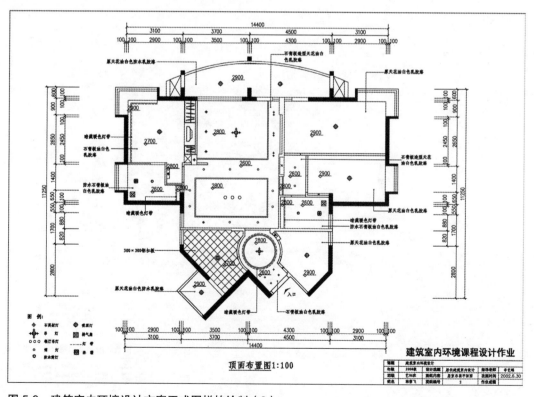

图 5-9 建筑室内环境设计方案正式图样的绘制（2）

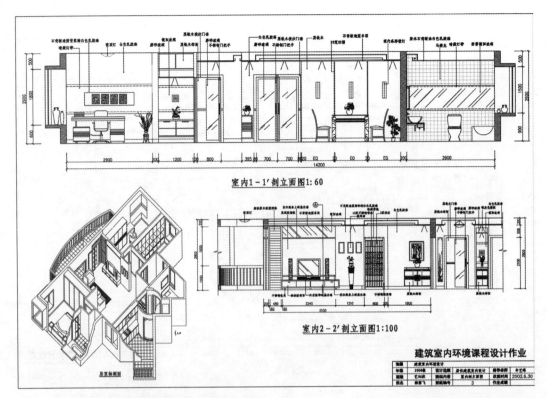

图 5-10　建筑室内环境设计方案正式图样的绘制（3）

图 5-11　建筑室内环境设计方案正式图样的绘制（4）

3. 初步设计阶段

初步设计阶段是在建筑及其相关内部空间环境设计方案经过正式审定的基础上，更深入一步的设计工作，其内容主要包括绘制初步设计图样、撰写初步设计说明、编制初步设计概算三个方面的工作。

（1）绘制初步设计图样

主要包括建筑及其相关内部空间环境设计的平面图、顶面图、剖立面展开图，在这些图中需标明各个部分的水平距离及标高，以及各个部分的装饰材料与装修作法，室内环境的色彩配置，照明灯具、家具与陈设饰品的规格、样式、数量、烟感器、应急灯、警铃与喷淋设施的位置等均需表示清楚（图 5-12~图 5-17）。

（2）撰写初步设计说明

主要包括建设单位或甲方名称、工程名称、建筑室内环境设计内容、设计依据、构思立意、功能分区、空间布局、界面设计、装饰风格、家具陈设、装修标准、材料做法、安全防火等技术问题。

（3）编制初步设计概算

即根据初步设计的内容，参照国家或地区的概算定额编制整个建筑及其相关内部空间环境设计实施的所需费用。然后一起提供给建设单位或甲方进行初步设计的正式审定。

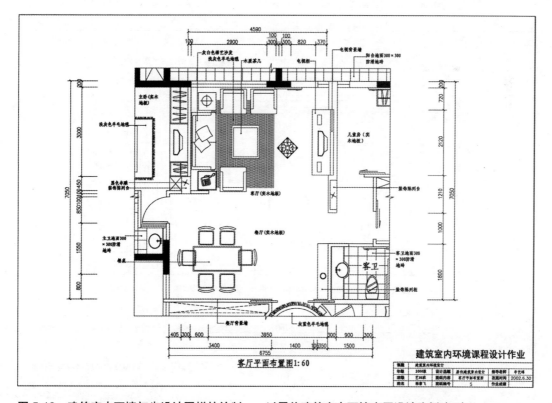

图 5-12　建筑室内环境初步设计图样的绘制——以居住建筑室内环境客厅设计为例（1）

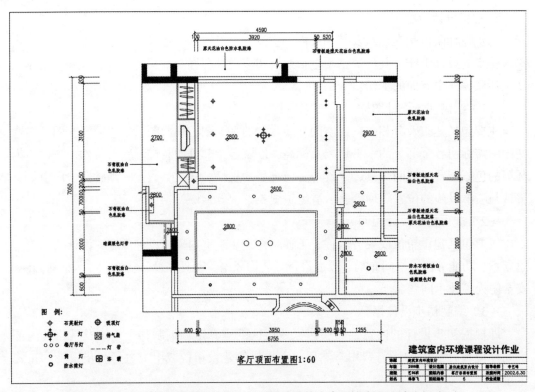

图 5-13　建筑室内环境初步设计图样的绘制——以居住建筑室内环境客厅设计为例（2）

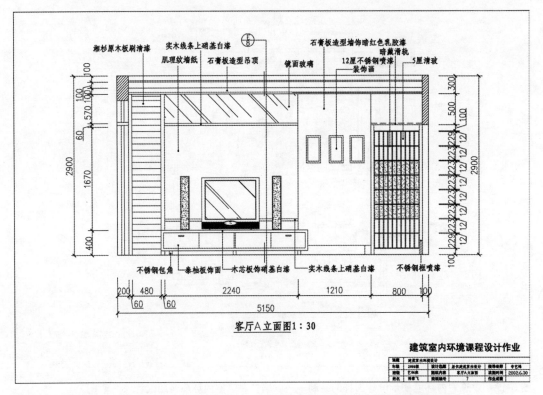

图 5-14　建筑室内环境初步设计图样的绘制——以居住建筑室内环境客厅设计为例（3）

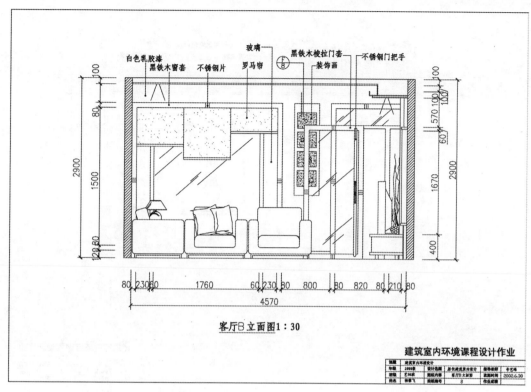

图 5-15　建筑室内环境初步设计图样的绘制——以居住建筑室内环境客厅设计为例（4）

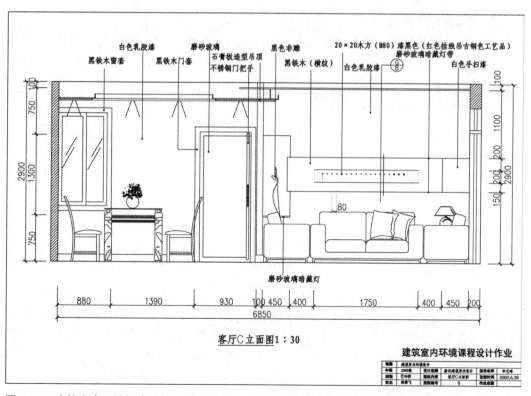

图 5-16　建筑室内环境初步设计图样的绘制——以居住建筑室内环境客厅设计为例（5）

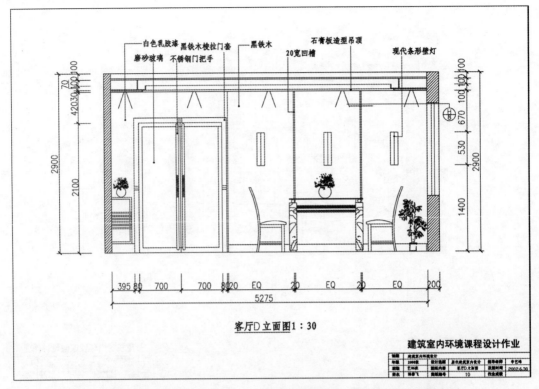

白色乳胶漆 黑铁木楼拉门套 黑铁木 石膏板造型吊顶 现代条形壁灯
磨砂玻璃 不锈钢门把手 20宽凹槽

客厅D立面图1：30

建筑室内环境课程设计作业

图 5-17 建筑室内环境初步设计图样的绘制——以居住建筑室内环境客厅设计为例（6）

4.施工设计阶段

施工设计阶段是在建筑及其相关内部空间环境初步设计审定通过后，进行的工程实施的详细设计工作，其内容主要包括修改初步设计图样、与各相关专业协调、完成设计施工图三个方面的工作。

（1）修改初步设计图样

是在初步设计再次经建设单位或甲方共同审核，并进一步与水电、通风、空调等配合专业共同研究实施的可行性以后，对初步设计中相关的平面布局、剖立面设计中的尺寸、标高与材料做法等进行调整和修改，使其成为与各专业协调、完成设计施工图的重要依据。

（2）与各相关专业协调

解决建筑及其相关内部空间环境设计实施中的技术问题，即完成与各相关专业协调的技术设计，其内容为与各相关专业互相提供资料、提出要求，并共同研究与协调编制拟建工程各相关专业的设计图样及设计说明书，为各相关专业编制施工图打下基础。各相关专业技术设计的图样与文件，要求在建筑及其相关内部空间环境设计图样上标明与技术工种有关的详细尺寸，同时编制出建筑室内环境部分的技术说明书。结构工种应有建筑及其相关内部空间环境结构布置的方案图，并附有初步计算说明，设备工种也应提出相应的设备图样及说明书。

（3）完成设计施工图

其内容主要包括建筑及其相关内部空间环境装饰、家具陈设与电器照明、通风、空调、烟感、喷淋、警铃、广播电视系统的具体做法，包括间距、标高、管线、灯具、风口、烟感、广播电视、应急灯具的具体数量与位置、标高。对于灯具、烟感、风口与吊顶、墙身、固定家具等都要画出大样详图，标明其连接与构造做法。活动家具除有平面布置图外，还要标明家具的形式、油漆或面料颜色、尺寸大小。对于要单独加工的家具，还要绘制所用材料、构造做法及加工制作详图（图 5-18~ 图 5-20）。

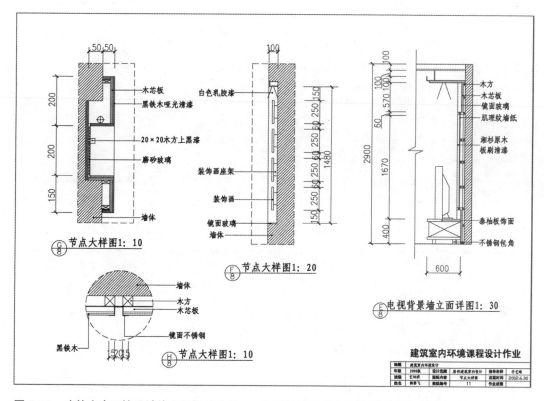

图 5-18　建筑室内环境设计施工图样的绘制——以居住建筑室内环境客厅设计为例（1）

设计施工图完成之后，需与各相关专业互相校对，经审核无误后才能成为正式施工图。同时根据正式施工图的设计内容，参照预算定额编制设计预算。在工程开工前，在建设单位或甲方组织下，依据设计施工图向有关施工单位进行设计交底，说明其设计意图、构造做法、所用材料与施工质量的要求等问题。

5.设计实施阶段

在建筑及其相关内部空间环境工程整个设计实施阶段，设计人员都要做好施工监理工作，其内容主要包括对整个工程设计实施阶段所用材料、设备的订货选样、选型与选厂等工作。同时完成设计图样中未交代部分的构造做法与要求，处理好与各专业图样发生矛盾的问题，并根据工程实际情况对原设计做局部修改或补充，按阶段检查工程的施工质量，直至最后参加工程的竣工验收。

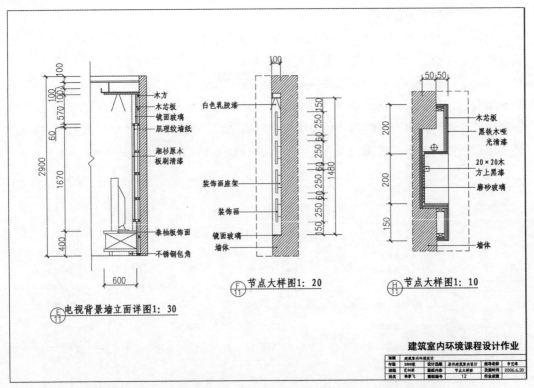

图 5-19 建筑室内环境设计施工图样的绘制——以居住建筑室内环境客厅设计为例（2）

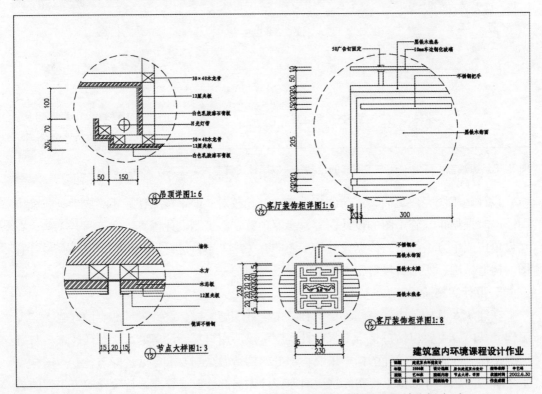

图 5-20 建筑室内环境设计施工图样的绘制——以居住建筑室内环境客厅设计为例（3）

　　总之，上述各个阶段所完成的设计图样、说明、概预算都必须经过设计部门主管负责人的审定。对于有些建筑及其相关内部空间环境设计，应将方案与初步设计结合在一起做，这种做法又称之为扩大初步设计，其目的是加快设计进度，从当前建筑及其相关内部空间环境设计来看这是一种普遍的做法，并由此形成了这类图样特殊的绘制方法。纵观当今的建筑及其相关内部空间环境设计，多采用投标或议标的方式，以让各设计单位通过相互竞争才能获得设计任务。这样在完成设计方案阶段的工作后，就要参加建设单位或甲方组织的设计投标会议，由建设单位或甲方依据各设计单位方案设计的优劣情况，选择中标设计单位承担工程的设计任务，然后再继续进行以后各个阶段的设计工作。

5.2.2　建筑室内环境设计中需注意的问题

1. 注意方案的基本构思

　　所谓基本的构思，就是指在设计开始阶段，设计师必须在头脑中对其进行一定的酝酿，且对方案总的发展方向有一个明确的意图，这一点和中国画创作中的"意在笔先"的意思是相同的。在建筑室内环境设计中，基本构思的好坏，对整个设计的成败有着极大的影响，特别是在一些复杂的设计中，面临的矛盾和各种影响因素很多，若一开始没有一个总的设计意图，就很难在以后的工作中把握住全局。这一点对初学者来说，应引起特别的注意。

2. 注意设计要由粗到细

　　这是整个建筑室内环境设计过程中都应遵循的原则。以方案阶段而言，其主要任务是确定设计的基本构思，并经过反复的方案比较，使其逐步完善。因此，在方案草图的过程中，就要特别注意由粗到细的原则，把主要精力首先放在那些与方案基本构思最有关系的部分，更好地把握住设计的大方向，不要把精力陷入某些具体的细节中。

3. 注意掌握设计草图的绘制方法

　　徒手绘制铅笔或钢笔（针管笔）设计草图，是学习建筑室内环境设计必须掌握的一项基本功。绘制设计草图的过程，实际上是设计者一面动手绘图，一面思考设计中的问题，手、眼、脑并用的过程。它们之间要求具有最敏捷的联系，使用铅笔或钢笔（针管笔）徒手绘图就有这种好处。许多有经验的设计师常把徒手设计草图看成是捕捉构思灵感火花的表现手法，这是不无道理的。

　　绘制设计草图多使用半透明的拷贝纸，其目的就是为了在绘制中出现错误或需修改方案时，可将拷贝纸逐张地进行蒙改，而不必将前面画错的草图擦去，这样不但可使设计的思路得以连贯地发展，而且有利于设计工作从粗到细地逐步深入下去。

4. 注意设计的推敲发展

　　这是在已确定的设计方案上做更进一步的修改和细致的推敲，将前一阶段中未及深入考虑的各种局部、细节逐一具体化，为绘制正图做好准备。而这一阶段的工作若做得深入细致，即可使设计有显著的发展与提高。只是作为初学者，在设计方案的推敲发展中不要轻易地推翻原有的方案，这是因为任何一个基本方案，都可能有这样或那样的缺点，如果一遇到矛盾就轻易地否定整个方案，则可能在新方案中，这个问题解决了，那个的问题又出来了。而每个方案设计的时间总是有限的，不可能无休止地停留在方案阶段的反复修改上。另对设计的深入推敲应由整体到局部，最后还需注意设计的表现方法，以及与相关专业的协调来解决设计中的问题。

5.2.3　建筑室内环境设计中与相关专业的协调

一个建筑及其相关内部空间环境设计作品的成功实现，都不仅仅是建筑室内环境设计师自身专业知识、艺术素养与创造才能的展现，而且也是建筑室内环境设计师与建筑、结构、电气、设备（采暖、空调、给水、排水）等专业配合、各方协调、卓有成效地解决错综复杂矛盾的结果（图5-21）。

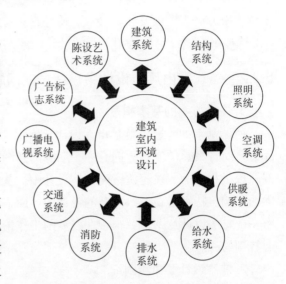

图 5-21　建筑室内环境设计中与相关专业及系统的协调图

随着现代建筑领域中科学、技术与艺术日新月异的发展，多专业、各工种的配合与协调越来越成为现代建筑室内环境设计走向成功之路的关键所在。而在建筑及其相关内部空间环境设计中，涉及的专业系统及需要协调的工种主要包括以下这些内容：

一是与建筑系统的协调，其协调要点一为建筑及其相关内部空间的功能要求，涉及空间的大小、序列与人流的交通组织等；二为空间形体的修正与完善；三为空间气氛与意境的创造；四为与建筑艺术、风格的总体协调；其协调工种为建筑。

二是与结构系统的协调，其协调要点一为建筑及其相关内部空间墙面与顶面中外露结构部件的利用；二为吊顶标高与结构标高（包括设备层净高）的关系；三为室内悬挂物与结构构件固定的方式；四为墙体开洞、墙及楼、地面饰面层、吊顶荷重对结构承载能力方面的分析；其协调工种为结构。

三是与照明系统的协调，其协调要点一为室内顶面设计与灯具布置、照明要求的关系；二为室内墙面设计与灯具布置、照明方式的关系；三为室内墙面设计与配电箱的布置；四为室内地面设计与地灯的布置等；其协调工种为电气。

四是与设备系统的协调，主要包括空调、供暖、给水、排水、消防与广播电视等设备的协调。其中：

与空调设备协调要点一为室内顶面设计与空调送风口的布置；二为室内墙面设计与空调回风口的布置；三为室内陈设与各类独立设置的空调设备的关系；四为出入口装修设计与冷风幕的布置等；其协调工种为设备（暖通）。

与供暖设备协调要点一为室内墙面设计与水暖设备的布置；二为室内顶面设计与供热风系统的布置。

与给水排水设备协调要点一为建筑及其相关内部空间卫生间设计与各类卫生洁具的布置与选型；二为室内喷水池、瀑布设计与循环水系统的布置；其协调工种为设备（给排水）。三为出入口装修设计与热风幕的布置；其协调工种为设备（暖通）。

与消防设备协调要点一为室内顶面设计与烟感报警器的布置；二为室内顶面设计与喷淋头、水幕的布置；三为室内墙面设计与消火栓箱布置的关系；四为能够起到装饰部件作用的轻便灭火器的选用与布置；其协调工种为设备（给排水）。

五是与广播电视设备协调，其要点一为室内顶面设计与扬声器的布置；二为室内闭路电视和各种信息播放系统的布置方式（悬吊、靠墙或独立放置）的确定；其协调工种为电气。

六是与交通系统的协调，其要点一为室内墙面设计与电梯门洞的装修处理；二为室内地面及墙面设计与自动步道的装修处理；三为室内墙面设计与自动扶梯的装修处理；四为室内坡道等无障碍设施的设计安排与装修处理；其协调工种为建筑与电气。

七是与广告标志系统的协调，其要点一为室内空间中标志或标志灯箱的造型与布置；二为室内空间中广告或广告灯箱、广告物件的造型与布置；其协调工种为建筑与电气。

八是与陈设艺术系统的协调，其要点一为家具、用品的使用功能配置、造型、风格、样式的确定；二为室内绿化的配置品种、形式与管理方式的确定；三为室内特殊音响效果、气味效果等的设置方式；四为室内作品（绘画、饰品、雕塑、摄影与环境小品）的选用和布置；五为其他室内环境设施的配置；其协调工种相对独立，可由建筑室内环境设计师独立构思与选择，还可单独委托相关艺术家创作与环境协调的配套陈设作品。

5.3　建筑室内环境创新设计人才的培养

当今时代，是一个国际交往与合作更加紧密、综合国力竞争更加激烈的新时代。面向未来人类的生存和发展，需要人类不断地创造和创新。而创新即是一个民族的灵魂，一个没有创新精神和创新能力的民族，是难以自立于世界民族之林的。就我们的设计教育来看，面对全球化趋势的日益推进，面对国际领域竞争的日益激烈，设计人才创新能力的培养无疑是未来社会的本质要求，设计教育与创新人才培养模式的建构更是面向未来设计人才培养成败的关键。

5.3.1　建筑室内环境创新设计人才的理念及其意义

从现代教育的目的来看，创新人才的培养是当前整个教育领域普遍关注的课题。我们知道教育所传递的内容和目标的总和就是创造和发现，教育本身在任何一个时代来看都是今天以前人类在那个条件下探索的结果，只适合于那个时代的情况。因为这个世界是变化的，教育对象与面临的问题也是随之而变化的。

而现代教育应该有三个层次：其一应该让受教育者知道世界是什么样的，成为一个有知识的人，成为一个客观的人；其二应该使受教育者知道世界为什么是这样的，成为一个会思考的人，成为一个理性的人，成为一个有分析能力的人；其三应该让受教育者知道怎样才能使世界更美好，成为勇于探索、创造的人。由此可见，创新无疑是现代乃至走向未来教育的最高境界和最终目的。设计教育更是如此，创新设计人才的培养，关键在于教育本身的创新，而创新人才培养模式的建构又是其中最为重要的一环。在2010年7月中央审议并通过的《国家中长期教育改革和发展规划纲要（2010—2020年）》中，将"培养拔尖创新人才"确定为教育改革和发展十年规划中的核心任务，并明确提出了在培养数以亿计的高素质劳动者、数以千万计的高级专门人才的同时，应着力培养一大批拔尖创新人才的教育改革发展目标。培养拔尖创新人才，无疑是教育特别是高等教育肩负着的重要使命。

就创新人才而言，尽管在国内外教育界从不同视角对其进行解析，提法各一，但具有共识的即认为创新人才是指具有创新思维和创新能力、能够不拘一格地解决问题的人才。其特点表现在创新人才均具有很强的好奇心和求知欲，把从事的研究当作人生的乐趣与追求；有很强的独立性和自信力，个性突出；动手能力强且想象力丰富，创新意识强不墨守成规；在某一领域有渊博的知识，而不被其束缚。其中具有创新思维、具备创新能力、取得创新成果是创新人才的三大主要特征，而创新思维是基础，创新能力是保证，创新成果是标志。从艺术硕士研究生教育来看，其创新人才的培养，旨在培养具有较高艺术审美力、理解力与表现力，德才兼备、适合经济社会发展和市场需要的高层次专业人才。要求建筑室内环境设计人才的培养不仅应具有系统的专业知识和高水平的设计创新实践能力，并能运用相关的专业理论知识及技能解决设计创作实践中的实际问题，以期达到文化强国和人才兴国的战略目的。

中国现代室内设计教育从20世纪50年代末期至今，已走过60余年的发展历程，经历了起步、摸索、成形到壮大等不同阶段。使设计教育不仅仅在美术与艺术院校，而且在理工、师范、建筑与综合性大学，乃至一些农林、医学院校等都得到了蓬勃的发展，室内设计教育更是成为当今世界科技与艺术融合的纽带和结合点。就室内环境设计人才培养来看，伴随着国人对自己所处生存与生活环境质量的关心，以及改革开放以来我国建筑装饰及环境设计行业形成巨大的设计市场，使得室内设计专业成为一门发展前景广阔、社会急需与独具个性特色的热门专业。然而这个潜力巨大的室内装饰设计市场，无疑呼唤着具有高素质和创新能力的设计人才去建设，而市场所需要的高素质和创新能力设计人才的培养，即需要我们能有一个面向未来的室内设计人才培养创新模式与教学系统来具体实施，这也是我们进行建筑室内环境设计教育与创新人才培养研究的意义所在。

5.3.2　建筑室内环境创新设计人才的素质与能力培养

所谓人才的素质，是指人在先天禀赋的基础上，通过教育和环境的影响形成的适应社会生存和发展的比较稳定的基本品质，它能够在人与环境的相互作用下外化为个体的一种行为表现。具体地说，对人才的素质教育应包括政治思想、道德素质、文化素质、健康的身体心理素质及专业技术业务素质四个方面的内容。

　　作为一个合格的室内设计人才，其所从事的工作是一种创造性的劳动，因此对这类设计人才的培养，更应在素质与能力等方面的培养上多下功夫。然而作为一个面对现代社会与市场激烈竞争的合格设计人才来说，所具备的素质主要包括德、识、才、学四个方面的内容，其中"德"，主要指设计人才应具有明确的政治观、道德观、人生观、事业心、民族自尊心、自信心与正义感等；"识"即为见识，指设计人才应对事物的发展能够看得非常深远，并具有科学预见的能力；"才"则指才能，指设计人才掌握的专业能力与实际操作技能等；"学"是指设计人才应该具有渊博的知识和学识，从而建构起自己的智能构架与系统。通俗地讲，从现代社会与市场所需要的合格设计人才应该具备的素质来看，作为一个合格的设计人才，首先必须具有强烈的事业心与献身精神；其次设计思路应非常开阔，具备超前意识；其三必须具有创造性的设计思维与实现创造的实际操作及表达的能力；其四应有较宽的知识面，且能成为一专多能的"博才"。可见，人才资源是第一资源。培养创新人才特别是拔尖创新人才，实现我国从人力资源大国向人力资源强国的转变，无疑是现代教育转变发展方式，建设创新型国家，全面建设和谐社会的关键。

　　基于室内设计专业人才培养在素质教育方面所确立出来的这种目标，以及对未来与设计市场对人才需求的综合分析和预测，我们认为作为一个高素质且能适应社会需要的室内环境设计专业人才，必须具备这样的专业素质与设计能力（图 5-22）。

图 5-22　建筑室内环境创新设计人才的素质与能力培养的特色内容

1. 设计构思方面的创造与思维能力

室内设计创造的关键在于构思，因此构思是其设计创作的灵魂。作为一个合格的室内设计人才，要养成勤于构思的良好习惯，并能在创造方案时为了获得一个良好的设计构思达到废寝忘食的境地。具体来说，通过学习应该掌握以下几个方面的构思方法。

其一，进行专业设计对象的构思，能把握"由外对内"和"由内到外"地进行构思的方法，使其设计对象的外因（基地环境、现场条件、空间布局）与其内因（使用功能、技术、经济、美观要求等）能有机结合，在繁杂的设计关系中，能化不利的制约条件为有利的构思契机，从而激发出设计创作的火花。

其二，能从室内设计对象的立体形态研究开始，运用"加"与"减"的方法来展开体形上的构思。

其三，能够运用历史的、民族的、地方的建筑形态和文化特征，对设计对象进行"历史文脉"与"文化意境"方面的构思。

其四，能从结构带来的空间形象及其所产生的艺术效果，以及技术特征来进行设计构思。

最后，还能利用设计艺术形式美的创作规律，从"艺术构图规律"和"构成法则"来展开设计的构思，以创造出崭新的、有时代特色和文化内涵的室内设计形象。

而思维是设计创造的源泉与基础，作为设计人才一旦学习和掌握了设计的多种思维方法，在设计过程中同样能增加其设计的悟性，启迪自己的设计思路，直至创造出设计精品来。

2. 环境空间方面的认识能力

在室内设计中，空间是其设计的本质与主体。作为一个合格的室内设计人才，在设计学习中需要掌握从环境空间设计入手的室内设计方法，由浅入深地了解与把握其设计的规律与手法，使之表达的设计对象，能成为名副其实的环境空间室内设计作品，而不至于使设计对象的表达语言被异化。从这一点来说，每一个设计师都必须明确其所表现的所有内涵都是围绕环境空间室内设计来展开的。

3. 形象塑造方面的观察能力

人类都是生活在不同类型的建筑所限定的空间场所之中，而室内设计人才是依靠形象来塑造空间的，为此作为一个合格的专业设计人才，对环境空间中各种类型的形象都应具有敏锐的分析与观察能力，以及良好的记忆能力。并能掌握现代摄录工具的使用方法，以便为设计师记忆各种形象资料提供帮助。

4. 设计信息方面的筛选能力

当今的世界，是一个知识大爆炸的时代，各种信息与资料充斥着人们的生活空间。因此能够准确及善于发现信息、选取信息并为自己所用，已成为当今世界合格人才立足现代社会必备的能力。而善用与选取信息的能力是建立在日积月累和大量获取信息的基础之上的，所以勤于阅读与收集信息资料，无疑是设计人才成长的又一项基本技能训练内容。

5. 设计意图的表达能力

作为合格的室内设计人才，在设计构思确立下来后，即要寻求能体现设计意图的表达方式来进行设计表现。这种能够运用自如的设计意图的表达能力，在于平时学习过程中的反复磨炼与积存。因此，作为一个合格的设计师，必须具有能用"图示语言"来娴熟表达设计构思意图的能力。既需要熟练掌握徒手画、工具画、渲染图与 CAD 绘图，以及制作设计模型等方面的设计意图表达技能，又能较好地掌握设计艺术的形式美学规律，以便能够成功地表达出设计师心灵中美好的艺术形象。

6. 设计方案的鉴别能力

作为合格的室内设计人才，还必须通过长期的努力，训练出一双具有审美鉴赏能力的眼睛来。而这双具有审美鉴赏能力的眼睛，是建立在长期的分析与比较以及较高的审美鉴别、欣赏能力培养基础上的。它也是展示设计人才艺术水准、格调高低的主要内容之一，更是评价设计人才是否合格的一个重要依据。

除此之外，在建筑室内环境设计中，设计师往往处于整个专业设计中的龙头地位，他要协调与带动相关专业的诸多技术设计人员，共同合作完成好所担负的设计任务。为此作为一个合格的室内设计人才，必须具备全盘指挥的能力、组织能力与协调能力。同时还要具备同甲方、审批单位、施工单位及其各级领导交往的能力，使对方了解设计师的设计意图，并能获得各个方面的支持，以最终实现自己的设计意图。

另作为一个合格的建筑室内环境设计人才应具备的素质与能力还有很多，并且仅靠学校中短短几年的培养与训练是不够的。因此面对社会与市场的各种需求，设计人才能在社会实践中不断地完善自己就显得非常重要，这也是我们的教育从过去的一次性教育向终身教育转变的根本原因。

5.3.3　面向未来的建筑室内环境创新设计人才培养思考

时代发展到今天，随着国家经济建设的持续高速发展，担负着改善与提高广大人民群众生活与生存环境质量重任的中国建筑室内环境设计实践及教育的发展，也将迎来一个前所未有的大好发展时期。面对新的世纪，走向未来的建筑室内环境设计专业的学科建设和教育发展也将有着新的方向与目标；并将采用新的知识结构、新的教学方法与手段来培养面向未来的建筑室内环境设计人才素质与能力的设计人才（图 5-23）。

首先我们必须清楚地认识到，21 世纪将是一个知识与信息大融合、大碰撞的时代，因此我们的室内设计教育不能在毫无准备的情况下走向未来。特别是面对全球经济一体化与文化上的趋同现象，我们在着眼未来，努力与当今世界设计教育发展水平接轨的同时，还需加强对现代高新科技成果的学习，并将其应用到我们的设计教学中去。此外还要在教学中坚持对中国历史悠久的传统装饰设计与室内文化的继承，使之在走向未来的设计教育中发扬光大，并促使我们的设计教育在走向未来的征程中能形成自身的特色来。

图 5-23　面向未来的建筑室内环境设计人才素质与能力培养，将在走向社会的设计市场竞争大潮中充分表现出来，有才华的建筑室内环境设计初学者们应努力加强自身素质的提高与能力培养，以适应国家对创新型、高素质设计人才培养的未来需要

二是要加强对现有设计教学内容的改革。其关键就是要加强教学内容与课程体系的改革，使其设计专业与学科的建设能够随着国家经济体制的改革与科学技术的进步而发展，以适应国家经济建设与未来社会的发展需要。同时还要把教学内存与课程体系的改革落实到建筑装饰设计教材的建设，以及相适应的教育管理与后勤保障机制的完善上来。因为只有这样我们面对未来进行的建筑室内设计人才培养工作才能落到实处，并推动整个教学改革工作的顺利进行。

三是从目前我国建筑室内环境设计专业的师资队伍来看，调整师资结构，加强队伍建设无疑是推动我国设计教育未来发展的前提与保证。这是因为教师队伍的建设会直接影响到学校的办学质量和人才培养的整个过程，所以要培养适应经济建设与社会发展需要的高质量设计专业人才来，尽快改善现有教师的知识与能力结构是当务之急。而现有专业教师若能在教学中自觉地完善自己的知识结构，不断地提高自己的专业水平，并有良好的敬业精神，还能做到教书又育人，才是中国设计教育发展水平尽快提高的希望所在。

四是教育就是应为社会输送大批可用的人才，承担其人才培养的建筑室内环境设计专业发展也不例外，它是一个实践性非常强的专业，因此对学生综合素质与实际能力的培养就显得非常重要。所以学校不仅要培养社会所急需设计人才应该具备的各种基本设计技能，还需在教学中开发出学生的设计创造力；并培养出学生应有的职业敏感性来。为此在教学目标的确定中既要考虑到社会现实的需要，又要遵循教育发展应有的前瞻性与预见性原则，这一点对设计师未来的成长将是更加重要的。

五是建筑室内环境设计人才培养的发展还应从国情出发，应在宏观上予以适当的调控，能重点扶植那些已有办学基础、条件成熟、师资结构合理的院校超速发展，以克服当前设计教育发展中那些低水平重复与盲目建设现象的继续延伸。同时还应建立设计师的任职资格与注册制度，以使我国建筑室内环境设计人才培养的发展能够步入正常发展的轨道。

六是在发展高等学校设计教育的基础上，还应带动其他办学层次设计人才培养教育的共同发展，从而建立一个从低到高、能满足社会多种层次设计人才需要的教学体系。

而且还应做好建筑室内环境设计教育的普及工作，能对广大人民群众在设计与装饰方面日益增长的审美情趣予以引导，因为只有这样，整个建筑室内环境设计人才培养的水平与教育的水准才能普遍提高，这无疑是中国设计教育工作者们为之努力与奋斗的目标。

总之，面对未来发展的中国室内设计教育的改革是任重而道远的，时代呼唤中国的室内设计教育有更多垦荒者，并要求我们的设计教育工作者们能脚踏实地、甘心奉献、勇于开拓，并在走向未来的征程中为我国建筑室内环境设计人才的培养与室内设计教育的发展做出努力与贡献。

5.4 建筑室内环境设计教学系统的建构与实践探索

环境设计专业作为教育部 2012 年印发的《普通高等学校本科专业目录（2012 年）》中升级成为独立的本科专业，其发展经过了 1987 年高校本科专业目录设立的"环境艺术设计"专业—1998 年本科专业目录中的"艺术设计"专业—2012 年普通高等学校本科专业目录中的"环境设计"专业前后 25 年的曲折发展历程，使环境设计专业不仅在专业的属性上得以回归，而且在专业的内涵与外延范畴上也更加明确与科学。随着我国高等教育的快速发展，近年来各个高等院校都在积极探索未来的发展之路，并推出了一系列教学改革的措施来形成各自的办学层次与特色。其中以本书著者所在的华中科技大学为例，其环境设计专业从 1997 年 9 月招生至今已有 20 余年的时间，而在建筑学专业系统开设《室内设计》课程的历史则可追溯到 20 世纪 80 年代初期。作为设置在综合性大学建筑院系中的环境设计专业，其学科发展与建设无一例外需要结合学校的发展方向来进行。为此我校环境设计专业在立足以广义建筑学为依托的学科特色基础上，进一步融合综合性大学多学科交叉的办学优势，力求通过师生们的共同努力，逐步建构起有我校办学特色的环境设计专业人才培养教学及其建筑室内环境设计系列课程建设系统（图 5-24）。

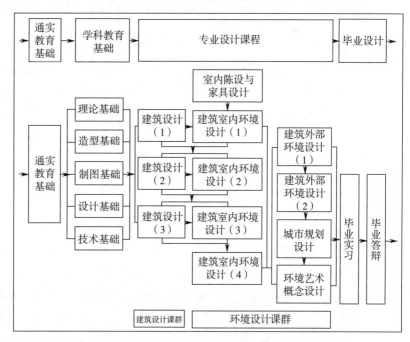

图 5-24　华中科技大学环境设计专业人才培养模式建构框架图

5.4.1　在人才培养目标与发展取向方面

华中科技大学环境设计专业设置在综合性大学建筑院系中，其学科发展与建设无一例外需要结合学校的发展方向来进行。为此，我们将其人才培养目标确定为：立足以建设有文理两科特点，以工程学科为基础，设计艺术教育为主线，科学与艺术融合为特色的设计艺术学科来建设。

而作为设置在综合性大学建筑院系中的环境设计专业，可说是在广义建筑学大系统涵盖下的城市规划与建筑设计的继续与深化，使之成为城市规划与建筑设计中不可分割的组成部分。其未来专业的发展取向可建立在建筑室内设计与建筑室外设计两个具体的专业设计发展方向，并向城市室内设计等方向拓展，以满足国家经济建设对"一专多能"室内设计创新人才培养的实际需要。

5.4.2　在人才创新模式与教学系统方面

我们知道：教育的核心问题是培养什么人、怎样培养人。而专业人才培养创新模式建构的目的则在于更好地培养创新人才，为拔尖创新人才的涌现创造条件。华中科技大学环境设计专业以充分体现"厚基础、宽口径、专门化"的人才培养理念为先导，通过课程的改革与整合，创造性地建立了以"建筑设计课群""室内设计课群"及"环境设计课群"为特色的专业"平台式"人才创新培养模式。同时，在此基础上，通过教改课题研究及用人市场的深入调查，提出了有华中科技大学办学特色的环境设计专业新的教学系统框架，以适应社会对高层次、创新型专业设计人才培养的需求。

5.4.3　在"室内设计课群"的建设方面

依据华中科技大学以环境设计专业"平台式"人才创新培养模式框架，环境设计专业"室内设计课群"的系列课程由《室内陈设与家具设计》《居住建筑室内环境设计》《办公建筑室内环境设计》《展示建筑室内环境设计》《宾馆建筑室内环境设计》与《商业建筑室内环境设计》5门学科基础及专业设计课程所构成。其系列课程的建设与实践围绕提高创新人才培养质量这条主线，按照"一流教师队伍、一流教学内容、一流教材、一流教学方法、一流教学管理"的精品课程标准来建设。通过对"室内设计课群"课程教学内容的系统整合、全面优化，结合具体教学实践方面的探索，建构出华中科技大学环境设计专业课程具有模块化的框架结构（图5-25），并在取得良好教学效果的基础上在整个人才培养教学系统中逐渐推广。并且结合专业的发展与用人单位的实际需要，理顺了课程之间的衔接关系，根据学生专业设计学习入门后的教学规律，制定出模块统一、循序渐进的授课方案，以及由浅至深的专业设计学习课程指示书，从而在保持"室内设计课群"系列课程中各门课程设计教学灵活性的同时，也加强对室内设计教学规律性的展现，以促使学生在专业设计学习的综合与应用能力方面有了显著的提高。

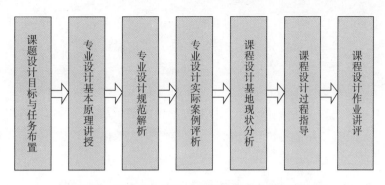

图 5-25　建筑室内设计系列课群模块化框架结构图

此外，在教学改革内容方面注重课堂教学与社会实践的有机结合，在设计教学中有针对性地选择较为典型的社会实践课题内容，组织学生真题假做或真题真做，使专业课程设计在教学内容上呈现出极大的吸引力。直至凸显华中科技大学致环境设计专业办学特点，培养具有创新意识、理论与实际动手能力并重，适应未来发展需要的高素质环境设计专业人才。

5.4.4　在课程教学方式与质量评估方面

在课程教学方式上注重系统性与渗透性教学，单向性与互动式教学并重，即强调设计教学中教师循序渐进地对学生传授知识，注重知识的关联。又强调设计教学中跨越式地让学生获得知识，注重非均衡地扩展学生知识的深度和广度的讲授；同时，在有效加快学生知识增长的单向性教学基础上，通过学生自行组织课程设计小组的方式来展开其互动式教学（如课题资料调查、相关项目参观、设计方案评析等），最大限度地发挥出学生的积极性，以助于学生综合能力的提高。

在教学质量评估中，由于室内设计专业教育的特点，使其更注重学生个性的培养，对其建立课程教学改革统一的评价系统长期不够重视，这对于纯艺术专业来说也无可厚非，但对于具有应用特色的室内设计专业来说，通过多年的室内设计教学探索，我们认为建立一个利于室内设计专业学生个性发展，又有规律可循的课程教学改革评价系统应是十分必要的，为此我们不仅建立了室内设计系列课程具有模块化的框架结构，也建构出便于系列课程教学改革质量评估标准（试行），以利于室内设计人才创新培养模式的推行及课程教学改革评价系统的建立。

5.4.5　在课堂管理与教学实践探索方面

在课堂管理方面注重体现教学的严格与宽松、科学性与艺术性的有机融合，其中严格管理是学生课堂教学质量保证的基础，宽松管理则利于学生个性的张扬，尤其是便于室内设计专业拔尖人才的脱颖而出。此外，室内设计教学也需加强对其教学质量评价的科学性，并对课程设计中具有规律性的授课框架结构做出规范的要求。在此基础上，室内设计专业教学的进行才有可能做到有的放矢，直至展现出教学的艺术个性与特色。

　　经过上述多个方面的探索，我们将建构出来的室内设计人才创新培养系统应用到一年一度的本科人才培养进程计划制定之中，并在其室内设计系列课程建设中推广实施。从而通过师生的努力，使学生在室内设计系列课程设计、毕业论文与设计创作，以及社会高层次的设计竞赛实践探索方面取得了多项获奖成果。并且通过教学改革，在教学理论方面推出了一系列教学研究论文并公开发表，出版了一系列有特色的教材及电子课件用于教学。一批具有创新能力的毕业学生更是受到用人单位与市场的普遍欢迎，不少毕业生更是通过自己的努力在室内设计领域赢得了良好的社会赞誉。

　　毫无疑问，提高室内设计教育与创新人才培养模式的建构要走的路还有很长，采取的措施与方法也是多方面的。如今华中科技大学室内设计专业在人才创新培养模式推行取得已有成果的基础上，进一步向教育部提出了创建以工程学科为依托的设计艺术复合型人才培养创新实验区的申请，若得到批准，必将为华中科技大学室内设计人才创新培养模式的实施与推进产生质上的飞跃，我们也将通过设计教育为未来培养出更多高素质与创新精神的设计建设人才来。

第 6 章　居住建筑室内环境的设计要点

人的一生可说大部分时间是在不同建筑空间里度过的，而居住建筑——即一般人们称之为"家"的建筑空间，是人们从古至今都倾注了所有关怀的地方。就现代居住建筑而言，它不仅为人们提供了一个避风遮雨、繁衍后代的栖身之所，也为人们提供了一个进行文化、教育、科技、娱乐、交往、团聚、休息、用餐及某种生产活动的重要场地（图6-1）。居住建筑作为一种物质存在

图6-1　现代居住建筑室内环境不仅为人们提供了一个避风遮雨、繁衍后代的栖身之所，也为人们提供了一个进行文化、教育、科技、娱乐、交往、团聚、休息、用餐及某种生产活动的重要场地

的形式，是随着人类生存发展的需要而产生的，它作为人类文明的一个重要组成部分，不仅随着人类社会的进步而同步发展，同时也为人类的发展和社会的进步提供了必不可少的居住条件。

6.1　居住建筑室内环境设计的意义

6.1.1　居住建筑的意义与类型

所谓居住建筑，是指一种以家庭为单位的住宅形式，它既是人们居住生活的空间场所，也是人类生存的必然产物。随着人们需求与居住环境的不断变化，人们的居住形式也随之发生了巨大的变化。而现代居住建筑的类型呈现多种多样的形态，大体上来分可分为集合式居住建筑与独立式居住建筑两类，其中前者又可分为单元式居住建筑与公寓式居住建筑等。在城市城区，多为单元式与公寓式居住建筑；另在城郊及村镇则以单层集合式与独立式居住建筑为主。尽管居住建筑的形式各有不同，但居住建筑空间环境却遵循着相同的设计原理。

6.1.2　居住建筑的构成关系

作为居住建筑来说，它通常是由一套或多套组成一个单元，然后由多个单元组成一幢居住建筑的。因此"套"或"户"就成为组成各类居住建筑的基本单位。人们居住在这个基本单位内的每一行为模式即生活活动的内容与生活方式都要占用一定的空间范围，这个空间范围则是居住建筑内部空间组织的依据。若把其性质与特点都相近的行为组合在同一空间，形成具体的使用房间，这些房间按其特性即可归纳为居住部分、辅助

部分、交通部分、其他部分与室外环境等。而居住建筑空间中各个部分的构成关系与内容如下图所示（图6-2）。

1. 居住部分

在不同家庭居住的生活环境中，居住部分无疑是其住宅的主体，它主要包括主次卧室与起居室等，这部分有时也被统称为居室，是居住建筑设计的核心内容，通常包括休息、起居、学习三个方面的功能，有时也将饮食与家务组织在居住部分之中。

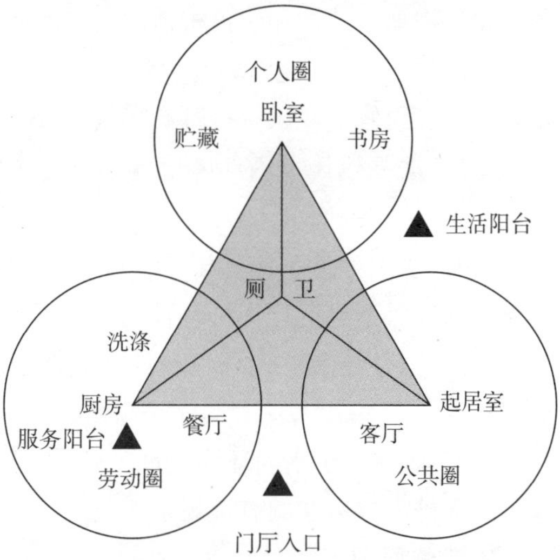

2. 辅助部分

在不同家庭居住生活环境中，除了居住部分以外，还有许多对家庭居住生活起到辅助作用的空间活动场所。诸如餐室、厨房、卫生间等，另书房或工作间也可纳入这个部分，它们也都是居住建筑中极为重要的构成内容。

图6-2 居住建筑空间中各个部分的构成关系图

3. 公共与交通部分

在居住建筑中公共部分主要包括待客空间的客厅，而室内交通部分也属于其公共的范围，有户内交通与户外交通之分。其中户内交通是指套内各房间联系所必需的通行空间，户外交通是套与套及层与层之间相互联系的公共交通空间。户内交通一般是指走道、门厅与户内楼梯；公共交通一般分为垂直交通与水平交通，垂直交通为楼梯、电梯等；水平交通为门厅、走道等。

4. 相关部分

居住建筑空间环境中的相关部分主要包括各种样式的贮藏空间，如果能合理地布置，则可给住户的生活带来极大的方便，且还可改善室内空间环境，提高人们的生活水平。其布置的原则是有利于家具布置，不影响室内环境的使用，尽量少占建筑面积，存取方便等。

5. 室外部分

居住建筑的室外空间是家人在住宅这个人为环境里生活能与大自然联系的媒介点。虽然家庭生活中有许多内容要求在室内人为环境里展开，但有些内容却要求到室外环境中去进行，这样在设计中就要考虑为住户提供必需的室外活动空间与设施，诸如阳台、晾晒设施、庭院及户外活动场地等。

6.1.3 居住建筑室内环境设计的原则

1. 基本原则

进行居住建筑室内环境设计，需遵循实用、安全、经济、美观的基本原则。其中：

（1）居住建筑室内环境设计，必须在确保建筑物安全的条件下来进行，不得任意改变建筑物承重结构和建筑构造。

（2）居住建筑室内环境设计，不得破坏建筑物的外立面，若开安装孔洞，在设备安装后，必须修整，以保持既有建筑的立面效果。

（3）居住建筑室内环境设计，应在住房面积范围内进行，不得占用公用面积进行装修。

（4）居住建筑室内环境设计，在考虑客户的经济承受能力的同时，宜采用新型的节能型和环保型建筑装饰材料及用具，不得使用有害人体健康的伪劣建筑饰材。

（5）居住建筑室内环境设计，应贯彻国家颁布、实施的建筑、电气等设计规范的相关规定。

（6）居住建筑室内环境设计，必须贯彻现行的国家和地方有关防火、环保、建筑、电气、给排水等标准的有关规定。

2. 装修原则

依据 2004 年 5 月原建设部住宅产业化促进中心编制的《国家康居示范工程建设技术要点（修改稿）》，其居住建筑室内装修的原则包括以下内容，即：

（1）居住建筑室内装修必须执行原建设部《商品住宅装修一次到位实施导则》规定，提倡土建、装修一体化设计，从规划设计、建筑设计、施工图设计等环节统筹考虑住宅装修。住宅装修应坚持专业化施工的原则，由建设单位统一组织管理，进行有序的一条龙服务。

（2）示范工程要求住宅的厨房、卫生间达到一次整体装修到位；提倡对室内其他房间进行有住户参与的菜单式装修；尽可能做到全部房间一次性装修到位。

一次装修到位的住宅，必须合理确定装修档次，避免入住后的再次更换。

（3）居住建筑室内装修部品应尽量做到工厂化成批生产，成套供应，现场组装，减少现场手工加工作业，以节约材料，缩短工期，保证质量。

（4）居住建筑室内装修应选择对人体无害的环保材料。厨房、卫生间地面、墙面、饰面材料应达到防水、防潮要求。铺地材料应具有防滑耐磨特性。

（5）居住建筑室内装修不得损坏建筑结构，不得损害煤气管线和强弱电干线。吊顶中的电线必须采用绝缘套管保护。装修荷载不得超过设计承载力。

（6）居住建筑室内装修时，电器和照明配线必须暗埋，并留出接线盒或插座。上下水管必须安装到位，以便就近连接。

3. 可变原则

居住建筑室内环境对家庭动态的适应一般分为无工程措施的调整和有工程措施的调整两类。前者有用途、空间、支配权和住户调整四种，后者分改建、扩建和加建三种。其中：

（1）用途调整。是对现有居住建筑室内空间在功能使用上做改变或交换，一般适用于年循环和周循环中的临时或短期的调整。如冬季住南屋、夏季住北屋等。

（2）空间调整。是指居住建筑室内空间由于某种需要而调整空间的大小、形式、设施、装修，或调整房间的排列组合等（图 6-3）。这种调整常可适用几年或十几年，因此多用于家庭生命循环周期的需求，适应使用功能变化的需求。

（3）支配权调整。是将现有居住建筑室内空间中相邻单元空间之间的使用权做转换，以达到调整空间的目的。如目前大量建造 1 梯 3 户的单元，由于居住建筑需求的改变，可以改成 1 梯 2 户，反之亦然。

（4）住户调整。即指迁居或更换住宅，这是家庭循环周期变化所采取的主要方式，这种方式国外也较为流行，美国每 5 年就有 20% 住户搬家。他们迁居是因为收入变化、工作或工作地点变化和喜欢变换环境，提高舒适要求等。

（5）旧房改造。即指对厨房、卫生间等设备用房进行增设和改造，空间的重

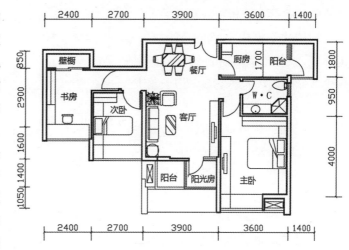

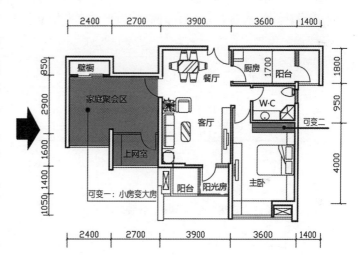

图 6-3　居住建筑室内空间环境随着家庭结构的变化而进行相应的调整

新分隔以及设备和装修的现代化等。即需要重视旧住宅的改造，一是从内部功能质量和外部环境上进行改造，二是注意传统风格和历史文脉的继承。

（6）扩建和加建。居住建筑室内空间首先需具有可以进行扩建和加建的基础条件，并需要考虑扩建和加建的可能性。否则，扩建和加建就会在安全性和使用上出现问题。

6.2　居住建筑室内环境设计中的空间布局

　　居住建筑是以户为单位的，合理的空间布局计划是室内环境设计的基础。空间的位置组合、顺畅的交通流线、恰当的朝向与光照通风是居住建筑室内环境空间设计的重要因素。根据居住建筑功能的需要，其室内环境空间常被划分为动和静两个部分，而不同

性质的空间存在着相互联系的关系。

居住建筑室内空间布局计划主要包括室内环境的功能分区和交通流线两个部分的设计内容（图6-4）。其中：

功能分区是指对居住建筑室内环境平面空间的组成以家庭活动的需要为划分依据，如今，居住建筑的功能早已由过去单一的就寝和吃饭，发展成包含休闲、工作、清洁、烹饪、储藏、会客和展示等多种功能为一体的综合性空间系统。并且内部各种功能设施

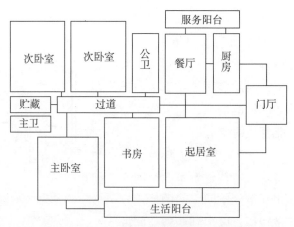

图6-4　居住建筑室内空间环境功能关系分布图

越来越多，对其进行功能分区可使室内环境平面空间的使用功能更趋科学化。而在功能分区中，室内环境平面空间的动静分区是否合理显得尤为重要，室内环境设计应在原居住建筑平面设计图的基础上进行适当调整，以形成既顺畅又科学的室内环境平面布局（图6-5）。

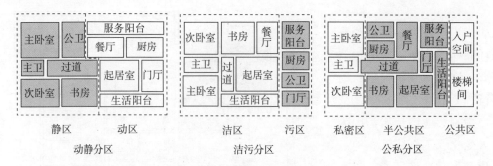

图6-5　居住建筑室内空间环境的各种功能分布关系

交通流线是指室内各个功能分区及内外环境之间的联系，它能使家庭活动得以自由流畅的进行。交通流线包括有形和无形两种。有形的指门厅、走廊、楼梯、户外的道路等；无形的指其他可能用作交通联系的空间。在室内环境设计时应尽量减少有形的交通区域，增加无形的交通区域，以达到空间的充分利用和自由、灵活的效果。

6.3　居住建筑室内环境中各类用房的设计要点

6.3.1　居住部分的设计

居住部分是其室内环境设计的主体，主要包括主次卧室与起居环境等，其设计要点为：

1. 卧室设计

卧室又称寝室，是家人用于睡眠与休息的空间。可分为主卧室、次卧室及来宾用房

（图 6-6）。其中：

图 6-6 居住建筑室内环境中的卧室又称寝室，是供家人睡眠与休息的空间
1）主卧室 2）次卧室及来宾用房

主卧室是居室主人的生活空间，必须以求取高度的私密性与安宁感为根本原则。主卧室的功能比较复杂，一方面它必须满足休息与睡眠的基本要求；另一方面它必须合乎休闲、工作、梳妆与卫生保健等综合需要，依据这样的要求，主卧室又可分为睡眠、休闲、梳妆、盥洗、贮藏等不同的活动区域。另外由于居室主人睡眠模式的不同，主卧室又可分为"共享型"和"独立型"两种布置形式。前者是共用一个空间来休息，选用双人床或者对床；后者则是以同一区域的两个独立空间来处理，即双单人床，以此减少相互干扰。

次卧室是子女或老人居住的空间，若作为子女卧室，则应根据子女成长的年龄，将其大致分为婴儿期、幼儿期、儿童期、青少年期和青春期五个阶段来考虑，并依据各年龄阶段生理与心理需要的不同，在安排卧室睡眠区时，赋予适度的色彩。在布置卧室学习区时，书桌前的椅子最好能调节高度，以适应不同生长阶段中人体工程学方面的需要。并可根据子女的性别与个性，配置相应的家具与陈设物品，使其能在完善合理的环境中实现自我表现和发展。

若次卧室是老人卧室，就应考虑老年人有一种追求稳定与凝重的性格特征，加上他们在心理与生理上的一些变化来综合安排与布置，尤其注意要使其居住的卧室内有充足的阳光，家具与陈设上也应尽可能地结合老年人的生活特征，并尽可能地以古朴、厚重的手法来设计，以为他们创造一个健康、亲切、舒适而优雅的环境。

2. 起居室设计

起居室是供居住者会客、娱乐、团聚等日常起居活动的空间，也是家庭活动的中心及使用频繁的居住空间场所。从原则上来讲，起居室宜设在居住建筑的中心，并接近主入口。同时，起居室应保证良好的日照，并应尽可能地选择室外景观较好的位置，这样就不仅可以充分享受大自然的恩赐，更可感受到视觉与空间效果上的舒适与伸展（图6-7）。

图 6-7 居住建筑室内环境中的起居室是供居住者会客、娱乐、团聚等日常起居活动的空间，也是家庭活动的中心及使用频繁的居住空间场所

在居住建筑室内环境中，起居室往往扮演着最引人注目的角色。当宾客来访之时，起居室展现出的欢乐与喜悦气氛常常胜过千言万语。它是主人身份、地位与个性的象征。而起居环境是居住建筑内部环境中的对外空间，在其间下一番功夫安排家具与重点陈设物品是非常值得的，这是因为主人的居住文化品位正是通过这里向外人展现，所以起居空间就常常成为人们家庭居住环境装饰美化的重点。正是这样，起居室的布置应能体现出使用功能和精神功能的和谐统一，直至获得最佳的实用价值与艺术效果。

6.3.2 辅助部分的设计

辅助部分是对家庭居住生活起辅助作用的空间活动场所。诸如餐室、厨房、卫浴间等，其设计要点为：

1. 餐厅设计

餐厅是居住建筑室内环境中的重要活动场所，它不仅是家人日常进餐的地方，也是宴请亲朋好友、谈心与休息的地方（图 6-8）。它多居于厨房与起居室之间，这样就可同时缩短膳食供应与就座进餐的交通路线。当然在具体布置中则充分取决于每个家庭的生活与用餐习惯了。除了较为固定的日常用餐场所外，亦可随时随地按照需要布置各种临时性的用餐场所，诸如在阳台上、火炉边、树荫下、庭院中等都不失为颇具情趣的用餐场所。

在餐厅设计中，布置的家具主要有餐桌、餐椅、食品柜等，应简洁、清新而有趣，有助于创造轻松愉快的气氛，增进就餐的情趣。在进行餐厅设计时，重点应放在其光线的调节与色彩的运用上。另餐厅的地面要便于清洁，同时还需要有一定的防水和防油污特性。可选择大理石、釉面砖、复合地板及实木地板等，做法上要考虑污渍不易附着于构造缝之内。而摆设优雅整洁的餐厅不仅可产生赏心悦目的视觉效果，更可提高就餐环境的空间品质。

图 6-8　餐厅是居住建筑室内环境中的重要活动场所，它不仅是家人日常进餐的地方，也是宴请亲朋好友、谈心与休息的地方

2. 厨房设计

厨房是居住建筑室内环境中专门处理家务膳食的工作场所。在现代居住建筑室内环境中，每户独用的厨房内应设置灶台、操作案台、洗涤池台、贮物柜、电冰箱、壁龛、搁板及排气通道。而在厨房内联系最频繁、操作最集中的部位是水池、灶台和操作案台。在规模较大的厨房内，可在厨房的贮藏区增加冰柜，洗涤区增加洗碗机与垃圾处理区，烹调区增加烤箱与微波炉等。而就现代居住建筑内的厨房来看，其平面形式有单排型、双排型、L 型、U 型等，一般厨房还应通过外窗获得良好的自然采光，并需组织单独的自然通风，以尽快排除油烟、煤气、灰尘等，在炉灶上方还应设抽油烟机或排气扇等，使之能直接排除油烟。在排气方面还应尽可能地防止串气、串声、油污周围环境的发生。

厨房内还应设有合理的照明设施，以便为操作台面提供有效明亮的灯光，这对自然采光不足的厨房来说更是至关重要的。再就是厨房墙面容易弄脏，应选用易去污的瓷砖、油漆来处理，地面应坚固、耐磨、防水、抗油与酸碱的侵蚀等。并且厨房还要注意防火及垃圾的及时处理，以保持人能在其内愉快地操作，使之具有浓郁的家庭生活氛围（图 6-9）。

图 6-9　厨房是居住建筑室内环境中专门处理家务膳食的工作场所，现代化的厨房应具有齐全、良好的性能与高效、方便、多用途的功能，并具有高标准的卫生质量和尺度适宜、布局合理、充分利用及空间优化的整体效果

3. 卫浴间设计

在居住建筑室内环境中，卫浴间设计是现代社会文明的一种反映，它是家庭生活卫生与个人生理卫生的专用空间。基于家人的浴、便、洗面化妆、洗涤四项基本卫生活动，卫浴间可分别组成不同功能的活动空间（图6-10）。作为卫浴间的设备布置，通常与居住建筑室内环境的等级标准、生活水平及生活习惯有关。标准不高的居住建筑，在卫浴间内只设置大便器（或蹲位）、淋浴可采用移动式浴盆（或装置淋浴龙头），漱洗可利用厨房进行。在标准较高的居住建筑，卫浴间内设置有大便器、浴盆、脸盆三大件，并在卫浴间内设置洗衣机，为此可适当增加面积与设置电源插座。当然也有不少家庭在卫浴间内不设浴盆，而改设淋浴房的做法来满足浴洗的需要。

图6-10　卫浴间是现代社会文明的一种反映，它是家庭生活卫生与个人生理卫生的专用空间。它围绕着家人的浴、便、洗面化妆、洗涤四项基本卫生活动，分别组成不同功能的活动空间

从环境方面来考虑，卫浴间应具备良好的通风、采光及取暖条件，在照明上应采用整体与局部结合的混合照明方式，有条件的话对洗面与梳妆部分应以无影照明为最佳选择，并组织好进风和排气通道。而卫浴间的地面与墙面也应考虑防水，为防止其地面的水流进房间，其地面还应比整套住宅的地面低30~60mm。从未来发展趋势来看，居住建筑室内环境中最好设置两个卫生间，一个专供主人使用，另一个供家人与来客使用。此外卫浴间的设计还应具有超前意识，并提高设计标准，以便给卫浴设施的发展变化提供条件。卫浴环境除了上述基本设备外，还应配置梳妆台、浴巾、内衣、内裤及清洁卫生用品的贮物柜、躺椅、体重器、室内健身器等设施，但必须注意所有材料的防潮性能和表现形式的美感效果，以使卫浴环境成为优美实用的空间场所。

4. 书房或工作间设计

书房或工作间是人们进行阅读、书写、学习与进行工作研究及某种业务的操作场所，其设计应保证能有一个相对独立和安静的环境，书房或工作间的家具主要有写字台、工作台、座椅、书柜、书架与工具陈放贮柜；而开放型书房或工作间的布置，则需考虑与其相结合的其他房间将有的功能要求，一般选在居住空间某个房间的某一角，使其既节省空间又不破坏其他房间的整体效果；另青少年使用的书房则可与他们的卧室结合在一起来考虑，其家具的配置最好能适合他们身体发育的需要，并能随着时间的推移在尺度上逐渐进行调整。此外在格调上还可考虑适应他们成长的需要，尽可能布置活泼、大方、充满朝气与幻想的格调来使他们在这个空间中快乐地成长（图 6-11）。

图 6-11　书房或工作间是人们进行阅读、书写、学习与进行工作研究及某种业务的操作场所，能拥有一间独立的书房或工作间，是许多人尤其是知识分子及从事某种专业人的一个美好的梦想

6.3.3　公共与交通部分

公共与交通部分是指居住建筑室内环境中各房间联系所必需的通行空间，诸如门厅、走道、楼梯等，其设计要点为：

1. 门厅设计

门厅是居住建筑不可缺少的室内空间。作为居住建筑室内环境空间的起始部分，它是外部（社会）与内部（家庭）的连接空间。所以，在设计中必须要考虑其实用因素和心理因素。其中应包括适当的面积、较高的防卫性能、合适的照度、易于通风、有足够的储藏空间、适当的私密性以及安定的归属感。门厅的设计需醒目且具有强烈个性，在空间组织上应充分结合住宅本身的结构特征予以强调。由于门厅在室内环境中所占面积很小，往往只能满足联系其他房间的交通作用，这样如何利用有限的空间既能保证进出交通的畅通，又能设置进出必需物品的陈放家具就显得非常重要了。而门厅只有鞋柜是不够的，应将外出时使用的物品基本上都存放在门厅中，这样不仅方便，也更为卫生。另外门厅处的照明设置也非常重要，应使主人能够看清来人而不发生误会。

2. 客厅设计

客厅是家庭进行社交活动的重要场所，也是居住建筑室内环境中的外向型空间，属于"动态"的公共部分，经门厅的引导而入，这里是能充分反映出居住者的生活水准和文化内涵的地方，具有"主旋律"的效果。从其功能与装饰特点来看，客厅是居住者与来宾进行交流的场所。同时它又是居住建筑室内环境中的交通枢纽，在装饰中必须对建筑室内空间本身进行充分的分析，确立一个中心位置，从而实现风格上的统一（图6-12）。客厅主要是谈聚空间，各种家具需要进行有机地布置，以求得平衡和稳定。居住建筑室内环境中的客厅可分为以下类型：

图 6-12　客厅是居住者与来宾进行交流的场所，又是居住建筑室内环境中的交通枢纽，在装饰中必须对其空间本身进行充分的分析，以确立一个中心位置，从而实现风格上的统一

其一为开敞式客厅，往往在一个大空间中会聚了客厅、餐厅、书房或起居等功能。开敞式客厅给人以空间开阔、动线流畅的感觉。处理好相对的动、静关系，主、次关系以及整体的协调统一感是设计此类项目的要点所在。

其二为独立式客厅，是在房间布置时设有专门用来会客的空间。在交通流线上往往为尽端空间，不同于开敞式客厅，它是进入各个房间的交通枢纽。独立式客厅适用于大型的住宅，面积要求高，可容纳的人数多。设计重点在于座椅区域的区分与搭配，还有艺术品的相应配置。

其三为兼用式客厅，由于居住建筑室内环境面积不足，没有专门的谈聚空间，往往与餐厅或起居室共处同房间，故在设计时要注意处理好相互间的关系及家具的灵活布置设计。

3. 走道设计

走道是室内环境空间与空间在水平方向的交通联系方式，也是此空间向彼空间的必经之路，因而引导性显得尤为重要，引导性是由其界面和尺度所形成的方向感来决定的。设计师通过这类部位来暗示那些看不到的空间，以增强空间的层次感和序列感。常见的走道平面有I字形、L型与T型三种形式。

走道设计应考虑室内环境中家具搬运所需的空间尺度。走道中的照明应符合整体感，灯光布置要追求光影形成的节奏，并结合墙面的照明来消除走道的沉闷气氛，以创造出生动的视觉效果。

4. 楼梯设计

楼梯是室内环境空间之间垂直方向的交通枢纽，因属于垂直方向的扩展，所以要从结构和空间两方面来设计。一般跃层居住建筑中，楼梯的位置是沿着墙设置或拐角设置的，这样可以避免浪费空间。而在别墅或高级住宅中，它又成为表现其室内环境整体气势的手段，带有心理暗示功能。常见的楼梯形式有直跑型、L 型、U 型和旋转型四种。

楼梯扶手是与人亲密接触的部分，它是老人和儿童的得力帮手。设计上要符合人体工程学的要求，又要兼顾造型和比例。应选用触感亲切的材质，转弯和收口部分要特别精心设计，常常结合雕塑或灯柱等富有表现力的构件来产生精彩的视觉效果。

6.3.4　相关部分的设计

相关部分主要是指居住建筑室内环境中的各种样式的贮藏空间，诸如壁柜、壁龛、贮藏间、搁板与吊柜等，其设计要点为：

1. 壁柜

在居住建筑室内环境中，壁柜是居住环境中贮藏物品最多的空间，它在卧室中主要用来存放衣服被褥等，因衣服是悬挂和平放的，故壁柜内的分格应合理，并设推拉门；位于厨房、卫生间、过道等辅助和交通部分的壁柜，多用来存放杂物、食品与炊具等，并可依情况考虑设门与否，而壁柜的净深应不小于 0.45m 为宜。

2. 壁龛

所谓壁龛是在墙身上留出一个空间来做贮藏设施，由于其深度受构造上的限制，故通常墙边挑出 0.1~0.2m，壁龛可用来做碗柜、书架等，这是住宅中常采用的一种贮藏方法。

3. 贮藏间

对于一些标准较高的居住建筑室内环境可安排单独的贮藏间，它是专门存放箱子或其他物品的，可做成暗室，但需注意防潮。另贮藏间还需设在较隐蔽的位置，尺寸应考虑存放物品的大小来设计。

4. 搁板与吊柜

搁板与吊柜主要是利用距地 2m 以上的靠墙上部的隐蔽空间，深度可视贮藏用途而定，一般在 600mm 左右。搁板与吊柜主要可存放一些不是经常取用的物品，由于是利用上部空间，结构下部净高要保证人们通过的需要，故不宜小于 2m。

6.3.5　室外部分的设计

室外部分主要是指与居住建筑内外环境相连的空间，诸如阳台、晾晒设施、庭院及户外活动场地等，其设计要点为：

1. 阳台与晾晒设施

阳台是居住环境中仅有的户外活动空间，它能给人们带来许多便利与舒适。比如在阳台上可种植花卉及观赏性植物来陶冶家人的性情，同时起到美化环境、改善居室空间的作用。另若阳台经过改装，还可成为人们户外休息、交谈，甚至就餐的场所。此外晾晒衣被的设施也需以阳台为依托而牵拉出去，正是如此阳台才成为人们居家生活中极为重要的组成部分。

阳台的形式可分为凸阳台、半凸半凹阳台与假阳台等形式，许多地方由于天气寒冷，常用玻璃将阳台封闭起来而形成日光室，使之既能接受日照又可避免风寒的侵袭，无疑是种受到普遍欢迎的处理手法。

阳台的晾晒功能则需要增加一些附属设施，如晾晒架，有固定与伸缩两种，多安装在光照一侧的阳台，若遇临街面则需移到北面安装，以免影响街道环境的整体景观效果。

2. 庭院及户外活动场地

庭院及户外活动场地是泛指一切设置在居住建筑四周地面的活动空间，它可分为起居庭院、静息庭院与游戏场地等形式（图6-13）。其中起居庭院宜设于起居室与餐室的邻接空间，基本设施可以户外起坐与用餐家具为主，使其成为户内空间向户外的延伸部分；静息庭院则多设于卧室外侧，为家人生活向户外的延伸空间。

图6-13　庭院及户外活动场地是住区外部环境的活动空间，它可根据住区的用地条件和开发建设理念进行独具匠心的设计，直至为住区外部环境带来引人入胜的空间场景

庭院及户外活动场地，原则上来说应以露天为主，但为了适度调节阳光，也可部分采用遮盖设施。这一方面可利用延伸屋顶与树荫，另一方面也可根据需要设置遮阳凉棚与伞具。此外在户外活动场地，还可建设一些亭、廊等环境艺术小品，以为整个居住小区环境美化增添光彩。此外一些别墅式的居住建筑，若建设标准较高，还可在户外设游泳池、网球场等设施，以使家人能更好地享受阳光、空气，在美好的自然景色中获取幸福的生活。

6.3.6　居住建筑室内环境中家具配置与陈设的风格

家具是居住建筑室内环境中体量最大的陈设物品之一，也是构成居住环境的重要组成部分。居住建筑室内环境中的家具依制作材料来分，可分为木制、竹制、藤制、金属、塑料、软垫等类型；若按其结构的不同来分，又可分为框架、板式、拆装、折叠、支架、充气、浇注等类型；若按其使用特点的不同来分，还可分为配套、组合、多用与固定等类型。

　　居住环境中的家具布置，首先应满足人们的使用要求；其次要使家具美观耐看，就必须按照形式美学的原则来选择家具；再者还需了解家具的制作与安装工艺，以便在使用中能自由进行摆放与调整。正是这样，在选购与制作居住环境的家具时要进行推敲，以确定居住环境各个房间家具的种类与数量、款式与风格、体量与样式、陈设位置与格局等。另外家具的面积不要超过室内环境的三分之一，以为人们留下一定的活动空间（图6-14）。家具的造型要平稳、统一而有整体感，色彩要和谐，要使人感到亲切、温暖，并能够创造一种宁静、典雅的室内空间气氛。

图 6-14　进行居住建筑室内环境家具中的配置要反复推敲，以确定居住环境各个房间家具的种类与数量、款式与风格、体量与样式、陈设位置与格局等

　　而居住建筑室内环境的陈设风格，即需要从现代美学原理出发，在居住环境空间陈设上进行整体效果的把握，以提高居住环境的视觉美感；同时，还要结合主人的身份、地位、习性素养与时空特性，表现出其独特的居住环境装饰个性与特色来。

第 7 章　公共建筑室内环境的设计要点

7.1　公共建筑室内环境设计的意义

公共建筑的室内环境是指为人们日常生活和进行社会活动提供所需场所的建筑内部环境。而公共建筑室内环境设计是围绕其建筑所处环境、功能性质、空间形式和投资标准，运用美学原理、物质技术和工程手段，创造一个满足人类社会生活和公共活动特征需求，表现人类文明和进步，并制约和影响着人们的观念和行为的各类专用建筑室内环境空间的营造工作。其设计既能体现出人们在其公共活动空间中对科学、适用、高效等功能价值，以及在当代各种社会生活中所寻求的物质、精神需求和审美理想等方面的追求，又能反映公共建筑室内环境所处的地域风貌、建筑功能、历史文脉等因素的文化价值。为此公共建筑室内环境设计水准的高低、施工水平的优劣及设计者专业素养、文化底蕴、表现手法和现场调控能力的高低等，均对公共建筑室内环境空间的设计创作实践活动的进行具有极其重要的作用和社会意义。

7.1.1　公共建筑的意义与类型

公共建筑是指具有公共性和社会性的建筑，它也是为人们日常生活及社会活动的开展提供的场地、环境和舞台，同时也是建筑设计的重点。公共建筑是城市空间中的重要组成部分，并在城市建设中占据着极为重要的地位。

正是公共建筑是人们进行社会活动的场所，因此其建筑空间中的人流集散性质、容量、活动方式以及对其空间的要求，与其他建筑类型相比，均有很大的差别。而这种差别，也因不同类型的公共建筑使用性质的不同，反映在功能关系及建筑空间组合上即产生出不同的结果。如在公共建筑的功能问题中，功能分区、人流疏散、空间组成以及与室外环境的联系等，即是较为重要的核心问题。当然，公共建筑中的诸如建筑空间的大小、形状、朝向、供热、通风、日照、采光、照明等，也是应当考虑的问题，在设计时应予以足够的重视。

从公共建筑的类型来看，主要可分为两类，即限定性公共建筑与非限定性公共建筑。其中限定性公共建筑设计的范畴包括办公、电信、传媒与教学建筑等类型；非限定性公共建筑包括宾馆、商业、会展、交通、文化、科教、医疗与园林建筑，以及体育及纪念建筑等（图 7-1）。

从公共建筑的设计工作来看，涉及其总体规划布局、功能关系分析、建筑空间组合、结构形式选择等技术问题。是否确立了正确的设计理念和辩证的方法来处理功能、艺术、技术三者之间的关系，则是公共建筑设计面对的一个重要课题，也是做好公共建筑设计的基础。

图7-1　公共建筑是为人们日常生活和进行社会活动提供所需的场所，在城市中占有重要的地位（续）

1）办公建筑　2）宾馆建筑　3）商业建筑　4）交通建筑　5）文化建筑　6）医疗建筑　7）教学建筑　8）科技建筑
9）体育建筑　10）会展建筑　11）传媒建筑　12）高新建筑　13）园林建筑

7.1.2　公共建筑的空间构成

公共建筑空间的使用性质与组成类型虽然繁多，但归纳来看其空间能划分为主要使用部分、辅助部分、交通联系部分、其他部分与室外环境等。在设计中若能充分研究公共建筑上述空间之间的相互关系，即可在复杂的关系中，找出其公共建筑空间组合的总体性和规律性。

在进行公共建筑设计构思时，除需要考虑其公共建筑空间的使用性质之外，还应深入研究公共建筑空间的功能分区。尤其在功能关系与房间组成比较复杂的条件下，更需要把空间按不同的功能要求进行分类，并根据它们之间的密切程度按区段加以划分，做到功能分区明确和联系方便。同时还应对主与次、内与外、闹与静等方面的关系加以分析，使不同要求的空间均能得到合理的布置。而不管公共建筑的空间构成如何，其交通联系部分均为公共建筑空间构成的关键。公共建筑的交通联系部分通常可分为水平交通、垂直交通及枢纽交通等形式，其空间的布局要求与整体空间密切联系，要直接、通畅，防止曲折多变及具备良好的采光与通风条件。只是无论在空间的使用部分与辅助部分之间，还是在主要使用部分与次要使用部分之间，辅助部分与辅助部分、楼上与楼下、室内与室外之间等，均通过交通联系部分与各个功能空间予以联系，从而使公共建筑内部各个功能分区、内部与外部空间之间能够形成一个有机组合的空间构成整体。

7.1.3　公共建筑室内环境设计的特点

公共建筑室内环境设计，是围绕其建筑既定的空间形式，以"人"为中心，根据人的社会功能需求、审美与技术需求，建筑及其室内空间的主题构思创意，运用现代手段进行的再次设计创作活动。其创作活动既是对公共建筑空间设计的继续与深化，也是对建筑内部空间和环境的再造。设计的宗旨是满足适应当代社会经济文化、科学技术高度发展所折射出的人们对生活理念的更新，满足现代生活理念所转换出的物质文明、精神文明多元文化空间的需求，直至创造与现代社会生活相适应的公共活动场所空间。

而公共建筑室内环境设计的内容，主要在于控制其空间整体比例的严谨性、整合性、审美性和变化性的基础上，对公共建筑空间界面和陈设内容等予以把握，进而深入、细致、有序地策划相应室内环境设计语言的表现形式，选择适宜的照明、材质、色彩与陈设物品，运用形式美学法则，体现其公共建筑室内的主从、秩序、韵律、节奏和对比统一关系，以艺术和技术产生现代室内空间视觉形象，给人以情感意境、感观体验和文化联想的心理感受。

公共建筑室内环境设计是综合性极强的环境艺术设计，它既包括视觉环境和工程技术方面的构成因素，还包括水、电、风、声、光、热等物理环境和家具、织物、饰品以及生态景观等创造出的意境氛围、心理环境与文化内涵等因素。

公共建筑室内环境设计的要点包括：

一是把握公共建筑室内环境的总体空间布局，处理好其空间序列、室内装修、陈设的关系，以及与毗邻室内空间的联系。

二是因势利导地创造公共建筑的室内环境空间的形体特征，恰如其分地发挥各个空间界面的视感特征。

三是精心处理公共建筑的室内环境中各种空间界面的交接关系，以潜在空间意识进行其空间界面的设计。

四是运用室内色彩与灯光处理手法来增强公共建筑内部空间的表现力，以景观设计构成公共建筑内部空间的视觉中心。综合运用室内环境的空间设计表现方法与技术手段，以创造出具有中国文化与时代特色的现代公共建筑室内环境设计作品来。

7.2 办公建筑室内环境的设计要点

办公建筑是当今全球知识经济时代的重要标志，它不仅支配着当代城市的发展，且容纳了城市中半数以上的工作人口。尤其是在今天的城市中，可说人们每天生活和工作的二分之一的时间是在办公建筑室内环境中度过的。随着城市信息、经营、管理方面的发展与新的要求不断出现，以及商住办公建筑的诞生，不少办公环境已有逐渐成为人们另外"半个家"的倾向。为此，寻求合乎人性化、合理而舒适的办公环境设计，已成为提高人们在办公环境中的工作效率，促进办公建筑未来设计的发展趋势。

7.2.1 办公建筑室内环境设计的意义

1. 办公建筑的意义与类型

办公建筑是指供机关、企事业等部门办理行政事务和从事业务活动的公共建筑（图7-2）。随着现代科技信息与商务经营的发展，现代办公建筑发展日新月异，其设计主要向综合化、高层化、智能化与人性化等方向迅速的发展。同时，以现代科技为依托的办公设施日新月异，办公模式趋于多样化，以使办公建筑日益成为现代企业自身形象的标志之一。

图 7-2　办公建筑是指供机关、企事业等部门办理行政事务和从事业务活动的公共建筑

办公建筑的类型，若按使用方式可分为专用办公楼和出租办公楼。按使用性质可分为行政机关办公楼；商业、贸易公司办公楼；电话、电报、电信局办公楼；银行、金融、保险公司办公楼；科学研究、信息服务中心办公楼；各种设计机构或工程事务所办公楼；各种企业单位办公楼等。若按规模可分为大型、中型、小型和特大型办公楼。按层数分可分为低层、多层、高层和超高层办公楼等形式。

2. 办公建筑的构成关系

作为办公建筑来说，它通常是由办公部分、公共部分、服务部分、附属设施部分与室外环境等功能所构成（图 7-3）。而办公建筑空间中各个部分的构成内容如下面所述：

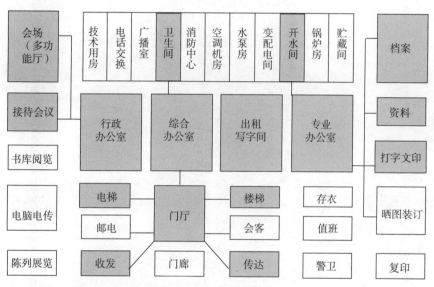

注：1. 办公楼房间的组成应根据任务、性质和规模大小来决定。
　　2. 灰色部分为办公楼的基本组成。

图 7-3　办公建筑及其室内环境的构成关系

（1）办公部分

办公建筑室内空间的平面布局形式取决于办公建筑本身的使用特点、管理体制、结构形式等，而办公建筑室内空间的类型可分为：独立式办公室、成组式办公室、开放式办公室、公寓式办公室、景观式办公室等，此外，绘图室、主管室或经理室也属于具有专业或专用性质的办公用房空间。

（2）公共用房

为办公建筑室内空间内外人际交往或内部人员会聚、展示等用房，如迎宾大厅、中庭空间、会客室、接待室、各类会议室、阅览展示厅、多功能厅等公共用房空间。

（3）服务用房

为办公建筑室内空间提供资科、信息的收集、编制、交流、贮存等用房，如：资科室、档案室、文印室、电脑室、晒图室等服务用房空间。

（4）附属设施用房

为办公建筑室内空间内工作人员提供生活及环境设施服务的用房，如：开水间、卫生间、电话交换机房、变配电间、空调机房、锅炉房以及员工餐厅等附属设施用房空间。

（5）室外环境

为办公建筑室内空间提供的户外交通、休闲、运动等活动场地，如：办公建筑入口广场、停车场地、户外庭院、休闲绿地、运动场地、屋顶花园及阳台等室外环境空间。

3. 办公建筑室内环境的设计原则

办公建筑室内环境设计的原则是：突出现代、高效、简洁与人文特点，体现办公自动化的发展需要，提供可靠性与安全性高的办公环境（图7-4）。具体设计原则包括以下内容，即：

图7-4　办公建筑室内环境设计应突出现代、高效、简洁与人文特点，以体现办公自动化的发展需要，提供可靠性与安全性高的办公环境

（1）功能性原则

根据办公建筑及其室内环境的使用性质、规模和相应的标准来确定室内办公、公共、服务及附属设施等各类用房之间的面积配比、房间大小与数量。其中规模大的机关或公司，设有许多科、室和部门，为满足使用要求，要按照各自的办公模式合理分层和分区，并便于对内对外的联系。一般来说，应将办公建筑室内环境与外界联系密切的部分，如接待、会客与对外性质的会议室和多功能厅设置于靠近出入口的主通道处，部分人数多

的厅室还应注意安全疏散通道的组织。而对外联系相对较少和保密性强的部门，应布置在办公建筑上层或靠近建筑的尾部。关系密切的部门要尽量靠近，主要领导人的办公室应与秘书处、会议室等具有方便的联系。

（2）灵活性原则

现代办公建筑及其室内环境的空间布置应遵循灵活性原则，以适应形势的发展与变化。而高效能的办公空间必须具有简单、经济的装修，使其能适应经营重组、职员变动、商业模式发生变化或技术创新带来的变化。特别是在电讯、照明、计算机领域，先进的办公空间必须能够便于不断涌现的新技术对其提出的新要求，并可通过革新设备如电缆汇流、数模配电，来迎接技术的发展变化。为此，办公建筑及其室内环境中应尽量利用一些能够活动的隔断与可移动的家具、设备，以应对未来发展所需进行调整的可能。

（3）人性化原则

在办公建筑及其室内环境中，使用办公空间的主体是人，因此保证人的舒适与健康是最为重要的。其中员工对领域感与个人空间的需要，距离感与就座的选择，私密性与公共性的把握，安全感与方位感的界定，均和办公空间的舒适及健康与否关系密切，因此办公空间未来设计要找到两者的平衡点，以满足其基本条件所需。同时，现代办公建筑及其室内环境空间的设计必须在"人性"与"效能"之间予以综合考虑，以在办公建筑及其室内环境空间组织和办公过程实现最高效率的基础上，高度重视人的心理需求，让办公空间成为高致、舒适、方便、安全、卫生的环境。

（4）生态化原则

当今办公建筑室内环境在为其工作人员带来"舒适"条件的同时，也将人们隔绝于自然界之外，形成有害人们健康的室内环境。为此，寻求合乎人性、绿色、自然、合理而舒适的生态化办公建筑室内环境设计，已成为提高人们在办公环境中的工作效率，促进办公建筑室内环境未来设计的发展趋势。只是在现代办公建筑室内环境设计中导入生态化的设计理念，不仅是一种技术层面的考虑，更重要的是一种观念上的更新。它要求设计能以一种更为负责的方法去创造建筑室内环境空间的构成形态、存在方式，用更简洁、长久的造型尽可能地延长其设计的使用寿命，并使之能与自然和谐共存，直至获得健康、良性的发展。

（5）智能化原则

在现代办公建筑及其室内环境设计中把握智能化原则，其系统设计和其他智能建筑一样应按照办公建筑室内环境的实际需要来设计，并采用先进、成熟的办公智能化系统技术，且具有标准化、开放型的特点。同时，其办公智能化系统应施工维修方便、便于管理和扩展更新。而办公智能化的实现，无疑还会导致工作模式产生极大的变化，诸如办公—生活空间合一的形式、足不出户在家中办公形式或利用零星的时间进行电脑办公的形式等，均将推动办公建筑及其室内环境的设计发展迈向更高的层面。

7.2.2 办公建筑室内环境的空间布局

办公建筑室内环境的空间布局，是进行其室内环境设计的首要工作。从办公建筑室内环境来看，它是由各个既关联又具有一定独立性的功能空间所构成。而不同办公建筑由于所用单位性质各异，致使其空间的功能设置不同，这样在进行设计前要充分了解办公建筑的工作流程，以满足不同办公空间的功能要求。办公建筑室内环境空间、工作流程与空间构成如下图所示，办公建筑室内环境的空间布局可分为以下几种形式（图7-5）：

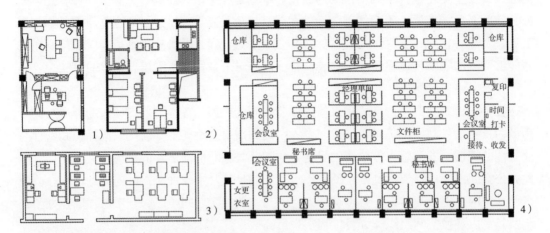

图7-5　办公建筑室内环境的空间布局形式
1）独立式办公空间　2）公寓式办公空间　3）成组式办公空间　4）开放式办公空间

一是通常沿走道的一面或两面布置的独立式办公空间，其周边还配有服务设施。这类办公用房布局一般室内环境安静、不受外界干扰。不足为办公空间被分割，办公人员与相关工作单元之间联系不够直接。主要适用于需要有小间办公功能的机构，或规模不大的单位或企业的办公用房。

二是公寓式办公空间布局，即除具有办公用房特点外，还具有类似住宅、公寓的盥洗、就寝、用餐等使用功能。它所配置的使用空间除有会客、办公、厕所等以外，还有卧室、厨房、盥洗等必要的居住使用空间，多适宜于驻外机构与公司的办公用房选择。

三是成组式办公空间布局，即适用于20人左右的工作人员办公，它具有相对独立的办公功能。除服务用房为公共使用之外，这类办公用房通常将内部空间分隔为接待、会客、会议、办公等用房空间。具有既充分利用整幢办公大楼各项公共服务设施，又相对独立、分隔的办公功能空间特点。便于企业、单位的租用，不少高层出租楼房的室内空间布局，多采用这类办公空间布局形式。

四是开放式办公空间布局，即采用大进深空间的方法，也称为大空间或开敞办公用房形式。其特点在利于办公人员、办公组团之间的联系，提高了办公设施、设备的利用率，减少了公共交通面积和结构面积，从而提高了办公建筑主要使用功能的面积率。这类办公用房空间布局需处理好空调的隔声、吸声，对办公家具、隔断等设施设备进行优化设计，以改善开放式布局容易出现的室内嘈杂、混乱、相互干扰较大的缺点。

除此之外，还有景观式与智能型等办公空间布局形式，它们均代表了现代办公空间布局发展的趋势。

7.2.3　办公建筑室内环境中各类用房的设计要点

1. 独立式办公空间环境

独立式办公空间是以部门或工作性质为单位而划分出来的办公用房，空间分为封闭式、透明式或半透明式，以便满足不同使用功能的要求（图 7-6）。目前办公空间中除部分单位与企业整个采用独立式办公形式外，独立式办公空间大多数是作为单位与企业高层管理的办公空间形式，它是单位与企业整个办公行为的总管和统率。诸如单位与企业的经理及主管办公空间，是经理及主管处理日常事务、会见下属、接待来宾和交流的重要场所，应布置在办公环境中相对私密、少受干扰的尽端位置。家具一般配置有专用办公桌椅、信息设备、书柜、资料柜、接待椅或沙发等必备设施。条件优良的还可配置卫生间、午休间等辅助用房。在经理及主管办公空间外紧连的应是秘书间或小型会计室，单位与企业的核心部门均紧靠经理及主管办公区域予以布置。

图 7-6　独立式办公空间室内环境实景
1）美国白宫总统办公空间室内环境　2）公司经理独立办公空间室内环境

2. 公寓式办公空间环境

公寓型办公空间也称商住楼，除了为办公人员提供白天办公、用餐外，还可提供居住等功能（图 7-7）。其设计的基本要求是：在考虑办公空间的设计要求的基础上，还需要将类似住宅与公寓的盥洗、就寝、用餐等使用功能特点纳入其中做综合设计。其室内设计既要注重所属单位与企业的办公空间形象特色传达，又要结合办公人员的个人工作与生活习惯做统一设计处理。

3. 成组式办公空间环境

成组式办公空间是指在写字楼出租某层或某一部分作为单位与企业的办公用房，设在写字楼中有文印、资料、展示、餐厅、商店等服务用房供公共使用（图 7-8）。成组式办公空间设计的基本要求是：首先应考虑这类办公空间所具有相对独立的办公功能和行业特点，在空间布局上使其办公用房能形成组团和具有相对独立的空间分隔条件；其次，办公空间在保持公共部分的整体风格统一的基础上，允许各个单位与企业对所用成组式办公空间进行不同装饰风格的设计处理，以形成整体风格统一基础上的个性表现。

图 7-7 公寓式办公空间室内环境实景
1）轻松自如的公寓式办公环境茶水休闲空间　2）具有家庭工作室意蕴的公寓式办公空间

图 7-8 成组式办公空间室内环境实景
1）唯晶科技（WINKING）上海办公室成组办公空间环境　2）摄影工作室成组式办公空间环境

4. 开放式办公空间环境

开放式办公空间是随着单位与企业规模增大，经营管理上要求各部门与组团人员之间紧密联系，办公上要求加快联系速度和提高效率而形成的开敞、大空间办公用房，它突出体现了现代办公空间沟通与私密性交融、高效与多层次结合的环境设计理念（图7-9）。开放式办公空间的基本要求是：应体现方便、舒适、亲情、明快、简洁的特点，门厅入口应有企业形象的符号、展墙及有接待功能的设施。高层管理办公空间设计则应追求领域性、稳定性、文化性和实力感，而紧连高层管理办公空间应设有秘书、财务、下层主管等核心部门办公用房。

开放式办公空间有大中小之分，通常大空间开放式办公室的进深可在 10m 左右，面积以不小于 400m² 为宜，同时为保证室内具有稳定的噪声水平，办公室内不宜少于

80 人。如果环境设施不完善，开放式办公空间室内将出现嘈杂、混乱、相互干扰的状况，这点在设计中是应该引起注意的。

图 7-9　开放式办公空间室内环境实景

1）公司开放式办公空间环境　　2）可塑性很强的开放式办公空间环境

5. 景观式办公空间环境

景观式办公空间是在办公性质由事务性向创造性氛围的转化并重视提高办公效率的条件下应运而生的（图 7-10）。它借助造景的形式，用设计的手段，让空间布局有序，使工作流畅协调。其设计的基本要求是：在室内空间布局方面，强调工作人员与组团成员之间的联系与沟通，并在大空间中形成相对独立的景园和休闲气氛的办公环境特点，以创造和谐的人际关系与工作氛围。在室内空间设计上常利用家具、绿化、小品和形象塑造等方法对办公空间进行灵活隔断，以体现一种相对集中"有组织的自由"的管理模式和"田园氛围"，并能在富有生气和"个性思维"的环境中体现个人的价值与工作效率。

图 7-10　景观式办公空间室内环境实景

1）具有动感的景观式办公空间室内环境　　2）简洁、高效的现代景观式办公空间室内环境

6. 智能型办公空间环境

智能型办公空间是现代社会、现代企事业单位共同追求的目标，也是办公空间设计的发展方向（图 7-11）。现代智能型办公环境设计的基本要求是：首先应实现办公通信

自动化（AT），即要求办公系统能运用数字专用交换机及内外通信系统，以便安全快捷地提供通信服务，其先进的通信网络是智能型办公场所的神经系统；其次是办公自动化系统（OA），即与自动化理念相结合的"OA办公家具"。其组成内容包括多功能电话、一台工作站或终端个人电脑等，通过无纸化、自动化的交换技术和计算机网络促成各项工作及业务的开展与运行；再者是室内装修的自动化系统，即"BA"系统。通常包括电力照明、空调卫生、输送管理系统，防灾、防盗安保、维护保养等管理系统，以及能源计量、租金管理、维护保养等的物业管理系统。以上通称智能化办公建筑的"3A"系统，它是通过先进的计算机技术、控制技术、通信技术和图形显示技术来实现的。而智能型办公空间的室内环境设计，更需与相关技术及设施等工种协调沟通，从而创造出"以人为本"的现代办公空间环境来。

图 7-11　智能型办公建筑内外环境实景

1）现代智能型办公建筑楼群建筑外部造型实景　2）大型、可视化智能型办公建筑室内环境空间

7. 会议空间环境

会议空间环境是办公功能环境的组成部分，并兼有接待、交流、洽谈及会务的用途（图 7-12）。其设计的基本要求是：应根据已有空间大小、尺度关系和使用容量等来确定布局形式，其空间布局应有主、次位之分，常采用单位与企业形象作为主墙立面装饰来体现座次的排列。会议空间的整体构想要突出体现企业的文化层次和精神理念，空间塑造上以追求亲切、明快、自然、和谐的心理感受为重点。装饰用材方面要多选用防火、吸音、隔音的装饰材料。另外，灯具的设置应与会议桌椅布局相呼应，照度要合理，并能与自然采光有机结合。一些追求创新精神和轻松氛围的单位与企业，还可在会议空间环境设计上是采用构思富于新鲜的创意，以体现其勇于开拓的创新精神和轻松活泼的室内环境气氛。

8. 其他办公空间环境

办公环境的功能空间设置与构成，因其行业性质和专业特点的不同而有所区别，如行政管理办公环境多由财务部门、人事部门、组织部门、行政秘书部门、总务部门、办公部门、各级科室管理部门等构成；生产性质的办公环境功能空间组成有经营部门、安全部门、生产计划部门、公关部门、质检部门、微机室、材料供应部、产品展示室等部门；而如设计事务所，它的办公空间有设计总监办公室、设计室、文印室、模型室、计算机室、资科室、展示室等。在设计时应根据具体单位与企事业单位的性质来做室内环境设计，以创造出既有共性特征又具个性品质的办公建筑室内环境空间。

图 7-12　会议空间是办公功能环境的重要组成部分，并兼有接待、交流、洽谈及会务的用途

7.3　会展建筑室内环境的设计要点

会展建筑是世界经济逐渐呈现出来的全球化发展趋势，世界各国、各地区间的经济文化交流日益频繁而兴起的建筑载体。进入信息时代以来展览业发展成为一项独立的产业，各种专门的商贸展览由于其重要的社会功能和巨大的经济效益而走向定期化、常规化，直至形成蓬勃发展的会展经济。而作为现代经济文化发展进程的产物，会展建筑则成为会展经济发展的物质基础和保证，它将以其鲜明的时代特征，逐渐成为一个城市走向现代化与国际化的标志。同时，现代会展建筑的功能性质，决定了它在所处地域突出的中心地位，并将对国家经济发展和社会进步产生出强大的推动作用。

7.3.1　会展建筑室内环境设计的意义

1. 会展建筑的意义与类型

会展建筑究其概念，是指以展览空间为核心空间，会议空间作为相对独立的组成部分，并结合其他辅助功能空间（包括办公、餐饮、休憩等）的大型展览建筑综合体。它是从展览建筑演变而来，是现代建筑中规模大、形式新、功能完善的新建筑类型，其建筑功能和地位的特殊性使会展建筑在信息时代的城市环境中起到举足轻重的建筑形态导向作用（图 7-13）。会展建筑的功能主要是集会议、展览、商务等功能于一身，只是依据环境和市场需求的不同，会展建筑各个部分在功能空间配置和比例上是有所不同。但作为一种新的建筑形式，会展建筑主要分为综合型、专业型、特种型与世博会几类，其中：

图 7-13　会展建筑的功能和地位的特殊性使会展建筑在信息时代的城市环境中起到举足轻重的建筑形态导向作用
1）德国法兰克福会展中心建筑造型　2）意大利米兰会展中心建筑造型　3）南宁国际会展中心建筑造型
4）厦门国际会展中心建筑造型　5）爱知世博会日本馆建筑造型　6）香港会议展览中心建筑造型

1）综合型——如广州中国对外贸易商品交易会会展建筑、英国伯明翰国家展览中心会展建筑。

2）专业型——如美国贾维茨展览中心会展建筑、陕西杨陵农业高新科技博览会会展建筑。

3）特种型——如中国艺术博览会、全国人才交流大会。

4）世博会——如1851年5月1日在英国伦敦举办的第1届世界博览会及2010年在中国上海开幕的第41届世界博览会。

2. 会展建筑的构成关系

会展建筑主要由展览、会议、服务、管理四种空间用房及外部广场与庭院等空间所构成。而各种不同性质的空间用房按照不同的比例组合关系构成整个会展建筑综合体（图7-14）。其中：

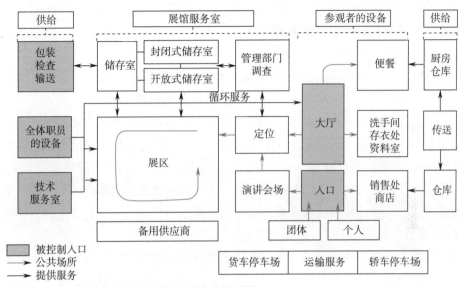

图7-14　会展建筑及其内外环境空间构成关系图

（1）展览空间用房

是会展建筑的主要空间，所占面积比重较大，因此其功能空间的复合性对于会展建筑的整体性能有着巨大的影响，与空间发展的整体导向相辅相成。其本体功能以适应各种展览活动为主，由于展览类型不同，内容也包罗万象。作为当代展厅，从使用方面讲是柱间的跨度越大越好，层高越高越好，当然，无柱的高大空间最为理想；同时，地面荷载越大也将越具有适应能力，展厅地面承重应以重工业展览要求为取值标准。同时，为了充分利用展厅的大空间，许多展厅的设计都能满足多功能的使用，如会议、演出，甚至体育比赛等。

（2）会议空间用房

不同规模会议空间的多功能使用在会展建筑设计中十分普遍，用以满足不同形式会议的需求。会展建筑中会议空间的适应性不仅仅体现于空间的多功能使用，更强调空间在适应本体功能的同时延展使用功能，从会议演讲到文艺表演又或作为展览空间，从空间面积到体积灵活变化，实现多维度适应。另外，会议空间用房需适应不同规模、不同形式会议举行的特点，以满足其会议举行的多种需要。

（3）服务空间用房

除用以举行会议和展览活动的会议厅和展厅等主体空间外，如门厅、休息厅、走道、楼梯、电梯、设备间、库房及餐饮、娱乐、健身、住宿及购物等空间设施，均属于服务空间的范畴。它们与主体空间结合，共同保障会展建筑的功能得以完整实现。

（4）管理空间用房

主要包括行政办公用房，会展策划、洽谈、财务及布置、礼仪、服务、保卫、福利卫生用房、单身宿舍及接待用房、行政库房等。

（5）外部广场与庭院

包括入口广场、户外展出表演场所、停车场、建筑中庭与庭院空间等内容。

3. 会展建筑室内环境设计的原则

（1）功能性原则

在会展建筑及其室内环境设计中，会展活动是其建筑及其内部空间设计的决定因素，而会展建筑及其内部环境的功能、空间应该与会展活动的多样性、不定性相联系。这种多样性和不定性主要表现为功能范畴，随着建筑所包容的功能范围逐渐扩大，在进行会展建筑及其内部空间设计时应采取相应的对策，综合运用各种技术手段，顺应社会、经济的发展规律，在确保建筑功能性原则得到满足及安全性条件得到保障的基础上来进行，即不得任意改变建筑的功能布局与结构构造，使会展建筑及其内部空间的功能在空间形态、布局方式、交通流线与适宜环境方面得以完善。

（2）精神性原则

在会展建筑及其室内环境设计中，其建筑及其内部空间设计需遵循精神性原则方面的要求，并通过形式构思来实现其由概念到形象的创作过程。它具有相对独立性，但也需将功能、技术、经济、社会环境等结合起来进行综合考虑后，将概念转化为视觉形象，以最终形成形象生动的会展建筑。此外在设计中还需把握设计美学的探索与融合、地域文脉的传承与超越、建筑文化的解读与表达，以及内外环境的协调与整合等方面的关系，能用时尚的设计形式与艺术表现语言来展现其在精神与美学层面上的追求。

（3）技术性原则

会展建筑的技术性发展与整个社会文化、科学世界观的背景息息相关，并表现出许多共性化的重要特征。其中技术性原则还将会展建筑及其内部环境在创作理念的重构、新型结构的突破、高效能源的控制与生态语义的表达等设计层面发生变化，直至推动其在技术综合方面出现设计的观念更新和手法多维，为会展建筑及其内部环境创作提供了丰富的设计语境。

（4）经济性原则

会展建筑及其内部空间自身的场馆设施、组织管理、日常运营均受到经济因素的影响和制约，其建筑及其内部环境设计也应与经济发展的需要结合起来予以考虑，并能从会展建筑及其内部空间设计项目的效益分析、科学模式的确定、合理的量化标准与技术的经济指标等方面进行综合思考，从而创造出经济优化的会展建筑内部空间环境，以完善其服务的职能并打造出成熟的会展发展朝阳产业来。

7.3.2　会展建筑室内环境设计中的空间布局

会展建筑内部空间环境主要包括展览、会议、服务、管理等功能空间，而各种功能空间因有着不同的内部需求和外部环境条件而表现出不同类型的布局和构成模式。而功能相关或相近的空间集中布置，则有利于强化每一部分的作用，提高空间的利用效率。作为会展建筑内部环境是典型的大空间建筑综合体，要想获得良好的空间利用率，在总体布局上应采用集中与分散相结合的灵活布置方式。其中：

1. 从集中式布置来看

集中式布置是会展建筑及其内部环境与其他大空间建筑的联合布局，组成整体空间集群，有利于空间的通用和共用。不足是集中布局会带来空间单独使用的不便，要使其获得良好利用效率，各个单体设施"点"的日常利用极为重要。并且集中布局需要注意解决交通流线分设、水暖电气分区控制等管网设施，以及分区管理等问题，并可对人流交通予以分流及设置单独对外出入口，以便于日常使用和管理。

2. 从分散式布置来看

分散式布置是会展建筑及其内部环境依据功能需要各自独立布局，从而便于各单体空间可以很方便地进行单独管理和使用。

3. 从内外交通流线来看

交通是会展建筑内部空间与外部空间系统的联系手段，也是其空间组织方面重点考虑的问题。交通系统合理地多层次设计是会展建筑内部空间适应外部调和的关键问题，无论是内部交通组织，还是会展建筑与城市的交通联系，都直接关系到会展建筑及其内部环境的经济运营（图 7-15）。而大型会展建筑内外环境人流、货流量极大，不宜向城市道路直接开口；而应从城市道路中引出专用支路再设入口。同时参观人流入口与货物入口应分置，主入口还应考虑行人流和汽车流的分置。步行观众利用公共汽车或出租车等方式到达，由主要入口进入后步行穿过入口广场进入会展建筑。乘小汽车的观众要先将汽车停放在地面或地下停车场，然后再进入会展建筑内部空间。

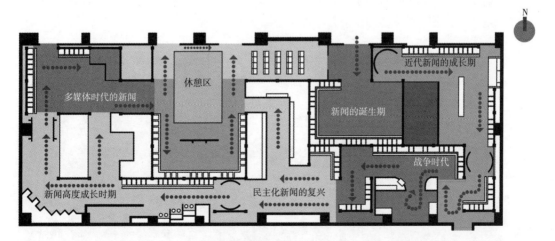

图 7-15　交通流线是会展建筑内部空间与外部空间系统的联系手段，也是其空间组织方面重点考虑的问题。无论是内部交通组织，还是会展建筑与城市的交通联系均直接关系到会展建筑及其内部环境的经济运营

此外，会展建筑及其内部环境根据内部功能空间的组织结构关系，又呈现出三种表现形式，即：

一是集中空间模式——利用会展建筑内部环境大跨度的结构形成开敞的内部空间，侧重于大型会议和展览的功能使用。大空间可以根据需要自由分隔，在使用上具有高度的灵活性。各种辅助空间沿主体空间周边布置，可根据需要划分出相应的部分作为独立区域单独服务。如日本幕张会议展览中心将一座大型多功能体育馆作为会展中心的一个多功能展厅来设计，使其与其他部分可分可合。由于大型体育馆的规模同国际性会展建筑单个展厅规模相近，因而作为一个特殊展厅来处理完全可行，与其他展厅的分合关系也比较容易处理（图 7-16）。

图 7-16　日本幕张会议展览中心建筑内外环境空间运用的是集中布置形式

二是单元空间模式——将主体会展空间划分成若干单元，并有机地加以组合排列，形成规律性的系列空间布局。每个单元都带有相应的辅助配套设施，各单元空间尽管保持一定的联系，但相对独立。如 2000 年德国汉诺威世博会（图 7-17），其总用地面积为 160 公顷，有 20 余个大小不同的各类单元式展馆组成，整个展会由东西两部分单元式展区组成，总展厅面积达 10 余万平方米。

图 7-17　2000 年德国汉诺威世博会展区建筑内外环境空间运用的是单元布置形式

　　三是多层空间模式——现代会展建筑及其内部环境的规模日趋庞大，职能也越来越复杂，因此在特定的条件下必须将建筑功能空间在水平和垂直方向上进行分区组合。由于每层建筑面积有限以及结构跨度的制约，建筑所能提供的开敞空间规模较小，因此其功能的适用范围减小，灵活性也随之降低。如瑞士苏黎世会展中心占地面积为15900 m^2，为四层建筑（包括地下层），可提供近30000m^2的展示空间，顶层是多功能大厅，可以进行各种商业展览、会议、演示与宴会等活动（图 7-18）。

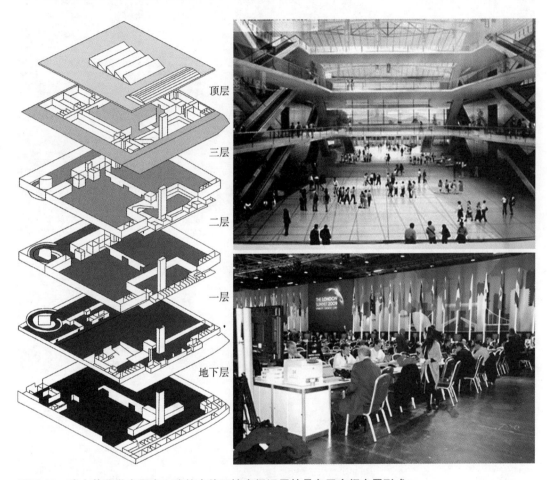

图 7-18　瑞士苏黎世会展中心建筑内外环境空间运用的是多层空间布置形式

7.3.3　会展建筑室内环境中各类用房的设计要点

1. 展览部分的设计

　　展览空间是会展建筑的主要空间，所占面积比重较大，其设计应以适应各种展览活动为主，由于展览类型不同，内容也包罗万象（图 7-19）。作为现代展示陈列空间，从使用方面来讲是柱间的跨度越大越好，层高越高越好，当然，无柱的高大展示陈列空间最为理想。其设计要点为：

图 7-19　会展建筑内部展览空间环境实景

1）会展建筑的展览空间设计应注重经济实用性，在展示陈列空间的处理上，应注重空间的通透明亮感，尽量利用自然采光和通风。由于会展中心规模庞大，对能源的消耗巨大，从环境保护的角度出发，在展厅空间大多采用自然采光。从外观到内部装修，以简洁实用为主旨，更侧重对空间的处理。展厅形状一般为规整的长方形，在展区之间设置小范围的休息区，辅以绿化、休闲座椅等。

2）展览空间在确定柱网、层高和地面荷载时，要从具体的市场要求出发，认真分析展品的涵盖范围、展览的级别与地位，权衡使用与经济两方面的因素，使其既具有一定的通用性，又避免不必要的浪费，从而制定出符合当地需要的方案。同时，展览空间还应统一层高、荷载和柱网标准，以增强其适应性及为展览空间今后的业务拓展打下牢固的基础。

3）展览空间的内外环境设计无论从平面布局、空间构成，还是在设备配置和消防安全上都应运用当今先进的科学设计理念，配备智能化程度很高的网格系统。入口处都设有参展商和参观者的登录系统，可记录、储存他们的详细信息并加以分析，人们可通过电脑查询系统在屏幕上看到的所需资料，多媒体、移动通信等都在展馆中得以应用。

4）展览空间的内外环境的布局形式应采取整体连续式、平行多线式或分段连续式，但都要有系统性。参观路线要明确，避免迂回交叉。参观路线不宜过长，应适当安排中间休息的地方。另在展览空间内外环境还应设置完备的交通标识系统，从展馆外部的交通标识，到展厅的疏散通道、服务措施，以及展厅入口，都应设有展馆平面示意图等。

5）展览空间内部环境为充分利用其大空间，许多展示陈列空间的设计都能满足多功能的使用，如会议、演出，甚至体育比赛等。在复合型展示陈列空间内部进行的文艺演出，一般是以流行音乐、大型歌舞等对视听条件要求不甚苛刻的文艺形式为主。文艺演出观赏区通常为单向，看台单侧布置较好。而能进行万人比赛的大型复合型展示陈列空间，还能进行体育比赛，以尽可能提高展览空间内部环境空间的利用率。

2. 会议部分的设计

会议空间是会展建筑的另一重要空间，其设计应以适应不同会议形式与规模的需要来设置，所占面积比重也不等（图7-20）。其设计要点为：

1）作为会展建筑的会议空间，进行其建筑与内部环境设计首先需区分其会展建筑会议空间的服务性质，即是"会"与"展"并用，还是"会"附属于"展"。前者会议空间通常较大，常在1000~3000座之间，它们除为展览会开幕式、大型会议等提供场地，还单独接待各种活动，如专门的会议、演出等。为此，会议空间内部配备的音响等设施及装修应相当规范、专业，座椅也常为剧院式的。而那些将会议空间与展览空间合并的建筑，也应基于这种使用规律而设计；后者会议空间是专为展览期间举办会议而设置的，从使用频率的角度出发，其规模多在250~500座之间，而那些更大的会议活动则到附近城市设施中另行租用，而为了提高会展建筑服务的档次，这些配套会议空间内部也应配备常规会议设施所需的音响视听、照明、同声传译等设备以及相应的服务设施，同时，为提高其利用率它们又常设计为多功能的形式。

图 7-20　会展建筑内部会议空间环境

　　2）对于会展建筑的会议空间内部的基本功能来说，不同的会议使用方式决定了不同的厅堂布置形式。国外的会议形式较为灵活和自由，一般在会场外的休息厅设有咖啡、饮料和小食品供应，与会者可以随时自由出入，因此会议厅的座席排列并无特殊的要求，甚至可以采用活动座席。国内的会议活动较为正式，会议空间内部的布置方式也显得较为庄重，且座椅排距都比较宽，每座需配有书写桌及专人服务的走道。

3）一般会议分为报告性会议、讨论性会议及宴会三种，其会议空间内部的设计应依据这三种会议的特点来进行。通常用于报告性与讨论性会议的空间内部，应设置隔音效果好、尺度各异的会议厅室，座椅布置形式可以采用议会式或行列式，并配备必要的服务房间。而用于举办宴会的空间内部，由于多用于欢迎来宾或进行某些庆祝活动，其内部装修应典雅大方，座椅布置形式要灵活多变。若宴会规模较大时，还可借用展览空间来举行。

4）为提高会议举办的级别与档次，在会议空间内部应布置完善的会议设施，包括同声传译系统、录像设施、幻灯与投影仪放映设施、音响设备及调光系统，以满足现代会议空间内部对其使用上的需要。另座椅的布置形式是其适应不同会议形式的关键。设计中应注意会议空间内部活动座椅的设置必不可少，它可使会议空间内部迅速达到正规会议布置的需要。同时，还能为宴会式布置等形式的转换提供便利的条件。

3. 辅助部分的设计

会展建筑及其内部环境的辅助部分包括会展服务、交通及餐饮、娱乐、健身等空间，其设计要点为：

（1）服务空间

会展建筑及其内部环境伴随着经济和技术的发展，在其规模和数量上都有了较大幅度的增长，从而对使用的方便性和高效率的组织安排提出了更高的要求（图 7-21）。各种辅助性空间被逐渐引入建筑内部，并将其划分为基本使用空间和附属设备空间两大部分，这种对建筑空间职能的明确划分，使得会展建筑的功能日臻完善。为此，在服务空间内部设计中，其服务用房的柱网尺寸宜加大，并依据其需要予以灵活分隔使用。其中服务空间内部的柱网尺寸宜采用 9m×9m，层高 4.2m，地面荷载 $1t/m^2$，这样的空间尺度具有良好的通用性，不但可以很好地满足各项业务服务、生活服务的功能需求，而且对新功能的注入有着良好的适应能力，所以是一个比较理想的技术指标。

图 7-21　会展建筑及其内部环境的服务空间实景
1）会展建筑内部入口大厅签到处环境　2）会展建筑内部导展服务台环境

图 7-21　会展建筑及其内部环境的服务空间实景（续）
3）会展建筑内部出租办公室环境　4）会展建筑内部附设客房环境

（2）交通空间

会展建筑及其内部环境多为面积较大的空间，其内部用于交通的空间包括门厅、休息厅、走道、楼梯、电梯等空间设施，并且随着会展建筑的社会职能角色逐渐发展转变，其内部交通空间的规模越来越大，担当的职责也更加丰富多样，设计应注意内部交通空间（门厅、过厅、休息厅、楼梯、电梯等）之间的联系要方便（图 7-22）。出入口要明显，室外交通道路要顺畅，运输路线不应干扰参观路线。会展建筑为多层空间，应设有供老人、儿童、孕妇、残疾人使用的电梯和运输展品的专用电梯。

图 7-22　会展建筑及其内部环境的交通空间实景
1）香港会展中心建筑入口空间　2）香港会展中心建筑内部门厅　3）香港会展中心建筑内部自动扶梯
4）香港会展中心建筑无障碍步道

（3）餐饮、娱乐、健身等空间

会展建筑及其内部环境的附属配套设施还包括餐饮、娱乐、健身等空间，它们不仅丰富了现代会展建筑的内部环境构成内容，还为会展建筑内部空间适应性的多元发展提供契机（图7-23）。其设计中需依据会展建筑及其内部环境的设置要求及具体空间条件予以布置，从而既能满足会展活动举办时的服务需要，还能适应其日常的经营要求，以把握好其内部环境空间的应用和多种经营的进行。

图 7-23　会展建筑及其内部环境的餐饮、娱乐、健身等空间实景

1）会展中心内部环境附设的餐饮空间　2）会展中心内部环境附设的咖啡厅　3）会展中心内部环境附设的娱乐空间　4）会展中心内部环境附设的健身空间

4. 室外部分的设计

会展建筑及其室外环境包括停车场地、入口广场、户外展出表演场所、建筑中庭与庭院空间等内容（图7-24）。其设计要点为：

1）会展建筑作为城市中开放的公共活动场所，并通过室外环境与其城市产生动态的联系，并把城市活动引进到建筑中来，其核心就是引入城市交通和人流。而在会展建筑的开发中，应尽可能使建筑的内部交通直接或通过外部空间间接与城市交通系统联系，从而减少其相互之间的影响；此外，户外展出表演场所是将会展内容融入城市的展示陈列方式，也是展示陈列空间的外部拓展，尤其是在城市中心区域的会展建筑，其外部环境中的会展内容展示陈列，能够更好地起到吸引人们关注的作用。

图 7-24　会展建筑及其外部环境空间实景

2）会展建筑中的货物流线主要指展品的运入和运出。展品由专用货物入口进入后，其流线为：入口—专用道路—货物装卸区—货车停放场地—集装箱堆场与仓库—出口。其中货物装卸区应保证有一定的面积，其宽度需满足多辆货车同时装卸，进深至少保证30m。由于布展、撤展时装卸货品比较集中，尤其是撤展时间极为有限，该场地的宽敞程度将是影响装卸货效率的关键因素，故在其室外环境设计中要重点考虑。

3）会展建筑及其室外环境停车组织问题，国内和国外的情况有很大不同，国外停车是以小汽车为主，国内的停车除部分小汽车外，多数为大型客车。为此，在其室外环境设计中把握好停车场的建设规模则是需要重点考虑的设计问题。通常大型会展建筑其室外环境常设有大量的停车设施，若停车场建在地下或屋顶，则必须在停车场设有电梯和主要展厅相通，且须有一系列标识指示方向。

4）会展建筑及其中庭与庭院空间，不仅具有交通组织的作用，其本身还是一个公共活动中心，并成为会展建筑中综合性多用途空间的一部分。它不但是人们彼此之间碰面的场所，若附设餐厅、酒吧、娱乐和商店等服务设施，即能为人们的交往活动提供适当的物质条件。此外，中庭大厅宽敞的开放空间也可用来举办各种仪式庆典、表演和产品展示等活动，直至作为展厅的延伸部分，这些空间也是应纳入会展建筑及其室外环境精心考虑与设计的范畴。

7.4　宾馆建筑室内环境的设计要点

随着商务和旅游业的发展，宾馆建筑作为具有综合性的公共建筑步入了快速发展时期。而宾馆建筑可向顾客提供一定时间的住宿，也可提供餐饮、娱乐、健身、会议、购物等服务，还可以承担城市的部分社会功能。宾馆建筑常以环境优美、交通方便、服务周到、风格独特而吸引四方游客，对室内环境设计也因等级、标准与条件的不同而形成不同的装修档次和不同的品质。并且宾馆建筑的室内设计常常是引领最新室内设计倾向、流派的表现场所，肩负着表达其风格、品位与营造气氛等重任，既需满足各种使用功能，又要凝聚各种文化、艺术的感染力，即需将商业性功能与文化艺术有机地结合起来，以某种高格调的室内环境文化艺术氛围取悦四方来客，达到促进经营的目标。

7.4.1　宾馆建筑室内环境设计的意义

1. 宾馆建筑的意义与等级

宾馆建筑是指为来宾提供住宿、餐饮、商务、会议、休假、康乐、购物等多种服务与活动，设施完善的公共建筑（图 7-25）。

图 7-25　宾馆建筑是指为来宾提供住宿、餐饮、商务、会议、休假、康乐、购物等服务与活动，设施完善的公共建筑

1）新加坡圣淘沙度假酒店建筑外部造型实景　2）广州花园宾馆建筑外部造型实景　3）上海外滩和平饭店建筑外部造型实景　4）海南三亚美丽之冠七星酒店建筑外部造型实景

宾馆建筑的等级，各个国家对具有旅游性质的宾馆均经过鉴定，符合规定标准的才准其经营。我国于 1988 年 8 月由国家旅游局发布了《中华人民共和国评定旅游（涉外）饭店星级的规定》，并于 1993 年 9 月颁布了《旅游涉外饭店星级的划分及评定》（GB/T 14308—1993），其标准对旅游涉外饭店，包括宾馆、酒店、度假村等的星级进行划分及评定。星级的划分以宾馆的建筑、装饰、设施设备及管理、服务水平为依据，具体的评定办法按照国家旅游局颁布的设施设备评定标准、设施设备的修保养评定标准、清洁卫生评定标准、宾客意见评定标准等五项标准执行。其划分为一星、二星、三星、四

星、五星的等级，星级越高，表示宾馆档次越高。2002 年对该标准又进行了第二次修订，加入了预备星级宾馆的概念，并对获得相应星级宾馆的有效期做了 5 年的规定，取消了星级终身制。

2004 年 7 月 1 日开始执行第三次修订的新版星级划分与评定标准，其中增设了新的星级饭店最高等级——"白金五星"。其必备条件为已具备两年以上五星级酒店资格、地理位置处于城市中心商务区、对行政楼层提供 24 小时管家式服务、整体氛围豪华气派、内部功能布局与装修装饰与所在地历史、文化、自然环境相结合等。如位于阿拉伯联合酋长国迪拜高 321m 的帆船酒店即以其风帆状造型闻名于世，它就为是世界上最豪华的七星级宾馆建筑（图 7-26）。

图 7-26　位于阿拉伯联合酋长国迪拜的帆船酒店是世界上第一个七星级宾馆，于 1999 年竣工，该宾馆建筑高 321m，以其风帆造型闻名于世，也是目前世界上最豪华的宾馆建筑

2. 宾馆建筑的构成关系

宾馆建筑的组成比较复杂，主要由居住部分、公共部分、管理部分和后勤部分与室外环境等组成，有的大型宾馆设有独立的饮食部分（图 7-27）。其构成关系与内容如下面所述：

（1）居住部分

宾馆建筑的居住部分包括客房、厕所、浴室等服务设施和走道、楼梯、电梯等交通面积，是宾馆建筑的主体。客房数和床位数是宾馆的基本计量单位，客房的标准包括每房间净面积、床位数和卫生设备（浴室、厕所）标准。标准较低的是多床客房（一般不宜超过 4 床）和共用厕所浴室；标准较高的以 2 床为主，配有专用浴室厕所；标准更高的为单床间，卧室之外还有客厅、餐厅等套间。

（2）公共部分

公共部分为宾馆建筑内部供旅客公用的活动空间和设施，包括入口大厅，如主门厅、休息厅、总服务台及有关的问讯、银行、邮政、电话、行李存放、代购车票、理发美容、医务、旅行社等内容；前台管理，如值班经理、保卫、接待等内容；购物空间，如精品商店、土特产、工艺美术、生活超市等内容；康乐设施，如游泳池、健身房、台球室、电子游戏、娱乐室以及更衣室、卫生间、库房、交通空间等内容。其中餐饮部分是宾馆中的重要内容，不少大、中型宾馆都单独设立餐饮部分。

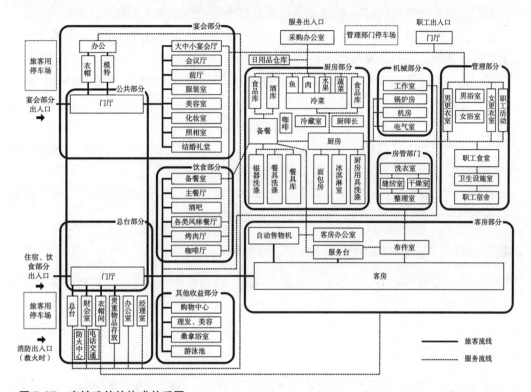

图 7-27　宾馆建筑的构成关系图

（3）管理部分

管理部分包括宾馆建筑内部的各类业务、财务、总务和行政办公室，以及电话总机的内容。

（4）后勤部分

后勤部分为宾馆建筑内部为其提供各种服务的部门，包括厨房部分，如各类餐厅相应的厨房、以及厨房有关的粗加工、冷饮加工、贮存库房、厨工服务用房等内容；维修部分，如各类修理办公用房、库房及辅助用房等内容；机房部分，如动力设备、控制机房、电梯、电话、消防、冷冻等各类机房等内容；职工生活部分，如职工宿舍、食堂、总务库房、行政车库等内容。

（5）室外环境

室外环境为宾馆建筑外部空间中的广场、停车场地、运动与活动场地、庭园、绿地、雕塑、壁画、小品、导向标牌等内容，它们是现代宾馆建筑主要的户外环境，也是现代宾馆环境艺术设计的重要组成部分。

3. 宾馆建筑室内环境设计的特点

宾馆建筑既是物质产品，又是精神产品，室内环境设计只有有意识地强调其个性特色，才能打破千篇一律、千人一面的局面。因此，宾馆建筑室内环境设计应根据旅客的特殊心态，塑造"宾至如归"的印象，且在设计中应把握以下几个特点，即：

其一，宾馆建筑室内环境设计应充分反映当地自然和人文特点，注重对民族风格、乡土特色、地域文化的开发和创造。

其二，宾馆建筑室内环境设计应创造返璞归真、回归自然的环境，注重将自然因素引入室内环境空间的塑造，并充分利用和发挥自然材料的纯朴华美的特色，减少人工斧凿，使人和自然更为接近和融合，达到天人合一的境界。

其三，宾馆建筑室内环境设计应建立充满人情味以及思古之幽情的情调，使每位宾客在这里能得到无微不至的关怀，并能体味到家的"温馨"。

其四，宾馆建筑室内环境设计应创建能留下深刻记忆的环境空间印象，以满足旅客的好奇心理，营造出令人难以忘怀的建筑文化品格和意蕴。

7.4.2 宾馆建筑室内环境设计中的空间布局

纵览宾馆建筑的类型，主要可分为旅游宾馆、假日宾馆、观光宾馆、商务宾馆、会议宾馆、汽车宾馆、疗养宾馆、交通宾馆、青年宾舍、运动员村、迎宾馆、招待所及宾馆综合体等。虽然其构成种类多样，但其空间布局一般采用集中式、分散式和庭院式三种形式（图7-28），即：

图7-28 宾馆建筑空间的平面布局形式
1）广州白天鹅宾馆建筑空间为集中式平面布局形式

图 7-28　宾馆建筑空间的平面布局形式（续）
2）福建崇安武夷山庄建筑空间为分散式平面布局形式　3）北京香山饭店建筑空间为庭院式平面布局形式

1. 集中式形式

集中式可分为水平与竖向两类集中和两者兼有三种形式，水平集中式适宜于市郊、风景区宾馆建筑空间的总体布局，其客房、公共、餐饮、后勤等部分可各自相对集中，并在水平方向连接，按功能关系、景观方向、出入口与交通组织、体型塑造等因素有机结合。如上海龙柏饭店、曲阜阙里宾舍等均采用水平集中式布局；竖向集中式适宜于城市中心、基地狭小的高层旅馆，其客房、公共、后勤服务在一幢建筑内竖向叠合，功能流线见本书第 4 章竖向功能分区所述。垂直运输靠电梯、自动扶梯解决，足够的电梯数量，合适的速度与停靠方式十分重要。如广州白天鹅宾馆、南京金陵饭店等均采用竖向集中式布局；水平与竖向结合集中式是国际上城市宾馆建筑普遍采用的空间布局形式，既有交通路线短、紧凑经济的特点，又不像竖向集中式那样局促。随着宾馆建筑规模、等级、基地条件的差异，裙房公共部分的功能内容、空间构成有许多变化。如上海商城波特曼酒店、华亭宾馆等均采用了两者结合的布局。

2. 分散式形式

分散式布局的宾馆建筑，其基地面积大，客房、公用、后勤等不同功能的空间可按功能性质进行合理分区，但相互间又要联系方便，管线和道路不宜过长，对外部分应有独立出入口。此类空间布局形式多数为低层宾馆建筑，如广东中山温泉宾馆、福建崇安武夷山庄等均采用了分散式布局形式。

3. 庭院式形式

庭院式布局的宾馆建筑，即采用中心庭院为宾馆的公共交通及活动中心，围绕庭院布置公共活动用房。庭院可敞可蔽，可布置山石、碑亭、池水等，一般应注意与室外环境的相互渗透以达到与既有建筑的协调。如北京香山饭店、西安唐华宾馆等均采用了庭院式布局形式。

宾馆建筑空间平面布局的不同，对其室内环境的空间布局产生直接影响。而不同的室内环境空间布局形态又有不同的性格、气氛，能给人不同的心理感受，如正几何体空间具有严谨规整、可产生向心力和庄重的室内环境气氛；不规则的空间具有活跃、自然的室内环境效果；狭窄、高大的空间具有向上升腾、崇高宏伟的室内环境感受；细长的空间具有引导向前效果；弧形的空间具有柔和舒展的室内环境印象等。而这些宾馆建筑室内环境空间的布局，则都以主要的公共空间为中心或高潮来展示其空间序列，从而展现出具有个性的艺术魅力与空间氛围来。

7.4.3 宾馆建筑室内环境中各类用房的设计要点

1.居住部分的设计

宾馆建筑室内环境中的居住部分主要是指其客房的室内空间，从宾馆建筑来看，客房是其设计的主体（图 7-29）。一般情况下，客房约占宾馆建筑面积的 60％才经济合

图 7-29　宾馆中客房部分的室内环境空间——标准间、高级客房与商务套房的室内空间

理。宾馆客房的种类包括标准间、高级客房、商务套房与总统套房等类型，其中：标准间一般分为通道、卫生间、桌（台）、床位、休闲座椅五个区域，其中家具占客房面积的 33%～47%，卫生间占客房面积的 18%～20%，相对高级的房型，各区域占室内面积相对要小；高级客房在家具尺度、人流通路、装饰用材和功能设施等方面都高于普通客房；商务套房的布局特点是会客间兼工作间，室内设施在客厅的基础上加设有文件柜和电脑操作台，档次较高的商务套房和其他套房均设双卫生间；总统套房（豪华套房）是区别宾馆级别的重要标志，其所占空间面积为 200～600m^2，包括：起居室、会客厅、会议室、多人餐厅、厨房、酒吧、书房、卧室。其中卧室又分主卧室、夫人室、随从室，兼有多种形式的卫生间。其中豪华卫生间内设有桑拿设备和冲浪浴缸。超大型总统套房的功能设施应有尽有。其设计要点为：

宾馆客房应有良好的通风、采光和隔声措施，以及良好的景观和风向，或面向庭院，避免景观不好的朝向，对旅游与观光宾馆客房来说更需注意这个问题。

宾馆客房设计应有明显的规律性，设计者须从经营角度分析各个房型的比例关系，并根据其空间来确定各项设施的规格。家具、洁具及配件，电器、线盒的定位要经过严格的计算和设计，要把握好客房功能内容、装饰造型、档次要求和协调统一的标准。

宾馆客房应按不同使用功能划分区域，如睡眠区、休息区、工作区、盥洗区等，在各区域之间应能形成既有分隔又有联系的空间布局，以便不同使用者能有相应的适应性。

宾馆客房设计要求充分考虑到人体尺度。家具、洁具与各种使用空间要满足人体工程学的基本要求。宾馆客房家具应采用统一款式，形成统一风格，并与织物陈设取得关系上的协调。

2. 公共部分的设计

宾馆建筑室内环境中的公共部分主要包括入口大堂与前台管理、室内中庭与观光平台、会议厅室与商务中心、购物商店与康乐设施、中西餐厅与宴会大厅、咖啡酒吧与点心茶室、剧场展厅与银行诊所，及各种休闲、辅助空间等内容，其中宾馆大堂、室内中庭与餐饮部分是其设计的重点。设计要点为：

（1）宾馆大堂空间

宾馆大堂空间是其室内环境前厅部分中的主要厅室，常和门厅直接联系，多设在底层，也有将二层与门厅合二为一的形式。大堂作为宾馆人流聚散地，无疑是各种功能空间分布的交汇点。围绕大堂的各种功能空间，以大堂为中心依序分布。其主要设施包括：门厅主入口、次入口；总服务台，其功能包括登记、问讯、结账、银行、邮电、旅行社与交通代办，贵重物品存放，商务中心及行李房等；电梯厅与上下楼梯；接待休息座椅与各种宾馆功能空间的入口过厅，以及与相关辅助空间相连的交通过道等内容。宾馆大堂还设有迎宾花台、前台经理、电话、取款机、导向牌、卫生间等辅助设施，以给来宾提供迎来送往的多种服务（图 7-30）。

宾馆大堂的类型包括开敞式与封闭式两种形式，其中前者与首层其他空间虚拟相隔，各个空间布局分明，达到视感通透，人流畅达的效果。开敞式的大堂拥有众多组合形式，适宜于步梯、扶栏和吊顶的层次造型，也宜于大型植物配景、喷泉、雕塑等景观的设计；后者是相对传统的设计形式，其大堂空间与其他各个功能空间以墙相隔，人流通道界线明确，形成各个功能空间相对独立的特点。宾馆大堂室内环境的设计要点为：

图 7-30　宾馆大堂空间的室内环境
1）广州东方宾馆室内环境中的大堂空间　2）重庆喜百年酒店大堂室内环境

在大堂的空间布局上，通常将总服务台设在中轴两侧的醒目处，电梯厅与上下楼梯要紧临大堂并易于识别。接待休息空间要靠墙布置，若设在大堂中心，空间应与周围做一些象征性的隔断处理，以便能够形成一个完整的空间区域。

大堂的设计可通过诱导视线、诱导路线和方向等多种方式来合理组织人流路线，以避免人流相互穿插带来的各种干扰。各种功能空间既要有联系，又要互不影响，并通过设立过道把公共部分和内部用房分开，使宾馆室内环境空间分区明确。

宾馆大堂的照明多以金碧辉煌的效果为主，以给旅客一个温馨、热情的室内环境空间气氛。其中大堂主要吊灯照度的强弱对整体空间影响较大，应对其进行精心考虑，使之能够更具审美功能。

（2）宾馆室内中庭

宾馆室内中庭是宾馆内的共享空间，其功能与空间构成虽与其他建筑中的中庭有某种共性，但在结合宾馆室内环境功能，展示公共活动部分等方面却有自己的特点（图7-31）。宾馆室内中庭的形式主要有两种：一是与门厅结合的室内中庭形式，这种形式可令旅客一进门就获得耳目一新的效果，如上海新锦江饭店室内中庭、日本东京新宿世纪海特摄政旅馆室内中庭均属这种形式；二是构成宾馆室内中心的形式，这种中庭是宾馆室内空间序列的高潮，庭内常设咖啡座、音乐台、鸡尾酒廊、平台餐厅、小商亭、花店等，多层中庭的周围是各式餐宴、商店、会议、健身中心等，高层中庭的上部周围是客房。如阿联酋迪拜帆船酒店则是与水有关的主题中庭，其不同的喷水方式，每一种皆经过精心设计，约15~20分钟就换一种喷法。又如北京昆仑饭店的室内中庭——四季厅等。其设计要点为：

图 7-31　宾馆室内中庭是宾馆内的共享空间，其功能与空间构成虽与其他建筑中的中庭有某种共性，但在结合宾馆室内环境功能，展示公共活动部分等方面却有自己的特点

1）阿联酋迪拜七星级帆船酒店与水有关的主题中庭，与周围沙漠地带形成了鲜明的特点　2）北方现代宾馆以自然生态为主题的室内中庭，在室内塑造出充满生机的绿色休闲空间

　　宾馆室内中庭空间具有既宏伟壮观又富人情味的特点，要求在设计中处理好其空间的尺度感。特别要注意中庭竖向大尺度与近人小尺度的关系，即在中庭供人活动场所，以接近日常生活的小尺度布置陈设、小品、家具、灯具、绿化等，并在竖向中庭底部几层增加平台、挑台、天桥、近人顶棚、悬挂灯、伞、金属构架等，构成竖向近人尺度的空间层次，从而起到调节人们心理感受的作用。

　　宾馆室内中庭空间通向主要公共活动场所的路线需导向明确、引人注目且比较宽敞，到休息空间可略为曲折，以增加观赏中庭的多种视角。不收费的休息空间常布置在人流交通路线边，稍加扩展而已；收费的如咖啡座、鸡尾酒厅等，应有一定形式的空间限定，且靠近准备间。

　　宾馆室内中庭空间多向社会开放，底部几层人流较多，为此需对不同客人做不同的空间组织引导，常以自动扶梯或敞开式楼梯运送大量公众，另设专用客梯运送住宿客人至各客房层。

　　宾馆室内中庭空间多用天窗进行采光，而一些高大的绿化树木、花草等会吸收光线，降低反光性能，所以在各层平台宜将绿化布置在对光线损失较小的位置。中庭地面绿化也应成组布置，疏密得当，不致影响附近公共部分的采光效果。

（3）宾馆餐饮部分

宾馆室内环境中的餐饮部分也是其设计的重点，其内容包括宴会大厅、中西餐厅、咖啡雅座、鸡尾酒廊、点心茶坊、特色餐室、旋转餐厅等（图7-32）。

图 7-32　宾馆餐饮空间的室内环境
1）宴会大厅室内环境　2）中西餐厅室内环境　3）旋转餐厅室内环境

通常宴会大厅与一般餐厅不同，常分宾主、执礼仪、重布置、造气氛，一切有序进行。因此室内空间常做成对称规则的形式，以利于布置和装饰陈设，易形成庄严隆重的气氛。宴会大厅还应该考虑在宴会前陆续来客聚集、交往、休息和预留的足够活动空间。宴会大厅可举行各种规模的宴会、冷餐会、国际会议、时装表演、商业展示、音乐会、舞会等种种活动。因此，在设计时需考虑的因素要多一些，如舞台、音响、活动展板的设置，主席台、观众席位布置，以及相应的服务房间、休息室等均要做精心的考虑。宾馆建筑餐饮部分室内环境设计的要点为：

宾馆餐饮部分的宴会大厅通常以 $1.85m^2$/座计算，指标过小，会造成拥挤；指标过宽，易增加工作人员的劳动活动时间和精力。另客人和服务员的流线不能交叉，宴会大厅和厨房的位置不宜太远，要保证有多条送菜路线，以便同时向各餐桌供餐。

中西餐厅或不同地区的餐室应有相应的装饰风格。餐饮部分室内的色彩应明净、典雅，以增进顾客的食欲，并为餐饮部分室内空间创造良好的环境。

宾馆餐饮部分应有足够的绿化布置空间，并尽可能利用绿化来分隔空间。餐饮部分的空间大小应多样化，并有利于保护不同餐区、餐位之间具有私密性的特点。

宾馆餐饮部分应选择耐污、耐磨、防滑和易于清洁的材料进行装饰，室内空间应有宜人的尺度、良好的通风、采光，并考虑有吸声方面的要求。

宾馆餐饮部分，特别是大宴会厅要注意疏散出口的布置，要有利消防，并装有应急照明和疏散指向。顶棚材料的选择要求符合消防规范，喷淋和烟感器的布置要结合顶棚的照明做统一设计处理。

旋转餐厅多设在客房层的上方，餐厅外圆平台可旋转。餐座常布置在临窗方向，内环可高几步台阶以便顾客外眺，并设有酒吧、乐池、通道与服务用房。而外圆长窗窗台降低，设有垂直于旋转平台的护栏以防危险。

3. 其他部分的设计

（1）娱乐设施

现代宾馆室内环境中为满足旅客娱乐、消遣等要求，在其中设有各种娱乐服务设施，以满足旅客轻松愉快的度假生活需要。其娱乐服务设施除设有闭路电视系统供旅客选看外，还设有交际舞厅、歌厅及各种电子游戏机室，以及图书室、棋牌室、麻将室等，有的大型度假宾馆还设有碰碰车、过山车、摩天轮、夜总会等大型娱乐设施。其设计要点：一是要依据宾馆室内环境的规格与条件来选取娱乐设施项目，并做到有个性特色；二是要依据这些娱乐设施的专业设计要求与规范，由其宾馆室内环境与各类专项设计进行协调，以使这些娱乐设施设计的专业水平能得到保证（图 7-33）。

图 7-33　宾馆娱乐空间的室内环境
1）宾馆歌厅室内环境　2）宾馆台球室室内环境

（2）健身设施

现代宾馆室内环境中的健身设施包括运动、医疗、理疗、健美、减肥、美容及健康管理等方面的内容，并依据规模和条件来设置。诸如位于北方山区的宾馆就设有滑雪设施，位于湖海地区的宾馆就设有各种水上运动设施，位于温泉地区的宾馆就设有各种浴泉设施等，居于城市中的宾馆只有设置屋顶泳池和室内健身中心。而通常宾馆室内环境中的健身设施有游泳池、网球场、羽毛球场、乒乓球场、保龄球场、壁球场、台球室和各种健身浴池，并在室内设微型高尔夫球场、健身房等设施。其设计要点：一是要考虑到宾馆室内环境的规格与条件，要选择能有其特色的项目；二是要根据这些健身设施的要求与规范，对其宾馆室内环境的健身设施场地地面、墙面与顶面做专业设计处理，以达到其健身活动的场地要求；三是要处理好健身活动场地的通风、采光、照明及空调、给排水等技术方面的问题，使这些健身设施能有一个高水准的专业场地来保证其活动的进行（图7-34）。

图7-34　宾馆健身空间的室内环境
1）宾馆室内泳池环境空间　2）宾馆室内保龄球场环境空间

4.室外环境部分的设计

就现代宾馆建筑而言，其建筑室外环境涉及外部庭园绿化、建筑屋顶花园、室外活动及环境场地、入口广场、临街环境等空间（图7-35）。其中：

图7-35　宾馆建筑外部庭园空间环境实景

（1）外部庭园绿化

宾馆建筑外部庭园是以绿化植物、水体、山石、小品等素材构成的空间环境，其作用主要在于改善与保护宾馆建筑的外部环境，并给宾馆建筑带来一个优美、自然、生态的外部景观环境。现代宾馆建筑外部庭园的设计形式包括中国式庭园、日本式庭园、欧美式庭园与现代式庭园等，其设计要点：一是庭园绿化要作为宾馆设计的主题，在塑造内外环境中起主导作用；二是庭园绿化要作为点睛之笔来显示现代宾馆建筑的文化属性；三是庭园绿化要为现代宾馆建筑带来一个有个性与生态特色、令人赏心悦目的外部景观环境，并使其外部空间环境充满绿色生机与设计趣味。

（2）建筑屋顶花园

现代城市宾馆建筑常因基地狭小而绿化覆盖率不足，而其逐渐发展起来的屋顶花园和垂直绿化可作为这种不足的弥补。由于屋顶花园和垂直绿化离开地面进行布置，设计即与庭园绿化有着许多差异，归纳来看其设计要点：一是要考虑在建筑屋顶的承重与防水性能，以及进行植物种植的生长可行性；二是要考虑在建筑屋顶日照足、风力大、湿度小、水分散发快等特殊条件，要着重选择具备阳性、浅根系以及抗风能力强、体量小的绿化植物予以配置；三是可在屋顶花园点缀部分仿真植物，使其在冬季也能见到绿色景观；四是可在屋顶花园的承重范围内设置少量亭、台、廊、榭等小品建筑，以供旅客活动中使用。

（3）室外活动及环境场地

不同类型、档次的宾馆建筑在室外还设有多种活动及环境场地，其内容包括各类游泳池、球场、运动设施及垂钓鱼池等项目，并结合宾馆建筑布局与所处城市与郊外环境设有入口广场、停车场地、街道环境等空间。它们与室外环境绿化、小品结合，成为宾馆建筑总体布局中最富活力的空间场所。其设计要点：一是要结合宾馆建筑布局的用地条件，尽可能做到空间布局灵活多变；二是要考虑宾馆建筑的等级与特点，对室外活动场地的设施设置做综合分析，选择有个性特色的活动项目；三是要考虑在宾馆建筑室外运动场地布置，需要避免眩光对其产生的影响；四是要考虑在宾馆建筑室外环境设置各种标志与招牌，并处理好夜晚的灯光照明，以营造出夜间如引人入胜的灯光照明艺术气氛与光影效果（图 7-36）。

图 7-36　宾馆建筑室外活动及环境场地空间实景
1）宾馆建筑室外网球场　2）宾馆建筑入口广场空间环境

5. 宾馆室内环境中的家具配置

宾馆建筑室内环境为了创造良好的陈设气氛，对家具的配置也十分讲究，因为家具是宾馆建筑室内陈设的重要内容（图 7-37）。通常宾馆建筑室内公共活动部分的家具都成套成组的配置，且布置方式比较灵活，可限定出不同用途的室内环境空间；餐饮部分的家具配置既需满足旅客用餐的需要，也需满足送菜、送饮料等服务的通行需要，家具组合与空间特点、服务内容与方式等关系密切，若改变家具组合即改变了空间气氛。

图 7-37　宾馆建筑室内环境中的家具配置

客房家具占宾馆建筑室内环境家具配置的大部分，其造型、尺度、色彩、材质、风格等在某种程度上决定了客房空间的质量，其中套间家具一般需成套成组地配置。总地来看，宾馆建筑室内环境中家具配置应注意下列两点：

其一是家具的配置应有疏有密，疏者留出人的活动空间；密者组合限定人的休息使用空间。

其二是家具的配置应有主有次，突出主要家具、陈设等，其余作为陪衬。

7.5　商业建筑室内环境的设计要点

现代商业建筑室内环境是指能满足购物者各种消费需求的综合性购物环境，它是城市建筑群体中的有机组成部分，也是展示现代城市风貌和形象的重要因素（图 7-38）。在今天，商业建筑空间所表现出来的形态和意义已不再局限于一个购销商品的空间领域，而扩展到现代都市人们物质与精神交流、观赏、休息、娱乐的各个生活层面，成为现代商业文化在都市生活中的一种综合反映。

图 7-38　现代商业建筑室内环境是指能满足购物者各种消费需求的综合性购物环境，它是城市建筑群体中的有机组成部分，也是展示现代城市风貌和形象的重要因素
1）广州市中心的商业建筑组群及其环境夜景　2）上海浦东陆家嘴一带的商业建筑组群及其环境实景

7.5.1　商业建筑室内环境设计的意义

1. 商业建筑的意义与类型

商业建筑是人们用来进行商品交换和商品流通的公共空间环境。它往往与银行、邮电、交通、文化、娱乐、休闲和办公等功能紧密结合在一起，既可以是一个大型的建筑单体，也可以由若干建筑及其外部空间构成一个大型建筑组群。现代商业建筑的一个典型特例是商业综合体，即 Shopping Mall 的出现，它的功能组织原则是根据当代城市生活的特点，尽可能在一栋或一组建筑群内，满足顾客的各种消费需求，从而营造出具有魅力的综合性商业服务环境。

（1）商业建筑营销环境的经营形式

现代商业建筑营销环境的经营形式可谓千姿百态、类型繁多，其经营形式主要可归纳为以下四种形式（图 7-39），它们分别为：

1）零售型——按经营商品的品种归类，可将商品基本上归纳为服装饰品类、日常用品类、文化体育类、五金家电类、主副食品类等。并可分别组成专营某种商品的专业商店，如时装店、鞋帽店、首饰店、珠宝店、家具店、土产店、书画店、乐器店、五金店、食品店等形成；也可组成经营多种商品的综合商场，如百货商店、超级市场及商业店街等形式。

图 7-39 经营形式千姿百态、类型繁多的现代商业建筑营销环境
1）零售型商业建筑营销环境 2）餐饮型商业建筑营销环境 3）服务型商业建筑营销环境 4）娱乐型商业建筑营销环境

2）餐饮型——主要可归纳为进餐类与饮食类两种。前者如宴会厅堂、中西餐馆、风味餐厅等；后者如饮料店、点心店、小吃店、快餐店、酒吧间、咖啡厅及茶馆等形成。

3）服务型——主要可归纳为服务与修理两类；前者如各类浴室、美容理发、服装加工、银行邮局、废品收购等；后者则渗透于人们生活中的衣、食、住、行、用等各个层面，并有专业和综合两种组合经营形式出现在生活之中。

4）娱乐型——主要有夜总会、歌舞厅、游乐场、健身房、图书室、棋牌馆、影剧院、录相厅、卡拉 OK 包间、时装表演广场、溜冰城及各种形式的会员俱乐部等经营形成。

（2）零售商业建筑营销环境的经营类型

从零售商业建筑营销环境的经营类型来看，可分为以下这些（图 7-40），即：

1）品种丰富、规模宏大的百货公司。

2）经营面广、形成组群的各类综合商场。

3）销售专一、规模不大的各类生产厂家专营经销门市部。

图 7-40　商业建筑营销环境的经营类型

1）百货公司　2）综合商场　3）厂家专营经销门市部　4）专业商店　5）商品博览展销会　6）批发市场
7）连锁商店　8）超级市场

图 7-40　商业建筑营销环境的经营类型（续）
9）购物中心及 Shopping Mall　10）步行商业店街　11）地下购物商业城

　　4）种类繁多、形式多样、规模不一的各类专业商店。

　　5）从事看样、洽谈订货的各类商品博览展销会。

　　6）营业额大、兼顾零售的批发市场。

　　7）形象统一、标牌一样的同一公司连锁商店。

　　8）商品开架、无人售货的自选与超级市场。

　　9）集商业、服务、娱乐和社交于一体的大型购物中心及 Shopping Mall。

　　10）商品集中、构成街肆的步行商业店街及地下购物商业城等。

（3）商业建筑营销环境的经营规模

商业建筑营销环境的规模，因其营销空间的类型不同及各个国家与地区的差别而异，以零售型商业建筑营销空间为例，通常可划分为以下这样五类，即：

1）微型（十平方米以内）：如专柜、销售摊点等。

2）小型（数十平方米）：如个体店、专业店等。

3）中型（数百平方米）：如超级市场、百货商店等。

4）大型（数千平方米）：如购物中心、综合商场等。

5）巨型（数万平方米）：如大型购物中心、商业城等。

我国根据商业建筑营销环境的具体情况，在规模上主要将其划分为大、中、小型三类，其中大型零售商业建筑营销环境的建筑面积是指大于 15000m² 的商业经营空间；中型零售商业建筑营销环境的建筑面积是 3000~15000m² 之间的商业经营空间；而小型零售商业建筑营销环境的建筑面积是指小于 3000m² 的商业经营空间；并且不同类型的商业建筑营销空间建设规模，因种类各异，其建设标准也各不相同。

2. 商业建筑的构成关系

商业建筑营销空间环境是一种用以进行商品交流和流通的公共空间环境场所，其构成主要包括人、物、空间三个要素（图 7-41）。

其中顾客与商业营销空间的关系即衍生为商业空间环境；商品与顾客之间的交流则依赖于有效的商品展示陈列；商业营销空间与商品的关系即是利用置放商品的展示陈列道具来使商品表现出自身的价值与其质感来。可见三者的关系是相辅相成，缺一不可的。

3. 商业建筑室内环境的设计原则

（1）市场定位原则

现代商业建筑室内营销环境设计的市场定位的确立，主要是通过对其经营服务对象、顾客消费要求、市场辐射范围与商品经销品种的详细调查了解及分析归纳而得出的。同时在城市中，商业营销环境所处的位置不同，服务的对象也不一样，顾客的消费需求也不相同，故营销环境的市场辐射影响力、经销的商品品种显然也就不同。根据城市商业营销企业的这种特点，现代商业营销环境可以划分为下列类型：

1）城市中心商业区型——主要指那些位于城市中心繁华区域内的商业环境。由于地处城市商业的中心，以其交通便利、店铺林立，故在这一地段开设商业环境多要求其具有精品、高档商品营销环境的视觉感受。每个大城市都有城市中心商业区，那里店铺林立，精品荟萃，构成一定规模的纯粹性商业街区。诸如北京的王府井、西单北大街；上海的南京路；武汉市江汉路；广州的北京路等。

2）区域中心商业区型——主要指分布于城市区域中心与交通便利地段内的中小型

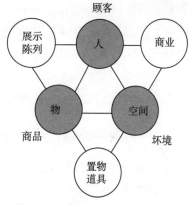

图 7-41　商业建筑及其内外环境的构成关系图

281

零售商业营销环境。这类商业环境同前者相比，在经营规模、数量与繁华程度上均略为逊色，故在这一地段开设的商业环境多形成网群，并以满足区域中市民生活的需要为目的。对于连锁型专业店。假如设于同一城市中，最好选择区域中心商业区，这样既可以节省资金，又便于管理。

3）居住中心商业区型——主要指遍布城市居住小区与邻近街巷的商业环境。这些地段是城市居民聚居的地方，故在这些地方开设的中小型商业环境多以满足居住小区内的居民日常生活的购物需要，从而具有鲜明的生活特点。其营销环境装饰设计定位也应该是面向小区服务的。

（2）环境设计原则

1）商业建筑室内营销环境设计首先应以创造良好的商业空间环境为宗旨，把满足人们在营销环境中进行购物、观赏、休息及享受现代商业的多种服务作为设计的要点。并使商业建筑室内营销环境能够达到舒适化与科学化。

2）随着现代商业建筑室内营销环境由经济主导型向着生活环境主导型的过渡，人们在获得物质生活满足的同时，也必然期望能在精神方面获得更高层次的享受，而且这种愿望还会随着经济的进一步发展显得越来越迫切。

3）现代商业建筑室内营销环境的营造，必须依赖其现有的建筑材料、结构、施工等物质技术手段为基础实现。并尽可能多地应用新材料、新工艺、新结构与新技术，强化新的商业空间环境塑造，利用先进的技术设备为其创造多种层次的舒适条件，让顾客在其中能够体验到现代科技发展给人们带来的新感受。

7.5.2　商业建筑室内环境设计中的空间布局

商业建筑室内环境的空间布局包括其功能分区、动线安排与空间组合等方面的内容，它们分别为：

1. 功能分区

商业建筑室内空间环境的功能分区必须从商业经营的整体战略出发，这是因为功能布局是否合理会直接影响到商店的经济效益及其形象的塑造，切不可等闲视之。商业环境功能布局的要点是要以发挥出商业空间的最大作用，提高商业的经营效益为前提；同时还要考虑到方便与吸引顾客、易于营销活动的开展与管理，并有利于商品的搬运及送货服务。另外，在满足商品营销的基础上，还需附设可供观赏、休息、娱乐及提供多种服务项目的场所，以及便利的购物方式与安全的防护设施、良好的后勤保障等。只有这样，现代商业对功能布局的要求才能很好地反映出来（图7-42）。

2. 动线安排

商业建筑室内空间中的动线安排是以引导顾客进入商店，顺利游览选购商品，灵活地运用建筑面积，避免死角，安全、迅速地疏散人流为目标。其动线设计，依其种类、面积、形状、入口及设施（自动扶梯、电梯、楼梯）等要素的差异而确定，主要有水平、垂直及两者结合三种。一般水平交通动线的设计应通过营业大厅中展示道具及陈列柜橱布置形成的通道宽度，以及与出入口对位的关系，垂直交通设置的位置来确立主、次动线的安排，并使顾客能够明确地感知与识别；垂直交通的设置则应紧靠入口及主流线，且分布均匀、安全通畅，便于顾客的运送与疏散。同时内部交通动线还要考虑运货及员工的交通动线，而且应各备出口，以做到互不干扰，又能联系紧密（图 7-43）。

图 7-42　商业建筑室内空间环境的功能分区必须从商业经营的整体战略出发，以提高商业的经营效益为前提；同时还要考虑到方便与吸引顾客、易于营销活动的开展与管理，并有利于商品的搬运及送货服务

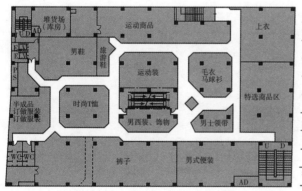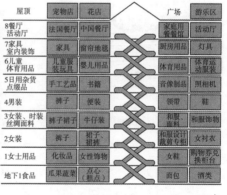

1）　　　　　　　　　　　　　　　　　　　　　　　　　　2）

图 7-43　商业建筑室内空间中的动线安排是以引导顾客进入商店，顺利游览选购商品，灵活地运用建筑面积，避免死角，安全、迅速地疏散人流为目标。其动线设计有水平、垂直及两者结合三种形式
1）商业建筑室内空间环境中水平方向的动线安排　2）商业建筑室内空间环境中垂直方向的动线安排

3. 空间组合

商业建筑室内环境的空间组合，其方式主要有顺墙式、岛屿式、斜交式、放射式、自由式、隔墙式与开放式等。不同的空间组合需要利用各不相同的空间分隔与联系手段来形成，而空间分隔方式的不同，又决定了空间之间的联系程度，以及空间的美感、情趣和意境的创造，故在空间组合中需反复推敲。商业建筑室内营销空间的空间分隔，其一可利用柱网、门窗、陈列柜橱、展示道具、休息座凳及绿化小区来进行，其特点是空

间划分灵活、自由，且隔而不断，便于重新组合；其二可利面界面处理的手法，诸如顶棚、地面的高低、造型、材质、色彩与光影的变化等，均可创造出亲切宜人、富有人情味的空间组合效果来。（图7-44）。

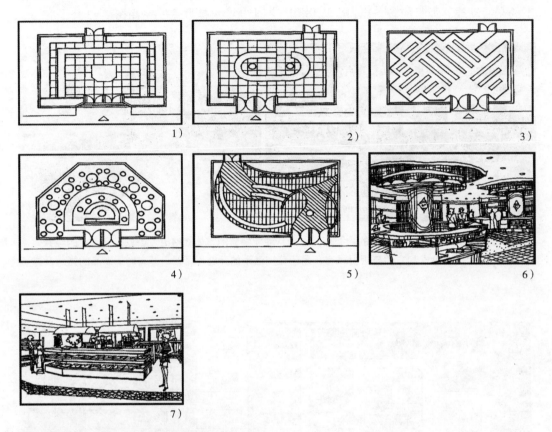

图7-44　商业建筑室内空间环境的空间组合方式
1）顺墙式　2）岛屿式　3）斜交式　4）放射式　5）自由式　6）隔墙式　7）开放式

4. 界面处理

商业建筑室内营销环境的空间界面处理，主要包括顶面、墙面、地面或楼面、柱子与隔断的处理（图7-45），其设计要点分别为：

顶面因在视平线以上，故对顾客视觉影响较大，是商业营销环境内部空间界面处理的重点，应根据设计创意确立其表现的风格，并满足人流导向的要求。同时确定顶面的造型、色彩、照明、光影的处理，为形成富有变化的商业空间创造条件。在高档及大中型商业营销环境顶面处理中，还常利用顶层综合安排照明、通风、空调、音响、烟感、喷淋等设施，故设计中应根据商业营销环境的结构形成设计吊顶样式。常用的有平滑式、井格式、分层式与悬挂式等，也有采用暴露、透空、玻璃、垂挂等形式的。

墙面由于在内部中所占比例大，且垂直于地面，对顾客视觉影响大，故在组织人流、货流、采光照明与经营安排上具有重要作用。墙面设计中首先需考虑商品可利用壁面展示陈列，从而节省空间，还丰富了墙面的表现能力；其次门窗均设于墙面，设计中就要注意门窗的造型、开启方向对空间布局的影响，并处理好内外交通、采光与通风等功能上的需要；再者壁面可做装饰处理，以增添其艺术气氛。

图 7-45　商业建筑室内营销环境的空间界面处理主要包括顶面、墙面、地面或楼面、柱子与隔断的处理

　　地面或楼面的设计，应结合商品展示柜橱、顾客通道与售货区域，利用不同材料、色彩、图案予以区分，以引导顾客。由于商业营销环境内部人流集散频繁，地面材料需考虑防滑、耐磨、抗湿、不起尘及易清洗，而且图案要求简洁大方，并注意完整展现。

柱子的设计应尽量与商品的展示柜橱结合考虑，并可利用其做商品陈列展橱或装饰柱。

隔断是空间分隔的重要因素，它可以是隔墙、栏杆、构件、罩面，展示道具与绿化小品等。设计中要注意灵活使用，以丰富空间造型。

7.5.3　商业建筑室内环境中各类用房的设计要点

1. 室内营销环境的设计

商业建筑室内营销环境的设计，包括室内营销环境的设计创意、功能布局、动线安排、空间组合、界面处理、色彩选配、采光照明、展示陈列、广告标志、绿化配置、材料选择、设备协调、安全防护、装饰风格与装修作法等内容，只是风格、规模、性质、特色各不相同的商业营销空间各有侧重而已。商业建筑室内营销环境的设计要点主要包括以下几点，即：

商业建筑室内营销环境应根据其市场定位、经营规模、营销形式的不同对室内营销环境进行空间布局，并将其空间分为若干商品销售区域或柜组。同时应组织好室内营销环境的交通流线，应使顾客顺畅地浏览选购商品，避免死角的出现。营销环境的商品陈列道具，如橱架与柜台的布置所形成的通道应形成合理的环路流动形式，并为顾客提供明确的流动方向和购物目标（图 7-46）。

图 7-46　商业建筑室内营销环境的设计

室内营销环境尽量利用天然采光和自然通风，其外墙开口的有效通风面积不应小于楼地面面积的 1/20，不足部分用机械通风加以补充。营销环境应连通外界的各楼层联系，门窗应配有安全措施。非营业时间内，营销环境应与其他房间隔离。地下营销环境应加强防潮、通风和顾客的疏散设计。

室内营销环境的顾客出入口应与橱窗、广告、灯光统一设计，还应设置隔热、保温和遮阳、防雨、除尘等设施。另外，大中型营销环境应按营业面积的 1%～1.4% 设顾客休息场所；应在二楼及二楼以上设顾客卫生间，并按规范设置供残疾顾客使用的卫生设施。另外还需注重营销环境防火分区的划分，配置相应的安全防火设备以防患于未然。

室内营销环境的商品陈列必须性格鲜明、特色突出，并起到烘托商品的良好作用。而有不少商品的质感往往需要在特定的光和背景下才显出魅力，故灯光的应用也是提高顾客注意力的重要手段之一。只是室内营销环境不应采用彩色门窗玻璃，以免使商品颜色失真，给顾客带来不必要的误导。

室内营销环境中还应注重将生态、自然因素引入空间的布置，并利用声、光、色、空气等因素对其营销环境进行合理有序的组织。环境中应有针对性地设置形式多样的商品广告，包括立柜式、悬挂式、印刷式、POP 广告与大屏幕电视、电视广告墙、室内灯箱与霓虹灯广告及各种卡通、吉祥物、饰物等宣传物品，以对顾客购物进行诱导，并创造出卖场内热烈、欢快、丰富、怡人的空间效果与购物环境氛围。

2. 室内自选环境的设计

商业建筑室内自选环境的设计，包括独立设置的大型超级市场与设置在商业建筑中的自选销售环境等形式。而不管何种形式的自选环境，都实行开架售货、自选服务、在出入口处集中收款，并实行统一经营方式展开营销活动。

（1）超级市场

所谓超市是采取自助服务方式，有足够的停车场地，完全由所有者自己经营或委托他人经营，销售食品和其他商品的零售店（图 7-47）。其设计要点为：

图 7-47　超市是采取自助服务方式，有足够的停车场地，完全由所有者自己经营或委托他人经营，销售食品和其他商品的零售店

在超市营销环境空间的布局中，要处理好各个区域的配比与位置关系，其中区域的配比应本着尽量增大卖场区域的原则，因为卖场区域的扩大可直接影响销售额的增加；而位置关系有凸凹型、并列型与上下型三种，设计中要做好它们之间的协调关系。

超级市场设置的购物线路应设计一条适应人们日常习惯的购物路线。这样顾客就会自然地沿着这一线路穿行，并能看到卖场内各个角落的商品，实现最大的购买量。

超级市场是现代零售业形式，它不仅实施自选式购物方式，还必须配置现代化的设备系统，诸如灯光、空调、制冷、货架、收银及相关设备系统，以构造一个冬天不冷、夏天不热、人多不挤、灯光明亮的购物环境。

超级市场商品陈列必须遵循一目了然、伸手可及、琳琅满目、一尘不染、包装展示与货位固定的原则，其商品展示陈列的方法包括大量陈列、相关陈列、杂陈陈列与比较陈列等方式，其目的就是为了使顾客能在最短的时间内能够舒适、便利地选购更多满意的商品。

（2）自选销售环境

商业建筑中的自选销售环境，主要经营生活百货与家用电器等商品，但随着自选销售形式对顾客产生的吸引和带来的便利，如今商业建筑室内85%以上的营销环境均采用自选销售、集中收银的模式（图7-48）。其设计要点为：

图7-48　超市室内空间中的自选销售环境

自选销售环境内的商品布置和陈列要充分考虑到顾客能均等地环视到全部的商品，顾客流动通道应务必保持畅通。

自选销售环境内的布置要避免死角，并可延长顾客购物线路，使其可以看到更加丰富的商品，增大商品选择的空间。

自选销售环境内的陈列可较大型超市灵活，其空间组织、造型、色彩与照明处理都可以形成一定的表现主题和特点，以展现商业空间的时代风貌和商业文化特色。

3. 室内交通环境的设计

商业建筑室内交通环境主要包括水平与垂直交通空间两个方面的内容，其中水平交通空间是指营销环境中同层内的各种通道所用空间；垂直交通空间是指营销环境中不同标高空内的楼梯、电梯和自动扶梯等所用空间（图 7-49）。它们都是引导顾客人流通行的重要交通空间，对形成商业营销环境中的整体交通组织系统具有举足轻重的作用，必须符合国家的有关规范要求。其设计要点为：

图 7-49　交通环境也是现代商业建筑室内营销环境中重要的组成部分

室内交通环境与营销环境内流线组织紧密相关，其空间序列应清晰而有秩序，并连续顺畅、流线组织关系明晰，能便于顾客在营销环境内顺畅地浏览选购商品，且能够迅速、安全地疏散到室外空间。

室内营销环境内水平流线应通过通道宽幅的变化应与出入口的对位关系、垂直交通工具的设置、地面材料组合等区分开来，并加强室内营销空间导向系统的设计。

大中型商业营销环境内应设顾客电梯或自动扶梯，自动扶梯上下两端水平部分 3m范围内不得兼作他用；当厅内只设单向自动扶梯时，附近应设与之相配合的楼梯供顾客同时使用。

营销环境室内的送货流线与主要顾客流线应避免相互干扰，应和仓库保持最短距离，以便于管理。

营销环境室内的顾客出入口是商业营销环境迎接送往顾客的重要交通空间，其设计要在确保顾客安全性、防风防雨等方面考虑周全。出入口门扇的尺寸以不妨碍客流为宜，而且多选择方便儿童、老年人和残疾人等自由出入的自动门。另外，由于出入口在紧急时刻也是非特定多数人的避难出口，因此在设计时应便于识别与找寻。

4. 外部空间环境的设计

商业建筑外部环境空间是与建筑内部环境空间相对的概念，它同样和人们有着密切的关系。而商业建筑外部空间环境主要包括建筑外观、入口广场、停车场地及户外设施等内容。其中商业建筑外观包括商业建筑立面形象、店面、橱窗、广告与招牌等；入口广场包括商业建筑外观设置的开放性场地、水景、绿化、庭园、雕塑、壁画及各种公共设施，以及设在广场上的各类商业广告与促销小品建筑、道具和设施等；停车场地包括广场式、附设式与立体式等形式，是现代有车族顾客十分关注的问题；户外设施包括休息、卫生、信息、照明、交通、游乐、管理、无障碍设施等配套系统，它们共同构成了商业建筑外部空间环境的整体风貌，其设计要点为：

在现代商业建筑外部空间设计中，应注重体现其空间的性格与特点，以便能在其外部环境设计创作中弘扬出商业建筑外部空间个性、体现出外部空间环境设计的特色（图7-50）。

图 7-50　商业建筑外部环境设计的要点是在创作中弘扬其外部空间个性、体现出外部空间环境设计的特色及展示出特有的城市商业氛围来

在现代商业建筑外部空间设计中，对其外部环境设计文脉的关注也是设计创作中需要认真对待的问题。为此在设计中应立足于当地的地理环境、气候特点进行设计。同时，追求具有地域特征与文化特色的环境设计风格，并借助地方材料和吸收当地技术来达到设计的效果。

在现代商业建筑外部空间设计中，应充分利用广告媒体的作用来体现商业建筑外部空间的性格，以取得良好的商业设计气氛，达到促进商品销售的目的。

在现代商业建筑外部空间设计中，还应利用街道、建筑屋顶、天台、露台等外部空间来增加商业建筑的使用面积，不仅可以争取到赢利性环境，还可巧妙地布置游憩场所及开辟出屋顶花园等空间，使室内营销环境空间能向建筑外部空间延伸。

商业建筑外部环境是城市商业中心开发建设的重要内容。随着社会经济的发展，人们对商业建筑外部空间的要求与传统商业活动相比已有了质的变化，城市市民及消费者不仅需要一个购物的场所，更是需要具有一定品位和特色的外部空间环境，已为多彩多姿商业活动的开展提供活动的平台空间。

第 8 章　建筑室内环境设计的案例剖析

8.1　居住建筑室内环境设计的案例剖析

8.1.1　澳大利亚墨尔本克莱因瓶别墅

　　别墅坐落在澳大利亚墨尔本附近的海滩上，由 McBride Charles Ryan（MCR）建筑师事务所设计，这个项目为其带来很多荣誉，包括 2008 年美国建筑师联合会（AIA）颁布的维多利亚建筑奖和哈罗德斯布劳安尼尔奖。

　　伫立在墨尔本海滩上的克莱因瓶别墅（图 8-1~ 图 8-4），其建筑面积为 258m²，外观呈多角的折线形，主要用混凝土浇筑而成，黑色的金属屋顶从建筑顶部延伸成为外墙的一部分。建筑师醉心于建筑结构和材料之间的关系和匹配，并借助数学家的精密计算，创造出这个令人难以置信的建筑形象来。而在整个设计过程中，计算机辅助设计（CAD）担当了非常重要的角色，它将一些非常复杂的空间建构和空间之间的联系分析得清清楚楚，并建立了直观的建筑模型。

图 8-1　掩映在茶树林里的克莱因瓶别墅建筑外部造型

　　别墅的主人是一对年轻的澳大利亚夫妇，而别墅的具体地址是离墨尔本只有 1.5 小时车程的摩林顿半岛。在一片美丽的茶树林里，建筑离最近的海滩直线距离只有几米。一开始，MCR 就想把这个设计定义为一次愉快的茶树林度假之旅。他们选择了"克莱因瓶"这样一个极具视觉冲击力的数学模型，

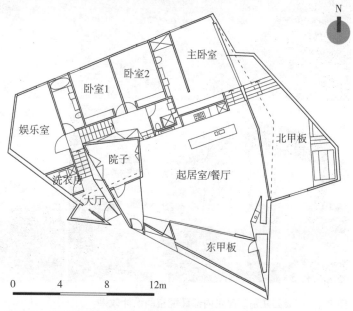

图 8-2　克莱因瓶别墅建筑平面布置设计图

来设计建筑的外观，同时又不能忽略建筑内部的功能要求，毕竟这是一个要真正使用的住宅项目。基于这样的考虑，在他们的设计中，建筑像折纸一般被折叠弯曲，形成一个特别的外观。

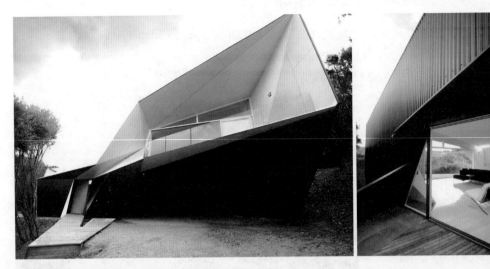

图 8-3　克莱因瓶别墅建筑外部造型及入口空间效果

图 8-4　克莱因瓶别墅建筑内部环境空间设计效果

　　而别墅内部的设计依然使用的是传统的处理手法，其内依然能看到许多有明显历史特征的室内设计，一些家具和装饰的风格甚至带有一点点墨尔本 20 世纪 50 年代建筑的感觉。在内部空间设计中选用了一些明亮的颜色，比如在很多空间里大面积使用鲜艳的红色。室内空间由于受到建筑造型的影响，分成了高低不同的几个功能区域，并围绕中央庭院，由一个大型的豪华台阶连接到所有的水平面，创造出一种忽近忽远的距离感。内部空间占地面积较大的是起居和餐厅部分，这里可供所有成员休息和用餐。其他的功能空间还包括卧室、洗衣房、娱乐室和卫生间等。

　　别墅从建筑造型到内部平面布置，都和周围的环境融为一体，别墅建筑高低转折的曲面和起伏的茶树林一样错落有致。复杂的旋转外观、亮眼材质与传统水泥板材的海滩小屋大异其趣。别墅在建筑东、北用防腐木建有开阔的甲板，且与周围的植物有着很好的呼应。海滩上若隐若现的黑色石头，像陨石一样充满神秘感，而别墅的黑色金属板也在巨大甲板的映衬下散发着光芒，成为海滨一道亮丽的风景线。

8.1.2　上海万科假日风景联排住宅

　　位于上海市春申路 170 号的万科假日风景高档住宅（图 8-5~ 图 8-7），为联排住宅结构，建筑面积为 320m²。进入联排住宅室内空间，只见门厅利用了既有建筑入口处的挑空结构，营造出一处令人惊喜的共享空间。只见竹影婆娑，灯影烂漫，石板的青与竹的翠遥相呼应，传达出中国传统文化的清幽与淡泊。客厅的风格是多变的，包含着中式的华贵，日式的素朴，韩式的现代，泰式的魅，印式的艳。在经过独具匠心的设计组合后，这些亚洲风情元素相互间达到了协调与默契。

　　此外，联排住宅室内三个窗户之间立了四根柱子与四盏壁灯，即巧妙地将这三个空间串联起来，并增加了此处的气势。而竹地板与青石的镶嵌穿插，从色彩与材质上均出现变化。而对室内空间结构改造最大的是餐厅，其内利用圆形巧妙地化解了原本给人感觉有点局促的空间。与客厅的做法刚好相反，地板的运用突出了其功能性，中间用青石，外面用地板，以便于清洁和打理。

图 8-5　万科假日风景高档联排住宅建筑室内客厅环境空间设计效果

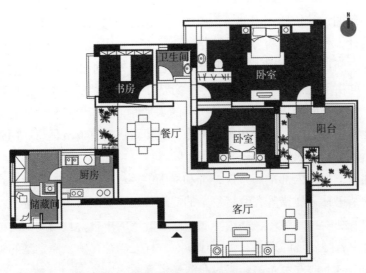

图 8-6　万科假日风景高档联排住宅建筑室内环境平面布置设计图

图 8-7　万科假日风景高档联排住宅建筑室内环境空间设计效果

1）餐厅　2）棋屏　3）卫浴间　4）主卧室　5）工作空间

纵览整个联排住宅室内空间，可感其住宅室内设计秉承了中国传统的"天圆地方"原则，巧妙地将直角线条与圆形的面结合了起来。而联排住宅内部二、三楼是主人的私人空间，其风格虽和谐统一，却与门外的书房形成鲜明的对比。虽然色泽材质都有呼应，但绫罗与绸缎的点缀，更让卧室空间充满了浓郁的异国情调。书房与电视区域被顶部大梁自然分隔，专业画师在现场绘制的壁画给人极强的视觉冲击力，而明式的官帽椅、条案、蒲团、竹地板，柜子上的明式把手，各种元素的综合运用，各种文化的交融，均在此得到展示。

8.2　办公建筑室内环境设计的案例剖析

8.2.1　中国海洋石油总部办公楼

办公楼位于北京东二环朝阳门立交桥西北角（图 8-8~ 图 8-10），由美国 KPF 公司与中国建筑设计研究院联合设计。办公楼用地面积为 18001.72m²，建筑总面积为 96340m²，其中地下为 3 层，地上为 18 层。

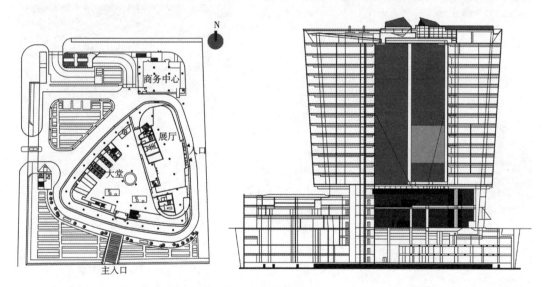

图 8-8　中国海洋石油总部办公楼建筑平面、剖立面设计图

建筑基于所处的地理位置及现代化海洋石油总部的特性,在建筑主体造型上运用"船形"的设计概念，以四层楼高的椭圆形斜柱廊托起大楼，并由低层向高层逐渐向外扩张，给人以海上石油钻井平台的形象联想。而办公楼全立面的玻璃幕墙透明、折射光彩，从远处眺望，阳光下熠熠生辉的建筑造型令人印象深刻。

从建筑室内环境设计来看，其内部空间秉承国际大型能源企业的社会责任感，以健康、环保为基础，在朴素、大气的氛围中展现出企业充满健康的活力及光与影、光与色、光与情感的微妙变化是设计构思追求的终极目标。在办公楼建筑的内部，完整的空间与流畅的曲面，在阳光与灯光下，使其平淡的灰色石材、白色地砖变得丰富，变幻的光影形成不同的韵律，似乎一切都被赋予了生命，鲜活地跳动在空间之中。这里对材料的选择极为慎重，灰、白是主调，木色是补充，不锈钢是变化。几种主要材料时而结合使用，时而单独使用，创造出流畅、细致、沉稳的空间氛围。无论是墙面还是顶面，都是间接的面的处理。内部空间中将公共走廊的转角做圆角处理，中庭的光影与走廊的筒灯在墙面、地面变成一串点，一组线，或曲面，或平面，形成光影的舞台，活力的表演流畅地体现出国际企业的气魄。二层彩色玻璃幕墙内部的景观走廊和职工餐厅，在白色的地面、墙面基调中迎接着绚丽的光芒。

图 8-9　中国海洋石油总部办公楼建筑外部造型及室内环境设计实景

　　而内部空间交通的组织富有节奏，其高管办公层部分在凹进式的入口增加办公室的可识别性，又使弧形走廊产生停顿的节点。房间内部则凭借建筑结构和玻璃幕墙的特点，创造出独特的两层拉升空间。立面平滑的弧线与平面浑圆的曲线相映成辉。

　　进入内部空间，19层高的中庭映入眼帘，层层环抱挺拔。1层是接待大堂，宽敞明亮。精致的不锈钢柱子显得十分有力，承载着3层景观岛。建筑平面呈转角浑圆的等边三角形，并借助它的边角关系，将中庭的 3 层划分成三组对称的景观岛，岛上种了竹子，摆了石块，布置了庭院柱形灯。岛与岛之间的空隙，又恰恰与飞架在五层的玻璃廊桥彼此交错。由超白玻璃铺设的廊桥，把中庭五层平面的三条边垂直连接，三座廊桥的交汇处是三角形中庭的重心，视线可从一层贯通到顶层。三根粗大的钢索从顶

图 8-10　中国海洋石油总部办公楼建筑入口空间环境实景

层悬拉，固定在廊桥的侧翼。使光线穿过 19 层的阳光屋顶，照射到中庭内白色廊桥与景观岛，从而形成光在空间中穿梭，人在楼层间穿行的壮观景象。

在 18 层办公建筑各类用房内部，凭借建筑结构和外倾的玻璃幕墙，创造出独特的拉升空间。立面平滑的弧线与平面浑圆的曲线相映成趣。建筑外玻璃幕墙整体微弧，同时有 4° 左右的倾斜角度，每两片玻璃之间夹着一片垂直的玻璃小翼。阳光穿过这些玻璃组合，产生透射和折射效应，于是在室内出现了漂亮的光谱线。这一次的"七色光"景观虽然同样是玻璃的作用，但不是缘于玻璃本身的颜色，而是玻璃的位置和角度塑造成的。

为了加强建筑室内与室外及周围城市景观的整体联系，办公楼建筑主体 1 层至 4 层采用架空通透的设计手法，以使建筑与街道的衔接在视觉上形成更大的开敞空间。同时还让街道的绿色长廊与建筑大厅和内部庭院在景观方面相互渗透，直至形成建筑与城市在内外空间上的整体呼应。

8.2.2　荷兰媒体机构办公楼

办公楼位于荷兰希尔弗瑟姆市"媒体公园"的边界上（图 8-11~ 图 8-13），媒体机构办公楼与公园有机融合，加上建筑与自然环境的和谐关系以及完美的材料与细部处理，使整个办公楼散发出一种宜人的宁静和安详的气息。

办公楼设计利用了地段的自然特质，围绕建筑与其周围的环境、使用者与景观的关系三个主题来展开。并尽可能地将建筑周围的景观纳入内部空间，使建筑从属于地段的斜坡地形以及现有树木。伸长部分的屋顶曲线则随着地段斜坡的曲线由路面向下延展，悬挑于主入口之上的巨大屋顶上也开了些洞口，以利于树木的生长。

建筑内部空间的走廊沿着两个长向立面设置，在不同楼层的处理上略有区别。当人们经过走廊的时候，墙面上的洞口与大面积的玻璃可以让人领略到外部的景观环境。办公楼建筑内部工作区域则朝向精心设计的内院，朝向内院的立面是由错落的开窗、石墙与多种色块组成的特别的组合，与由金属和玻璃组成的整洁外立面形成了一定的对比。而围绕着一些保留的大树形成的庭院天井，使建筑内外环境与自然的融合更为密切。

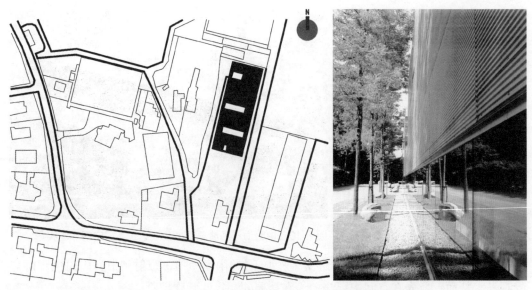

图 8-11　荷兰媒体机构办公楼外部环境总体平面布置设计图及其外部造型设计实景

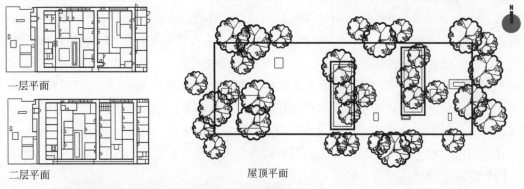

一层平面

二层平面

屋顶平面

图 8-12　荷兰媒体机构办公楼建筑各层平面布置设计图

图 8-13　荷兰媒体机构办公楼建筑内外环境设计实景

8.3   会展建筑室内环境设计的案例剖析

8.3.1   德国莱比锡新会展中心

德国的会展业发达，被誉为"会展王国"，国际上具有主导地位的会展近三分之二都在德国举办。新会展中心位于莱比锡城市北部边缘地区（图 8-14~图 8-20），新会展中心用地为一个公园，占地面积为 27hm²，拥有 10.25 万 m² 的展厅使用面积和 7 万 m² 的室外面积。规划设计巧妙地将各种功能紧凑地组织在围绕着园林景观布置的数个会展建筑中，且采用并行式平面布局。其特点是各个展厅相对独立，并行布置于主要人流通道的两侧，装卸货口位于展厅外侧或展厅之间，总体布局呈鱼骨状。

图 8-14   德国莱比锡新会展中心建筑造型及外部环境实景

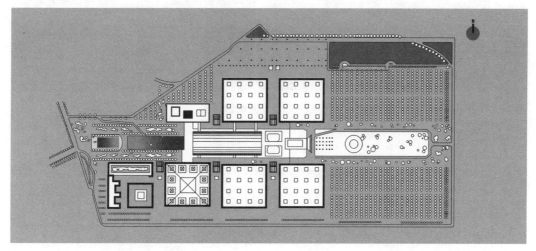

图 8-15   德国莱比锡新会展中心总体平面布置图

新会展中心的焦点是雄伟壮观的玻璃大厅，它是欧洲独一无二的钢和玻璃结构的巧妙组合。大厅跨度 80 m，长度 243 m，高度近 30m，中央的"大堂"主导和连接着会展中心整个建筑群。这个现今世界最大的玻璃大厅成为整个会展中心的标志。玻璃大厅的灵感来源于莱比锡火车站的大型玻璃光棚，体现了对历史的尊重与回应，形成了广义的地域特征表达。形象丰富、功能灵活的环境很快成为城市市民生活的重要组成部分，这里不再只局限于展览活动、对历史的尊重与回忆，同时也形成了广义的地域特征而已经成为城市有机活力的公共场所。人们可以来参加展览、会议，也可以进行休憩、散步等日常活动。而玻璃大厅也是一个高科技的产物,其内部空间没有使用空调系统,冬季通过地板下的盘管加热,保证室温不低于 8℃,夏季则利用盘管中的冷水降温。但夏季主要降温手段为自然通风,拱的顶部和接近地面的玻璃都可以开启,这样通过热压差促进自然通风。另外,将南侧正常视线以外的玻璃上釉,以防止室内温度过高。

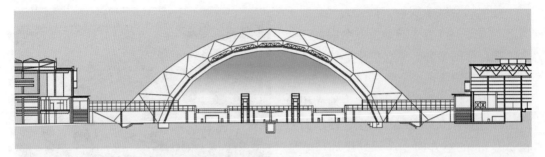

图 8-16 德国莱比锡新会展中心横向剖面设计图

图 8-17 德国莱比锡新会展中心玻璃大厅建筑平面与立面设计图

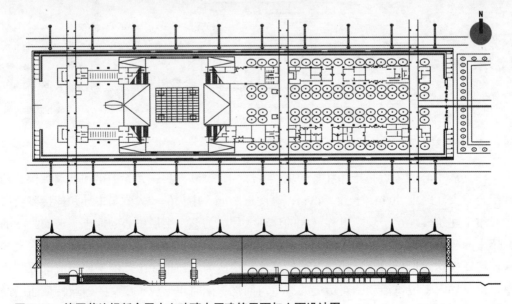

图 8-18 德国莱比锡新会展中心玻璃大厅建筑平面与立面设计图

图 8-19　德国莱比锡新会展中心玻璃大厅建筑室内环境空间实景

图 8-20　德国莱比锡新会展中心玻璃大厅建筑室内入口空间及环廊构架细部

　　整个会展中心拥有五个互相连通的展览厅堂，除玻璃大厅外，还有五个展厅，其中第一展厅内部净高达 12m，在大厅中心更达 16m。这样的高度让第一展厅特别适合高大的特殊立型设计的展品。此外第一展厅支柱距离达 75m，适于开办临时的现场大型活动（体育、表演、音乐会等）。第二、第三、第四和第五展厅内部净高达 8m，共计 5000m² 的展地面积可以被灵活划分。37m 以上的支柱距离允许大型展品的陈列。在所有的展厅内部空间都安装了先进的地下管道系统，以便多媒体和通信、电子以及水和压缩空气的使用。展厅里的光线都可以调节，并为摄影摄像提供了良好条件，每个展厅里都有信道连接莱比锡博览会在线信息中心。

　　展厅内部的标识系统相当周密，大到城市、展馆外部的指引交通标识，小到展厅内部疏散通道、服务指示等。道路上不仅设有明晰的指示路牌，还设有动态交通指南系统用以调控车流，指引到达会展中心的车辆能在最近的停车空位停放。

　　仰首眺望，莱比锡新会展中心的标志 80m 高的塔柱以及其上安装的展会徽标——双重字母"M"引人注目，而会展中心那迷人的建筑外形和内部多功能的服务设施正迎接着八方来客的光临。

8.3.2 湖北美术馆

湖北美术馆建筑占地面积 15318m²，主体建筑地上 4 层，地下 1 层，总建筑面积 25000m²（图 8-21~图 8-26）。建筑内部设有美术展览厅、音乐艺术厅、电影声像厅、学术报告厅、画廊、画库、专家工作房、艺术教室等。其艺术馆建筑及其内外环境将方和圆、直和曲等简单的形体与线条，与人造瀑布的光影、波纹有机地穿插在一起，体现出"理性与浪漫完美结合"的设计意境与艺术气质。

图 8-21　湖北美术馆整体环境鸟瞰及建筑造型实景
1）建筑及环境整体鸟瞰　2）建筑造型及入口广场　3）馆标与馆舍建筑环境空间

美术馆建筑外部南门广场前曲后直，入口公共大厅透明流动的曲线，则暗示带有区域象征的东湖水的清澈柔美，可使人联想到艺术的纯净空灵与浪漫潇洒。东面远离广场的展厅部分取直线造型，并通过沿用湖北省博物馆的饰面石材和敦实的体块，表达建筑艺术的雄浑沉着与严谨理性。

湖北美术馆建筑内部首层是主楼层。美术展览厅呈方形，表现了理性、适用、宁静、敦实的一面。音乐艺术厅呈圆形，又表现了浪漫、活泼、热闹、轻柔的一面，且兼多媒体演示报告厅延伸至二层，共设有 600 个座位，可承担高规格的舞台演出、学术报告及会议等文化活动的举办，四个设备先进的电影厅更是为观众提供视觉与听觉的盛宴。

　　二层和三层分别布有 4 个面积 425m² 的展厅，可用于书画、民俗或工艺品在此展出。四层是用于各种门类艺术培训的空间，设有美术、舞蹈、音乐等培训教室，并建有光纤网络信息平台，以发挥美术馆推广教育的作用。此外四层还设有艺术交流中心和艺术家工作室，为艺术家提供了交流、创作和研究的场所；湖北美术馆建筑及其内外环境空间环境的意境塑造，无疑为荆楚大众营造出一方高品位的文化空间场所。

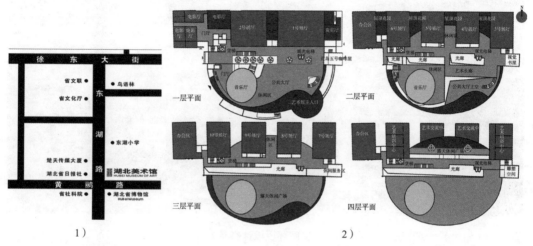

图 8-22　湖北美术馆建筑及环境设计图
1）建筑及环境总体平面布置设计　2）建筑各层平面布置设计

图 8-23　湖北美术馆建筑入口及室内公共空间环境设计实景

图 8-23 湖北美术馆建筑入口及室内公共空间环境设计实景（续）

图 8-24 湖北美术馆建筑室内展示陈列空间环境设计实景

图 8-24　湖北美术馆建筑室内展示陈列空间环境设计实景（续）

图 8-25　湖北美术馆建筑室内剧场

图 8-26　湖北美术馆群众文化辅导、服务空间与建筑内外环境空间设计实景

图 8-26　湖北美术馆群众文化辅导、服务空间与建筑内外环境空间设计实景（续）

8.4　宾馆建筑室内环境设计的案例剖析

8.4.1　阿联酋迪拜帆船酒店

　　帆船酒店位于阿拉伯联合酋长国第二大城市迪拜（图 8-27~图 8-32），因为酒店设备实在太过高级，远远超过五星的标准，只好破例称它七星级酒店。

图 8-27　位于阿拉伯联合酋长国第二大城市迪拜的世界第一家七星级酒店——帆船酒店
1）酒店建筑及环境鸟瞰　2）酒店建筑外部造型及环境实景

　　帆船酒店建立在离海岸线 280m 处的人工岛上，它宛如一艘巨大而精美绝伦的帆船倒映在蔚蓝海水中。除了别致的外形，酒店还有全年普照的阳光和阿拉伯神话式的奢华——躺在床上就可欣赏到一半是海水、一半是沙漠的阿拉伯海湾美景；这个远远望去像一艘扬帆远航的船形建筑，共有 56 层，321m 高。由于酒店是以帆为外观造型，因此酒店到处都是与水有关的主题。一进酒店的两大喷水景观，不时有不同的喷水方式，每一种皆经过精心设计，约 15~20 分钟就换一种喷水方式。

酒店的客房全部由复式套房组成，最小的房间是 170m², 总计有 202 套，为两层的复式结构，卫生间超过 25m²，设有巨大的按摩浴缸。最豪华的套房为 780m² 的皇家套房，设在酒店的第 25 层，其中设有一个电影院、两间卧室、两间起居室和一个餐厅，出入都有专用电梯，墙上挂的画则全是真迹。每间套房，都有一个管家会为客人解释房内各项高科技设施如何使用。

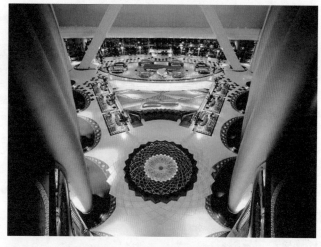

图 8-28　迪拜帆船酒店建筑室内大堂空间实景

步入酒店内部才能体味到金碧辉煌的含义。大厅、中庭、套房、浴室……任何地方都是金灿灿的，连门把手、水龙头、烟灰缸、衣帽钩，甚至一张便条纸，都镀满了黄金。大堂的地板上、房间的门把手、卫生间的配件以纯金或镀金而做，黄金打造的家具和 360° 海景，更是令宾客目不暇接、流连忘返。酒店内部所有的"黄金屋"令人喜爱却不沉迷，任何细节都处理得绅士般矜持、淑女般优雅，没有携带一丝一毫的俗气。比如窗帘、坐垫、橱柜、冰箱……大大小小，每件都是俗中求雅，且俗且雅。

图 8-29　迪拜帆船酒店建筑室内公共部分环境空间实景

图 8-29　迪拜帆船酒店建筑室内公共部分环境空间实景（续）

图 8-30　迪拜帆船酒店建筑室内各类客房部分环境空间实景

图 8-31　迪拜帆船酒店建筑室内各类餐饮部分环境空间实景

图 8-32　迪拜帆船酒店建筑室内娱乐、休闲部分环境空间与灯光照明实景

图 8-32　迪拜帆船酒店建筑室内娱乐、休闲部分环境空间与灯光照明实景（续 ）

　　酒店的餐厅更是让人觉得匪夷所思，其中 Al-Mahara 海鲜餐厅所用的海鲜原料，是酒店在深海里为顾客捕捉到的最新鲜的海鲜。客人在这里进膳的确是难忘的经历——要动用潜水艇接送。从酒店大堂出发直达 Al-Mahara 海鲜餐厅，虽然航程短短 3 分钟，可已进入到了一个神奇的海底世界，沿途有鲜艳夺目的热带鱼在潜水艇两旁游来游去。坐在舒适的餐厅椅上，环顾四周的玻璃窗外，珊瑚、海鱼构成了一幅流动的景象。空中也有餐厅，客人只需搭乘快速电梯，33 秒内便可直达屹立于阿拉伯海湾上 200m 高空 Al-Mahara 餐厅，这个餐厅采用了太空式的设计，让人仿佛进入太空世界。

　　在建筑物外侧，则建有一个可供直升机起降的停机坪。住客甚至可以要求酒店派直升机接送，在 15 分钟的航程里，客人率先从高空鸟瞰迪拜的市容，然后直升机才徐徐降落在酒店的直升机坪上。

　　阿联酋的帆船酒店是世界上唯一一座七星级的酒店，它已经是游人来到阿联酋一定要去看看的地方，俨然像一个旅游的景点。随着它的名气蜚声国际，渐渐也成了阿联酋奢侈的一种象征。

8.4.2　广州白天鹅宾馆

白天鹅宾馆是中国第一家中外合作的五星级宾馆(图8-33~图8-43)，也是我国第一家由中国人自行设计、施工、管理的大型现代化酒店。宾馆始于 1980 年初，于1983 年 2 月建成并开业。地点在广州沙面岛南侧，根据珠江河道整治规划，筑堤填滩，背靠沙面岛，面向白鹅潭，环境清旷开阔。填筑面积约 36000m²，其中建筑地段约为 28500m²，公园绿地

图 8-33　坐落在广州市沙面岛南的第一家中外合作五星级宾馆——白天鹅宾馆建筑外部造型实景

约 7500m²，总投资约为 4500 万美元，按每一房间折算总投资约为 45000 美元。

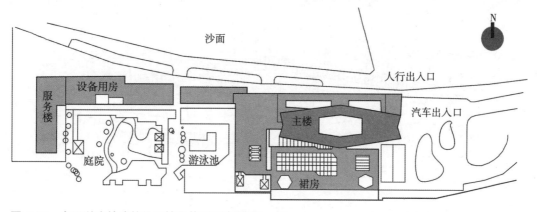

图 8-34　白天鹅宾馆建筑及环境总体平面布置图

1. 空间布局

白天鹅宾馆建筑内外环境空间的布局以功能、环境与空间为其基本要素来考虑。其中：在宾馆建筑内部环境将公共活动部分如门厅、餐厅、休息厅等尽量布置在临江一带，使旅客便于欣赏江景。此外，公共活动部分作为一个整体设计，分设前后两个中庭，所有流通空间，餐厅、休息厅等围绕中庭布置，构成上下盘旋、高旷深邃的立体空间。同时，在宾馆建筑内部沿着不同功能流线，进行相适应的功能部门配置。如在宾馆建筑二层主要旅客入口设有大堂、中庭、休息厅、酒吧和茶厅等，大堂内设前台，后接前台办公室和各部门经理、总经理办公室等，旅客电梯间则设在前台西侧附近。另在大堂设商务中心、会议室、复印、印刷室、秘书室等用房。底层购物中心除设有各种为旅客服务的商店外，并设邮电、银行和代办车、船、航空的购票工作室。

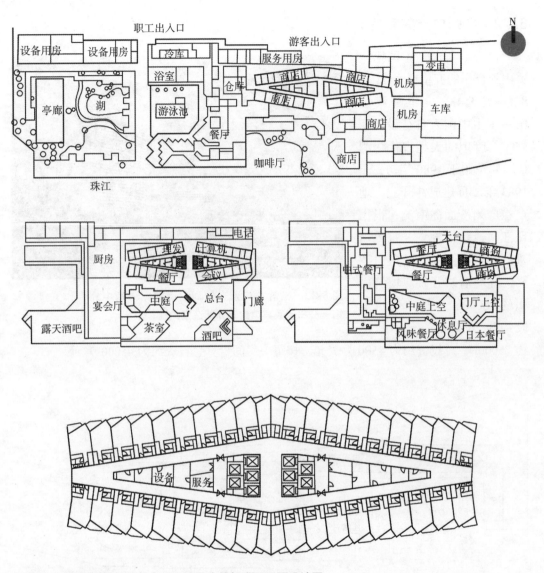

图 8-35　白天鹅宾馆建筑各层平面及主楼标准层平面设计图

2. 建筑造型

宾馆建筑造型采用高低层结合体型，高层为客房主楼，低层为公共部分，连设备管道层在内共 34 层，总高度为 100m，另外主楼有地下室一层；主楼体型处理，采取多斜面组合体型，而每一斜面又由凹入斜角小阳台组合而成，从任何一点透视都感觉轮廓富于变化而有韵律感，减少尺寸的延伸和平面面积的累加，另外采用淡奶白色的喷塑饰面，简洁明快，透过阳台阴影的变化，突出立体雕塑感，因此整个主楼体型轻巧明快，能与既有建筑环境取得协调。若从 600m 长的横引高架桥进入宾馆二层平台，只见 100m 高的主楼竖向体量与横引高架桥构成了纵横方向上的对比，也使宾馆建筑主楼显得更加挺秀高耸。

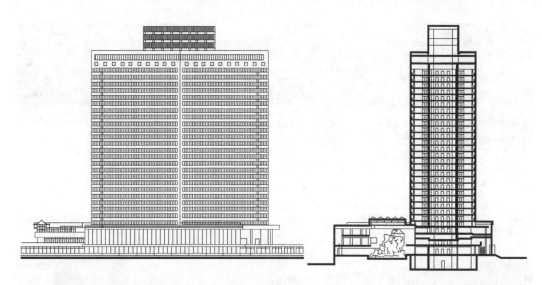

图 8-36　白天鹅宾馆建筑主楼立面与剖面设计图

图 8-37　白天鹅宾馆建筑组群及入口门厅环境实景

3. 内部分区与中庭

宾馆建筑公共部分集中在首层、二层、三层，其外观造型则作为主楼的基座，并结合临江的环境特点，外设玻璃顶光棚，内外晶莹通透，与波光云影浑然一体，这也是宾馆设计的最大特色。

图 8-38　白天鹅宾馆建筑内部公共部分环境空间实景

图 8-39　白天鹅宾馆建筑内部标准客房与高级套房部分环境空间实景

图 8-40　白天鹅宾馆建筑室内最具特色的空间——即在岭南风格的中庭石山瀑布中央山石上,所刻"故乡水"三个大字鲜明地点出了空间的主题意境,这个三层楼高的中庭设有金亭濯月、叠石瀑布、折桥平台等,不仅体现了岭南建筑的文化特色,又使来此居住的海外游子倍感亲切,让许多海外归来的游子在此仿佛能听到故乡山水的亲切召唤,展现出祖国的关怀与深情

图 8-41　白天鹅宾馆建筑内部各类高级餐饮、酒吧、茶厅及户外烧烤环境空间实景

图 8-42　白天鹅宾馆建筑内部大型会议中心、文娱设施及精品超市空间环境实景

　　客房主楼布置在公共部分的北面，较幽静，居高临下，可以俯瞰珠江景色，与各方面联系都较适中。宾馆有 25 层客房，其中第 4 层为商务套间，5~27 层为标准客房，28 层为总统套间；共有 1014 个房间，出租单元包括有商务套间 20 套，双、单人床共 842 套，双套间 24 套，三套间 2 套，总统套间 2 套，双、单人床客房中设有相连房门的有 48 套。

图 8-43　白天鹅宾馆建筑外部活动场地、庭园空间与游船码头环境实景

客房标准层采用腰鼓形平面，其特点是将所有垂直交通、工作间、空调室等均设在平面的中心区。40 个客房沿周边布置，充分发挥建筑周边的优越性能，客房卧室面积南面房间为 20m²，北面房间为 19m²（轴线尺寸计），房间外边做斜角形，没有多余的空间，又能保持一定的深远的感觉，每客房有一斜角小阳台，可供旅客凭眺，并有利于清洁卫生和防火。卫生间的面积约为 5.0m²，由于能利用管井的凹入空间，紧凑合用，卧室、过道和卫生间的高度均可调整，以使整个客房的大小高低尺寸比例经济合理，空间感觉也能恰到好处。

白天鹅宾馆最具特色的空间是一个具有采光玻璃的巨大中庭，其他空间环绕其间。这个以"故乡水"为主题的中庭有三层楼高，内有金亭濯月、叠石瀑布、折桥平台等，体现了岭南庭园的特色。而在整个宾馆内部空间中不难看出设计师刻意追求一种传统精神、民族风格与现代感的契合。空间造型的变化、空间序列的组织都遵循中国传统空间理论，特别是中国古典园林理论的体现，具有强烈的艺术感染力，成为中国现代室内设计的代表与经典之作。

4. 服务设施

白天鹅宾馆具有国际一流水平的服务设施，其中包括有多种风味的餐厅，可为来宾提供中、法、日等精美菜肴。别具特色的多功能国际会议中心可供举办各类大小型会议、中西式酒会、餐舞会等。

在文娱设施方面，宾馆特设有音乐茶座、迪斯科舞厅、卡拉 OK 等娱乐场所，特邀著名乐队现场演奏，是闲暇消遣的最佳选择。在康乐设施方面，宾馆设有网球场、游泳池、健身房、桑拿浴等。此外，还有专为旅客服务的美容发型中心、商务中心、委托代办、票务中心、豪华车队等配套设施。白天鹅宾馆自开业以来，先后接待了 40 多个国家的元首和政府首脑，这在国内中外合作的高星级宾馆中则是绝无仅有的。如今矗立在广州珠江北岸的白天鹅宾馆，建筑形象依然清新秀丽，在长高了的广州城市轮廓中，继续为浩浩的珠江增添无尽的神韵。

8.5 商业建筑室内环境设计的案例剖析

8.5.1 法国巴黎让·巴杜香水店

法国巴黎让·巴杜香水店坐落于一座有着拱廊的传统经典欧式建筑之中，由法国 Eric Gizard 设计师设计，其建筑面积为 150m^2（图 8-44~ 图 8-46）。作为 1887 年创建于法国诺曼底的让·巴杜品牌，其旗下的品牌香水诞生于 1930 年，其后于 2001 年被 P&G 收购。而让·巴杜香水店室内营销环境的设计，在充分考虑其品牌优雅、品质简洁的基础上，运用简约、现代的装饰风格，从室内设计方面对整个空间的语言进行了重新演绎，营造出优雅的空间质感。

图 8-44 法国巴黎让·巴杜香水店室内右侧展示区及其环境设计实景

从让·巴杜香水店室内营销环境整体来看，顾客进入店堂一楼，即可看到 4 大 4 小的 8 个圆柱结构，其内置放着 4 种不同风格的产品（Joy、1000、Sublime、Enjoy）。在圆柱展台后面设有一块粉红色的玻璃，目的在于延续香水店创始人对此色彩偏好的文脉，而圣地弗里亚粉红及圆柱展台和墙壁的特定色泽交相辉映，使琥珀色的香水在透明的树脂块体的衬托下显得更为晶莹剔透。而悬在圆孔中的香水瓶更是宛若天空中的精灵，吸引着顾客的注意力。穿插其中的粉色在柔情中体现了精致，将典雅的风格融入生活的情趣之中，使进入商店的人们忘却了外面世界的俗世纷扰。

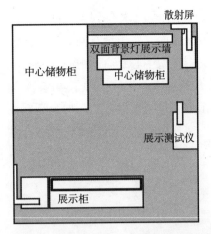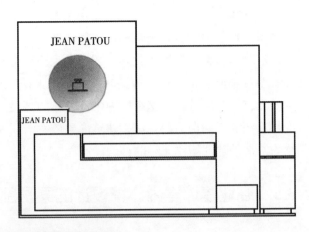

图 8-45　法国巴黎让·巴杜香水店室内底层平面布置及立面设计图

图 8-46　法国巴黎让·巴杜香水店室内空间环境实景

走上香水店二楼，迎接顾客的是开放式的沙龙和香水吧。在这里设计师让人们重温了 Saint-FIo-rentin7 号酒吧的风情，当男人们在酒吧举杯畅饮谈论政事的时候，女人们则可在此享受高级香水的芬芳。香水吧用树脂纯白加上透亮的粉红色玻璃点缀，边上的陈列架上摆放着不同制造香水的用料。开放式沙龙的旁边是贵宾室，客人们可以在此为自己订制喜爱的香水。

整个让·巴杜香水店室内营销环境的设计，使步入其中的顾客可以感知出设计师在当代装饰艺术中特有的创作灵感，尤其是在当代空间环境设计中对历史元素的传承，以及自己独到设计语言的运用，让人们无论是从室内空间的整体还是陈设的细部，均可从中感受到其对雅致生活的倡导和别样的追求。

8.5.2　昆明味腾四海火锅店

味腾四海火锅店是昆明顶尖美食机构"新龙门"的起家店，经营的是传统重庆火锅，在昆明有很高的知名度（图 8-47~ 图 8-49）。味腾四海火锅店原为四层平层，每层 500m²，平面呈四分之一圆形，层高除一层略高外，其余楼层均为梁底 2.4m。原来只有一、二层营业，业主决定把三层也纳入营业范围，这样不仅增加了实用空间，而且充分利用了原有楼房的格局，可谓一举两得。但

图 8-47　昆明味腾四海火锅店建筑室内环境设计实景

是它同时带来了一个问题——空间的改造已不可避免。为了保障整体空间的品质，避免空间过度单调压抑，必须拆掉二、三层的部分楼板。并通过一系列特殊的处理方式使空间由此变得大气而生动，环绕包间的环状金属带也越发加强了升的态势，不仅丰富了整个空间层次，也使得就餐环境更为典雅尊贵。同时借中庭梁的金色与包间绿色玻璃呈现出昆明特有的阳光和春城的印象，大量的绿色玻璃也配合了业主的创意美，展现出健康美食火锅的格调。

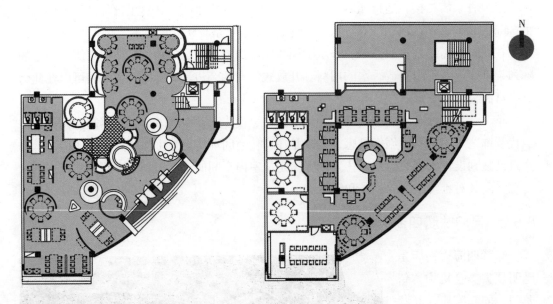

图 8-48　昆明味腾四海火锅店建筑室内环境平面布置图

　　在整个味腾四海火锅店改造设计中，圆是这个空间中出现最多的元素，在造型中大量出现的圆是鲜活的、流动的。外立面是气泡向上升的组成，这种图案构成手法暗示出沸腾火爆的室内空间。室内实木隔屏也是相同手法，只是在尺度密度上降低为宜人的小圆孔。中庭的环状金属带扭动上升，圆形木帘飘动摇曳。圆形餐桌上面是圆形吊顶，餐桌上也开出大小不一的圆形孔洞，配合圆形餐具、圆形灯具、圆形饰物，而这一切都在尽情地暗示着一个关于"圆图腾"的饕餮盛宴的到来。

图 8-49　昆明味腾四海火锅店建筑室内环境空间实景

图 8-49　昆明味腾四海火锅店建筑室内环境空间实景（续）

8.5.3　沃尔玛购物广场武汉销品茂店

　　沃尔玛公司是由美国零售业的传奇人物山姆·沃尔顿先生于 1962 年在阿肯色州创立的（图 8-50~图 8-54），经过五十余年的发展，沃尔玛已经成为世界上最大的连锁零售商；目前，沃尔玛在全球十个国家设了 5000 多家商场，员工总数达 160 多万人，分布在美国、墨西哥、加拿大、阿根廷、巴西、中国、韩国、德国和英国等十个国家。每周光临沃尔玛的顾客近 1.4 亿人次。

图 8-50　沃尔玛购物广场武汉销品茂店建筑外部环境与室内空间实景

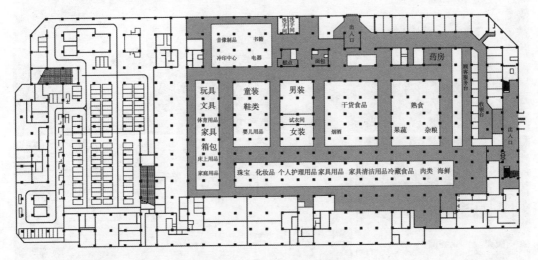

图 8-51　沃尔玛购物广场武汉销品茂店建筑室内环境平面布置图

　　沃尔玛购物广场武汉销品茂店是其在武汉开设的第二家大型超市，位于武汉长江二桥南端武昌徐东路与武青二干道交会处东南角，营业面积 18000m²，是沃尔玛在中国单层面积最大的店，于 2005 年 9 月 23 日正式开业。其主营生鲜食品、服装、家电、玩具、书籍、洗涤与生活用品等，经营商品的种类达到 18000 种左右。沃尔玛购物广场武汉销品茂店与万达广场店的室内装修和陈设风格一模一样，连特价商品信息、优惠活动也完全相同。在万达广场店开设的超市自营眼镜、自营珠宝与自营照片冲印服务业务在沃尔玛购物广场武汉销品茂店也再次出现，使其成为万达广场店的"完全克隆版"。

　　沃尔玛购物广场是沃尔玛公司的主要经营业态，其理念是通过"天天平价"为顾客提供物美价廉的商品；以员工的"盛情服务"为顾客提供一流的购物体验；有近两万种商品为顾客提供独特的"一站式购物"体验，为顾客节省时间和开支，创造出深受市民欢迎的零售经营环境。

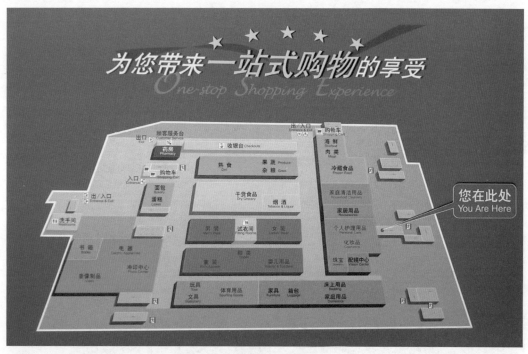

图 8-52　沃尔玛购物广场武汉销品茂店商品布置导购平面图

图 8-53　沃尔玛购物广场武汉销品茂店建筑室内环境空间实景（1）

图 8-54　沃尔玛购物广场武汉销品茂店建筑室内环境空间实景（2）

附：华中科技大学建筑室内设计学科构建及教学实践

室内设计作为一项综合性的人居环境设计学科，其学科范畴包括建筑及其相关内部的空间设计，它是一种以技术为功能基础，运用艺术为形式表现来为人们的生活与工作创造良好的室内环境而采用的理性创造活动。室内设计与建筑设计的关系非常密切，建筑设计是室内设计的基础，室内设计是建筑设计的继续、深化、再造和发展。作为游离于美术学、设计学与建筑学等一级学科间的室内设计学科，作为一个相对独立的学科发展历史并不长。但人们有意识地对生活、生产空间做出安排和布置，以及后续对内部空间进行装饰美化，却可以追溯至人类文明初期。自人类摆脱穴居，开始构巢而居以来，建筑内部空间的设计就已产生并逐渐发展，可说对室内进行营造与其建筑具有同样悠久的历史。

1. 室内设计学科构建及其教学实践探索的意义

随着改革开放的不断深入和经济建设的快速发展，我国在人居环境建设与改善方面取得了长足的进步，建筑室内装饰设计也成为建设"美丽中国"，实现"中国梦"的有机组成部分。依据《中国建筑装饰行业"十三五"规划纲要》中确定的发展目标，预计到 2020 年中国建筑室内装饰行业工程总产值力争达到 6.0 万亿元，总需求年复合增速约 11.07%。由此可见，建筑室内装饰行业具有巨大的发展潜力，对高层次、复合型室内设计及其理论人才将呈现迫切的需求。如今国内已逾 500 所高校办有与建筑室内装饰相关的设计专业，然而长期以来，室内设计专业的学科归属却一直未能明确。

2011 年国务院学位委员会公布新的学科目录，室内设计终于尘埃落定归入建筑学一级学科，并成为建筑学一级学科目录中的六个研究方向之一，其六个方向包括：建筑设计及其理论、建筑历史与理论、建筑技术科学、城市设计及其理论、室内设计及其理论、建筑遗产保护及其理论，这也是国内在学科目录中首次明确室内设计的学科归属。

从建筑学一级学科下的室内设计及其理论二级学科来看，其二级学科博士授予点的学科建设，旨在培养从事室内设计及其理论研究的创新型高级复合型人才，通过系统的培养和在学科方向上的科研探索，能够熟悉所从事研究方向科学技术的新发展、新动向，对学科与研究方向具有敏锐的洞察力，并同时具备从事技术领域前沿性的学术研究与探索能力。20 世纪 80 年代后期至今，国内不少高校致力于建设室内设计学科，在专科、本科及研究生培养方面取得了诸多成功经验。现今，作为建筑学一级学科目录下的室内设计学科该如何建设，也是华中科技大学建筑与城市规划学院设计学系一直在探索的研究课题。

2. "室内设计及其理论"二级学科博士授予点的建设

华中科技大学是新中国成立后创办的教育部直属重点大学,是首批列入国家"211工程"重点建设和国家"985工程"及"双一流"建设建设高校之一,办学60余年来享有"共和国旗帜下高等教育发展缩影"的美誉。

申报室内设计及其理论二级学科博士授予点的建筑与城市规划学院,是华中科技大学二级学院,由原华中理工大学建筑学院与原武汉城市建设学院规划建筑系于2000年5月合并而成;学院下设建筑学系、城市规划系、景观学系、设计学系、《新建筑》杂志社、图书分馆、模型制作中心、绿色建筑与城市实验教学中心(湖北省实验教学示范中心)、人居环境虚拟仿真实验教学中心,并以校办建筑设计研究院(甲级)、城市规划设计研究院(甲级)为学、研、产结合的平台。学院目前拥有建筑学、城乡规划学2个一级博士学位授予点,1个工程景观学二级学科博士学位授予点,以及建筑学和城乡规划学两个一级学科博士后流动站。具有建筑学、城乡规划学、设计学与风景园林学4个一级学科硕士学位授予点及建筑学硕士、风景园林硕士、艺术硕士与城市规划硕士4个专业学位授予点。建筑学与城市规划学两个一级学科分别于2005年、2008年获评湖北省重点学科,设计学一级学科于2013年获评湖北省级重点学科。

作为建筑学一级学科下的室内设计及其理论二级学科建设所在的设计学系,在1988年即开始在建筑学本科生四年级开设一个学期(64学时)的《室内设计》课程,从1998年起在学院建筑设计及其理论硕士点中设立"室内外环境设计"研究方向招收硕士研究生,到2010年已有六届10余位全日制建筑设计及其理论(室内设计理论研究方向)硕士研究生通过论文答辩,获建筑学硕士学位,有近20位在职建筑学工程硕士研究生获工学硕士学位。

2003年7月设计学系成功申报设立设计艺术学二级学科硕士点,2010年5月又抓住国务院学位委员会进行学科调整后一级学科申报的契机,以我院设计艺术学二级学科硕士点为基础申报艺术学一级学科硕士点获得成功,2011年3月艺术学一级学科独立升级成为学科门类,设计学提升为一级学科,我院重新申请设计学一级学科硕士点再次获得成功,成为目前武汉地区985高校中唯一的设计学一级学科硕士点。

而在我院设计学一级学科硕士点中,室内设计与理论研究一直是下设6个研究方向中最有实力与代表性的研究方向。这一方面源于学院建筑学科发展给予的支撑与帮助,促进我院设计学一级学科的建设和发展,另一方面设计学一级学科近20年来取得的教学、科研与人才引进成果也于2003年、2009年、2010年与2012年先后为我院建筑学二级博士点、建筑学一级博士后科研流动站、建筑学一级博士点及教育部第三轮学科评估中我院建筑学+城乡规划学+风景园林学捆绑参评的成功申报提供了相应的支撑,展现出其学科建设的成效及专业发展实力。

结合学院对已有4个学科建设的布局,设计学系从2009年即启动博士授予点建设申报的准备工作。在国务院学位委员会、教育部颁发《学位授予和人才培养学科目录(2011年)》以后,从2012年下半年起在学校研究生院与学院的支持下即着手进行建筑学一级学科博士授予点下自主设置目录外"室内设计及其理论"二级学科博士点论证工作。其论证工作由建筑与城市规划学院设计学系具体质负责与组织实施，论证工作包括学科发展现状调研、申报论证报告撰写、申报论证专家评审组织、修订后的论证报告在教育部网上公示、论证报告在学校学位委员会上的答辩，以及申报材料报教育部备案等工作。其中自主设置目录外二级学科博士授予点申请论证报告主要由该学科基本概况，设置该学科的必要性和可行性，该学科的人才培养方案，该学科的建设规划四个方面的内容所构成，计 6 万余字。

申报论证专家评审于 2014 年 3 月 24 日~3 月 26 日在华中科技大学建筑与城市规划学院举行，受学校研究生院与建筑与城市规划学院邀请，聘请东南大学建筑学院教授、博士生导师、前建筑学院院长及前全国高等学校建筑学学科专业指导委员会主任仲德崑教授、同济大学建筑与城规学院教授、博士生导师来增祥教授，重庆大学建筑城规学院建筑系教授.博士生导师陈永昌教授、清华大学美术学院教授.博士生导师周浩明教授、同济大学建筑与城规学院教授.博士生导师陈易教授、湖南大学建筑学院教授.博士生导师魏春雨教授、武汉大学城市设计学院教授.博士生导师张明教授及苏州大学金螳螂建筑与城市环境学院刘伟教授等作为评审专家，并由来增祥教授作为评审专家组组长主持与会专家，在听取华中科技大学在建筑学一级学科下《自主设置目录外室内设计及其理论二级学科博士授予点申请论证报告》陈述后，对论证报告进行了专家评审。与会专家针对论证报告进行发言，认为："室内设计学科是一个技术性、社会性、艺术性等综合性很强的学科，华中科技大学完成的自主设置室内设计及其理论二级学科博士点申请论证报告写得很好，不仅目标明确、条理清晰、系统性强，而且定位准确、内容翔实、论证充分，并在室内设计及其理论二级学科博士点建设上具有率先性，对国内室内设计学科的建设必将产生推动作用。"并建议论证在以下几个方面予以补充完善。"一是研究方向区域特点的契合，二是课题、项目与研究、教学结合的问题，三是建筑与室内设计师资团队的整合，四是形成有学校专属研究特色的建设。"与会专家基于国内室内设计发展建设的需要，一致同意华中科技大学在建筑学一级学科下申请自主设置室内设计及其理论二级学科博士点。其后，华中科技大学对论证报告进行修订与完善后，全部论证材料在教育部中国学位与研究生教育信息网"授予博士、硕士学位和培养研究生的二级学科自主设置信息平台"进行为期一月的公示，并通过学校学位委员会上的答辩，申报材料上报教育部备案，于 2015 年 1 月得到教育部的认定批复，成为国内首个在建筑学一级学科博士授予点下自主设置目录外"室内设计及其理论"二级学科博士授予点，其招生也列入 2016 年学校博士研究生计划进行。至此，华中科技大学在建筑室内设计设计的学科建设及其教学实践探索层面，即构建起从"本科——→硕士——→博士"完整的人才培养系统。

3. 喻园论道——聚焦"室内设计学科在中国"学术论坛

现代意义上的室内设计，是指对其建筑内部生活环境质量、空间艺术效果、科学技术水平与环境文化建设等范畴为对象来进行理论和实践方面研究的，并以创造能够满足广大人民群众生活、工作、学习、休息等多种要求的内部空间环境设计，它是一个集现代科学、艺术、技术与文化于一体的综合性的人居环境设计学科。只是室内设计作为一个独立的专业设置是从建筑设计教育中剥离出来的，其进行相对独立的学科建设的历史并不长。随着改革开放的不断深入和经济建设的快速发展，我国在人居环境建设与改善方面取得了长足的进步，建筑室内装饰行业具有巨大的发展潜力，对高层次、复合型室内设计及其理论人才将呈现迫切的需求，并在中国人居环境中具有重要的作用。有关室内设计学科建设的问题，从 20 世纪 80 年代后期至今，国内不少高校从专科、本科至研究生培养方面均取得不少成功经验，室内设计学科成为是建筑学一级学科目录下设 6 个研究方向之一后，建筑学一级学科目录下的室内设计学科如何建设，也是设在华中科技大学建筑与城市规划学院内设计学系一直都在探索的学科研究课题。

2014 年 3 月，华中科技大学建筑与城市规划学院借助在国内高校建筑学一级学科博士点授予点下率先自主设置目录外室内设计及其理论二级学科博士授予点申请论证评审之机，邀请国内 985 高校建筑与美术学院室内设计及其理论研究方面的资深专家来校以"室内设计学科在中国"作为学术论坛系列学术报告及学术座谈会的主题，来探索室内设计及其理论二级学科的当代发展与未来取向。

全国高等学校建筑学学科专业指导委员会前主任，东南大学建筑学院仲德崑教授参与了 2011 年 2 月国务院学位委员会公布新的学科目录前建筑学一级学科调整的全部工作，他在学术论坛上以 [建筑学的学科架构----兼论建筑与室内的内在关联] 为演讲题目，系统介绍了建筑学一级学科的发展变化。并提出："室内设计与建筑设计的联系密切，建筑设计是室内设计的基础，室内设计是建筑设计概念的延伸，室内设计也是建筑设计时间和空间的延伸，建筑设计和室内设计应的一体化运作。"的观点，并结合东南大学建筑学院一次建筑与室内设计一体化教学实践予以解析。

同济大学理筑与城市规划学院来增祥教授与重庆大学建筑城规学院陈水昌教授，从 1986 年起就参与教育部在建筑院系增设室内设计专业的工作．他们作为国内建筑室内设计专业的开拓者和资深专家在论坛上发表了精彩的言论来增祥先生以"当代建筑与室内设计理念的评析与探讨"为题向 300 余师生作了专场演讲，陈永昌先生以"当代室内建筑师的设计思维"为题与学院近百名师生进行了学术座谈。

清华大学美术学院周浩明教授、湖南大学建筑学院魏春雨教授、同济大学建筑与城市规划学院陈易教授及苏州大学金螳螂建筑与城市环境学院刘伟教授等学者分别以"环境设计中的低碳、生态与可持续""地方室内""同济大学室内设计学科发展"及"苏州大学建筑学院室内设计专业教学模式特色探索"等为演讲题目从绿色室内与可持续发展室内设计与地方特色的结合同济大学室内设计学科发展与实践苏州大学室内设计专业教学模式的特色探索等层面，深入阐述室内设计学科在中国的成长与发展、理论与实践、科技与创新等方面的问题。武汉大学城市设计学院博士生导师张明教授则针对旧建筑保护与室内再利用以及室内设计学科下设研究方向等问题做了具有建设性的阐述。

在为期三天的学术活动中与会专家、学者、师生围绕"室内设计学科在中国"论坛主题进行了积极、深入的探讨与互动，学术论坛也获得了与会专家及参会师生的一致好评，认为论坛对推动建筑学一级学科下室内设计学科在中国的发展，提升国内蓬勃发展的建筑室内装饰行业中室内设计人才的培养层次，完善室内设计学科系统等均具有建设性的意义和积极的促进作用，室内设计学科在中国也必将有自己更加宽广的发展空间。

综上所述，面对未来发展的建筑室内设计的学科构建及其教学实践探索是任重而道远的，它要求我们能脚踏实地、甘心奉献、勇于开拓，从而在走向未来的征程中能为社会培养出更多视野开阔、勇于创新、专业扎实及适应面广的高素质的建筑室内设计专业人才做出贡献。

参考文献

[1] 霍维国. 室内设计 [M]. 西安：西安交通大学出版社, 1985.

[2] 王建柱. 室内设计学 [M]. 台北：艺风堂出版社, 1990.

[3] 辛艺峰. 建筑室内环境设计 [M]. 北京：机械工业出版社, 2007.

[4] 辛艺峰. 室内环境设计理论与入门方法 [M]. 北京：机械工业出版社, 2011.

[5] 辛艺峰. 室内环境设计原理与案例剖析 [M]. 北京：机械工业出版社, 2013.

[6] 来增祥, 陆震伟. 室内设计原理 [M]. 北京：中国建筑工业出版社, 1996.

[7] 刘志峰, 刘光复. 绿色设计 [M]. 北京：机械工业出版社, 1999.

[8] 萧默. 中国建筑艺术史 [M]. 北京：文物出版社, 1999.

[9] 约翰·派尔. 世界室内设计史 [M]. 刘先觉, 陈宇琳, 等译. 北京：中国建筑工业出版社, 2003.

[10] 陈志华. 外国建筑史 [M]. 北京：中国建筑工业出版社, 1979.

[11] 罗小未. 外国近现代建筑史 [M]. 北京：中国建筑工业出版社, 1982.

[12] 中国大百科全书出版社编辑部, 中国大百科全书总编辑委员会《建筑·园林·城市规划》编辑
     委员会. 中国大百科全书：建筑 园林 城市规划 [M]. 北京：中国大百科全书出版社, 2004.

[13] 邹德侬. 中国现代建筑史 [M]. 北京：机械工业出版社, 2003.

[14] 托伯特·哈姆林. 建筑形式美法则 [M]. 邹德侬, 译. 北京：中国建筑工业出版社, 1982.

[15] 彭一刚. 建筑空间组合论 [M]. 北京：中国建筑工业出版社, 1983.

[16] 张绮曼, 郑曙旸. 室内设计资料集 [M]. 北京：中国建筑工业出版社, 1991.

[17] 张绮曼, 潘吾华. 室内设计资料集 2 [M]. 北京：中国建筑工业出版社, 1999.

[18] 张青萍. 室内环境设计 [M]. 北京：中国林业出版社, 2003.

[19] 庄荣, 吴叶红. 家具与陈设 [M]. 北京：中国建筑工业出版社, 1996.

[20] 杜汝俭, 等. 园林建筑设计 [M]. 北京：中国建筑工业出版社, 1986.

[21] 刘师汉, 胡中华, 梅慧敏. 植树·栽花·种草 [M]. 北京：中国林业出版社, 1988.

[22] 《建筑设计资料集》编写组. 建筑设计资料集 1 [M]. 北京：中国建筑工业出版社, 1995.

[23] 杨博, 孙荣芳. 建筑装饰工程材料 [M]. 合肥：安徽科学技术出版社, 1996.

[24] 张剑敏, 马怡红, 陈保胜. 建筑装饰构造 [M]. 北京：中国建筑工业出版社, 1995.

[25] 高明远. 建筑设备技术 [M]. 北京：中国建筑工业出版社, 1998.

[26] 崔顺. 建筑高级装饰百科全书（设计卷）[M]. 北京：中国环境科学出版社, 2001.

[27] 辛艺峰, 等. 建筑绘画表现技法 [M]. 天津：天津大学出版社, 2001.

[28] 田学哲. 建筑初步 [M] 2 版. 北京：中国建筑工业出版社, 1999.

[29] 黎志涛. 建筑设计方法入门 [M]. 北京：中国建筑工业出版社, 1996.

[30] 陈易, 左琰. 同济大学室内设计教育的回顾与展望 [J]. 时代建筑, 2012（3）：38-42.

[31] 王国梁. 室内设计的哲学指导 [J]. 建筑学报. 2002（11）：26-27.